U0172685

清华大学风景园林设计研究理论丛书

D esignerly Research with Design Thinking:

T heory Exploration and Applied Research Case

设计思维下的设计研究：

理论探索与案例实证

郭湧 著

中国建筑工业出版社

序

在设计研究中"通过设计进行的研究（Research Through Design, RTD）"理论是一个在欧洲逐渐兴起尚处于渐进发展过程中的前沿理论，是研究设计是否具备独立的和特殊的认知世界、获取相关知识的方式和途径，这个理论的一个很重要的切入点是基于设计师的思维特性，我们称之为"设计师式（designerly）"。清华大学建筑学院景观学系的郭湧老师在2012年所提交的博士学位论文《北京市周边非正规垃圾填埋场景观改造设计研究》是RTD理论在风景园林学领域应用的第一篇博士论文，它填补了设计研究在风景园林学领域的重要空白，实际上这也是国际上第一篇将RTD理论应用在风景园林学领域的博士论文，这一点上即使放之世界范围也是领先的，作为论文的指导老师我非常高兴地看到这本著作通过加以整理补充后成书付梓，值得庆贺。

由于作为舶来品的RTD理论自身也正在发展的过程之中，因此对它的论证和梳理是后续研究的基础，本书关于"设计师式研究：通过设计之研究的方法体系"一章虽然短小，但份量很重，就在全国范围而言，它是第一个系统梳理RTD理论发展沿革及其哲学原理的，同世界范围对比论述也更为综合和明确，并有所拓展。

本书以非正规垃圾填埋场为研究对象是基于我们这个时代的环境危机映射到风景园林学领域的深思，中国的垃圾问题数量规模之巨已经到了一个临界值，成为无法回避的课题，而且由于历史传统等因素，形成危害的更多的是非正规的填埋方式，即便在北京首都这样一座城市。风景园林学在面对这一环境危机时是否可以提出自己的应对之道，更为重要的是，是否能够发掘出其他学科（工程技术）提供解决方法时不可能启迪的潜在价值，将非正规垃圾填埋场改造纳入风景园林学研究领域是对本学科研究内容的客观拓展。

对应于设计学领域，理论上在工程技术投资的允许范围内非正规垃圾填埋场景观改造的方向从美学上具有相当多的导向，论文提出了"以技术美学审美价值为导向"，从特质（identity）的角度，将非正规垃圾填埋场的形态生成逻辑上升到了文化的高度，使得"垃圾填埋场景观改造与场地污染治理相结合"成为一种必须，这一成果对于当前中国风景园林规划设计相关领域的实践提供了全新的价值观和理论支持。

对于核心议题——设计师式研究如何推进非正规垃圾填埋场景观改造知识的获得，郭湧老师利用自身参与的3个设计实践项目展开了深入研究并确立了一个循环论证框架，即最后提出的"基于多项目的设计师式研究"新模式，这种模式较好地规避了单个项目在设计质量上把握的盲区，使得设计研究论证的层次性和系统性得到充分体现，较大地发展了RTD在风景园林学领域的应用方式。

如同柳冠中先生所言，"设计应是人类……除科学和艺术之外的第三种智慧和能力"，寻求设计学科从方法论上与科学和艺术两个完全被认可的独立体系的不同是非常重要和关键的，而又一个8年过去了，看起来RTD理论的发展之路还相当任重而道远，RTD研究仍存在众多的尚待突破的理论难点，如设计成果的评价问题，设计评价是一个庞杂难以精确定义的问题，如何来定义研究者设计品质的优劣？这样RTD才真正具有相应的方法学意义，但世上之事唯有韧持而尚有可能终有所得，相信这本书的问世对于广大在风景园林设计理论建构探索中的学子们会有所裨益。

朱育帆

前言

　　设计是不是只可意会不可言传？设计能力是不是只能靠直觉和体悟才能获得？设计的知识是不是真的说不清道不明？设计知识的生产是否可以做到既与设计本体紧密相关，又具有如同科学知识那样的严谨性？

　　长期以来，风景园林领域的设计思维和设计能力被视为具有一定神秘感的内容，好像只有通过师徒传承和自身开悟才能获得其中真谛。这种特点导致设计知识的传承只能存在于一种前现代的模式中，而无法真正适应现代学科体系和学术共同体制度下知识生产、传播、积累的标准。因此，针对设计本体的研究远远无法跟上学科其他方面学术研究的发展程度。然而，规划设计是风景园林学的重要内核，设计本体方面的研究不足势必影响风景园林学的长远发展。风景园林学作为一级学科在自身的理论建设中有必要加强设计研究理论的探讨，从而推动学科在规划设计方向的学术研究和知识生产。

　　在此背景下，循着对开篇几个问题的追问，我从2009年开始在导师的指导下选定选题开展博士论文研究，探讨设计研究的理论。2009～2011年，我非常幸运地获得了前往柏林工业大学环境规划建筑学院联合培养的机会，接触到德语语境下深入哲学反思的设计理论研究。随着研究深入，我逐渐意识到自己面对的是一种不同于科学范式的认知体系，是一种以设计思维和设计行为为基础的认知范式，可以称为设计学范式。在设计学范式下，设计师式的思维能力不仅不会局限科研工作，在开展体系化的知识探索方面反而有独到的优势。带着新的认知，我完成了博士论文，将"设计师式研究"引入风景园林学，以北京市周边非正规垃圾填埋场景观改造为对象，构建了一个贯穿多个设计项目的设计研究框架。本书可以分为两个部分：第一部分是对设计研究理论的梳理和构建，第二部分是基于3个实践项目形成的设计研究实例。第一部分如同打造了一个书架，第二部分则是通过设计反思把工程项目中的成果和经验分门别类地摆放到书架上。随着这个过程完成，设计成果和设计经验就具有了结构化和体系化的属性，转化为可以传播和积累的设计知识。本书正是在这篇学位论文成果基础上完成的。

　　从学位论文完成到如今本书出版，时间过去将近7年。如今回顾论文的内容，可以看到关于非正规垃圾填埋场的研究已经失去了其时效性。随着国家快速发展，针对此类环境问题的有力举措不断出台和落实，标准不断完善，技术不断更新，论文中关于非正规垃圾填埋场的研究，其背景和条件都已经发生很大变化，论文的结论未必能有效地指导当今具体问题的解决。不过，经过时间的沉淀，我们也看到，论文中提出的贯穿设计项目的设计研究方法体系确实发挥了作用，而且具有一定的延展性，对已经完成的同类项目可以进行体系化地总结、积累，也可以将它应用到正在进行的设计过程中，为设计师提供一种思考的路径和台阶。某种程度上可以验证论文提出的设计研究理论的有效性。

我自己从设计研究理论的探索中收益良多，探索设计研究理论的过程构建了设计学范式认识论下开展学术研究的思维框架。如今，当我进入风景园林技术科学这一研究领域，将主要精力放在风景园林信息技术应用的探索上时，正是这种基于设计思维和设计能力的思维框架支撑自己学习和理解新的技术，发现和解决与规划设计本体紧密相关的技术应用问题，拓展学术研究的领域和深度。因此，我由衷地希望通过这本书的出版，分享设计研究理论的研究成果，请读者们一起来批评、探讨、验证、完善，推动相关研究在学术共同体中不断发展进步。

本书在学位论文的基础上完善而成，学位论文的完成离不开老师的指导和学校的支持，在此致以谢忱：

衷心感谢导师朱育帆教授，他细致严谨的研究态度、精益求精的工作作风和专业上的言传身教一直感染并激励着我，让我受益终生。论文凝结着导师的心血，在此表示深深的感谢。

感谢我的副导师，柏林工业大学的于尔根·魏丁格尔（Jürgen Weidinger）教授。感谢他以渊博的知识、精准的建议和无处不在的热心支持，帮助我展开思路、明确目标、坚定信心，最终完成论文的写作。

在柏林工业大学联合培养期间，本人获得柏林工业大学校长奖学金2年的全额资助，在此对柏林工业大学的慷慨资助表示衷心感谢。

在德期间承蒙格舍·约斯特（Gesche Joost）教授热心指导与帮助，不胜感激。

感谢王迪院长和端木岐院长为论文提供了参与相关工程项目的机会，并在此期间给予热情帮助和慷慨支持。

感谢清华大学建筑学院景观学系的老师、同学们长期以来给予我的鼓励与帮助。

郭湧

于清华园

2019年9月27日

目录

10 9 8 7 6 5 4 3 2

第 1 章

设计学范式的认识论基础

设计思维和设计能力有别于科学、人文的思维和能力，具有特殊的设计学范式特点。基于设计思维和设计过程形成的设计知识具有科学知识和人文知识所无法替代的综合性、默会性、物质性的特点。相应地，设计认知也具有自身的特殊性，它以系统地探求"设计知识"为目标，以设计学范式的认识论为基础。设计认知是设计研究的前提，在探讨设计研究理论之前，应该先了解设计师式的认知规律。那么设计认知到底有哪些特点呢？回答这一问题，我们可以分别从设计问题、设计行为和设计师式认知等方面开始探讨。

1.1　设计问题的特点

设计作为一种知识范畴，所应对的设计问题不同于科学问题或文学问题，设计师式认知方法中的一个关键内容就是设计师在设计过程中对设计问题的定义和重新定义。关于设计问题的特殊性质，由里特尔（Rittel）和韦伯（Webber）提出的"抗解问题"（wicked problem）为其进行了全面的理论总结。

20世纪70年代，美国社会变革，群众运动大范围兴起，政治权威和专业权威受到民间力量广泛挑战的条件下，里特尔重新审视了城市规划理论面临的质疑和困境，提出在复杂开放的社会问题面前，规划专业不应再扮演可通过应用科学方法解决所有问题的"应用科学家"角色，而应该重新审视和理解规划专业需要解决的问题本身，从中发现规划专业面临的问题与科学问题的区别。里特尔指出，科学目标可以明确肯定，科学问题可清晰界定，科学问题的答案也可最终验证和确认。而规划面临的问题却随着规划方案的概念和决策的变化而改变。也就是说，规划面临的问题与科学问题不同，不能在得到答案之前先明确界定，只有在确定问题的答案之后才有可能对问题本身做出界定。这种问题被称为抗解问题。对抗解问题的论述，事实上是作者以开放性复杂系统的视角对基于一般系统论的规划理论的反思。对抗解问题的总结成为设计研究的重要理论基础，直接影响了设计研究理论家对设计思维的阐释。里特尔总结的抗解问题的特点，成为设计研究理论家揭示"设计问题"特点的指导性理论。

根据里特尔和韦伯（Rittel & Webber，1972）的观点，抗解问题不像科学问题那样在已知条件充分后就可通过公式进行详细的表述。相反，理解抗解问题所需的信息取决于问题的解决方案，除非事先穷举解决方案的所有可能性，否则就无法获得足够的细节来描述抗解问题。确切地阐述问题的过程与构想问题解决方案的过程是同一个过程。因此，基于一般系统论的系统方法所包含的"理解问题—收集信息—分析信息—综合信息—完成方案"的解题步骤并不适用于抗解问题的解决。对于抗解问题而言，不存在现成的公式可用来确切地阐述问题，理解问题的过程只有在问题解决方案最终完成时才能结束。

由于不存在充分理解抗解问题的标准，且链接互动性开放系统的随机链条可无尽地延伸，以及对抗解问题解决方案的探讨可无限地延续，因此抗解问题没有停止规则。在规划设计中，规划师和设计师终止针对抗解问题的工作并非是由于问题内在的逻辑原因，而是问题外部的客观原因，例如时间期限、资金预算或是参与者的耐心等。尤其在面对复杂开放的社会问题时，抗解问题的最终解决方案必须面对不同主体的评价。在不同的利益关切、价值取向和意识形态下，即使对完全相同的结果也会形成不同的评价，无法像科学技术问题那样用"对与错"的标准对解决方案进行评价，只能用"好与坏"的标准来判断。因此，针对抗解问题的方案如果能够满足相关主体的要求，就可被认为是解决问题的最终方案。不过，对抗解问题的解决方案人们无法进行即时检验也无法进行最终的检验，所以人们只能判断它们是好还是坏，却无法确定它们好的程度或者坏的程度。这是因为解决方案的现实影响只有在方案实施后才能体现出来，这就意味着人们没有机会提前进行试错，只能接受它们随后的现实影响。这也就是说，针对抗解问题的每一个解决方案都是"一次性"的方案，每一次尝试都意义重大。

人们可以形成某个方案以解决抗解问题，却无法证明自己已经分辨并考虑了问题所有的情况，也无法穷举所有的解决问题的可能性。而且，时常会出现从某种决策出发，通过分析发现解决问题需要同时满足彼此矛盾的条件，于是出现问题根本无解的情况。这说明问题的解决方案取决于对问题的现实态度和决策，只有在确定的决策或概念的引导下，才能在无数解决问题的可能方向中最终确定一个发展方向。

每一个抗解问题从本质上讲都是独一无二的。无论现时问题与以往的问题如何类似，都无法完全套用以往的解决方案。这是由于导致现时问题解决方案的决策尽管需要考虑诸多与以往案例的相似条件，却无法事先排除可颠覆所有相似条件的关键差异的存在。无论是关键差异存在的事实，还是可能性都必然导致对现时问题产生不同于以往问题的判断和认识。源自对问题认识的关键差异决定了每一个抗解问题都具有区别于以往问题的特殊性。

问题的形成源自客体现状与理想状态之间的差异。解决问题的过程必须从寻找造成这种差异的原因开始。在复杂开放系统中，一种客体的现状与理想状态之间的差异可被看作是某一层面上的问题，也可是更高层面上某一问题的表征。从特定层面消除问题的行为可能会在更高层面引入一系列其他问题。因此，从不同的层面和不同角度出发，对一个抗解问题可形成无数的解释。解释差异所处的层面越低，解决问题的方法越具有操作性，但是可能会在其他层面产生更多的问题。反之，解释差异所处的层面越高，解决问题的具体操作越困难，但是更有利于全面地解决问题。可见，对问题成因解释的选择决定了问题解决方案的性质。

根据"设计文化"的定义，与科学和文学并列的第三类人类文化知识类型是"物质文化的集成经验，以及包含于规划、发明、制造和行动艺术中的经验的集成体"（Cross，2006），可知虽然我们可为规划与设计列举出诸多不同之处，但是从一个更为基础的文化类型层面上来看，规划行为从属于"设计"这种文化知识类型。里特尔和韦伯在20世纪70年代对规划专业面临的"抗解问题"所进行的理论总结由此被视为对"设计文化"这种知识文化类型所面临问题的普遍规律的总结。也就是说，普遍意义上的"设计"问题也同样包含了上述"顽劣"（wicked）的抗解特点，与科学技术需要解决的问题具有明显的区别。

1.2　设计行为的特点

设计师式思维体现在设计行为之中。通过设计行为可将设计思维转化为设计的成果。通过对设计行为的观察和阐述，可以最为有效地理解和总结设计师式思维的特点。

设计行为的出发点在于为问题提供解决方案，在面对问题时与科学行为不同。在设计过程中，设计师着眼于方案解决问题的适宜性，问题形成的规律和解决问题的普遍法则并非设计过程关注的重点。设计过程中的这个特点曾经在布莱恩·劳森（Bryan Lawson）的行为对比实验中非常明显地得到体现。劳森（Lawson，2004）为两组学生设置了相同的问题，要求学生按照一定规则排列彩色积木，以满足实验提出的特定要求。这两组学生有一组是建筑学专业的研究生，一组是理科研究生。实验结果显示，两组学生表现出大相径庭的问题解决策略。理科学生采取的策略是系统化地试验积木组合的各种可能性，希望借此发现形成理想组合形式的基本法则。建筑专业的学生则更倾向于提出一系列方案，然后从这些方案中进行筛选，直到他们从中找到一个可接受的方案为止。

对于这种实验结果，劳森评论道："两种策略的本质区别在于，科学家将注意力集中在发现规律上，建筑师执着地想要形成理想的结果。科学家采取的总体上是聚焦于问题的策略，建筑师则是聚焦于方案的策略。虽然利用建筑师的方法不用实际上揭示可行方案的全部范围也非常可能形成最好的方案，但是事实是大多数建筑师都发现了一些关于积木组合形式控制规律的内容。换言之，他们很大程度上通过实验方案的结果来了解问题的性质，而科学家则专门地对问题进行研究"[①]（Lawson，1980）。

通过这个著名的行为对比实验，设计行为解决问题的基本策略与科学行为解决问题的基本策略之间的区别清晰地展现出来。正如劳森自己的总结，两种策略的本质区别在于，设计行为以提供解决问题的方案为目标，科学行为以揭示解决问题需要遵循的规律为目标。造成设计行为与科学行为基本策略差异的原因并不是设计的本质相对于科学而言存在先天的不足，而是设计面对的问题具有无法清晰定义，不能详尽解释的"抗解"性质。

正是为了应对无法清晰定义的问题，设计师不得不对给定的问题自行定义、重新定义，甚至改变原有的问题。引导设计师对问题进行重新定义的是设计师对问题解决方案的构想，无论这些构想是有意识的经验还是下意识的概念。设计理论家琼斯（John Christopher Jones）就曾指出："为了寻获一个解决方案而改变问题是设计中最具挑战最困难的部分。"[②]设计问题与科学问题的性质差异决定了设计行为有别于科学行为，设计思维也必然有别于科学思维或文学思维。设计思维的独特性及其独立于科学思维和文学思维的必要性早在20世纪60~70年代的设计理论著作中就已广泛达成共识，多位理论家对其进行了论证，强调设计行为的特殊意义，指出设计行为与科学行为的内在区别，并呼吁不要将设计与科学混为一谈，例如悉尼·格里高利（Sydney Gregory）指出："科学方法是包含在揭示既存事物性质过程中的解决问题的行为形态，而设计方法是包含在发明尚未存在的事物过程中的行为形态。科学是分析性的，设计是建设性的。"[③]赫伯特·西蒙（Herbert Simon）指出："自然科学关注的是事物性质如何……

设计，与之不同，关心的是事物应当如何。"④莱昂内尔·马奇（Lionel March）指出："将设计理论立基于不相适宜的逻辑和科学范式是为大错。逻辑志趣在于抽象形式。科学探讨现存形式。设计开创新颖形式。"⑤

这些观点的共同之处在于，它们都认为设计行为的目的是针对问题创造性地提出尚未存在的方案，通过方案展现超越现状的理想状态。而科学行为的目的是对现状进行分析和解释。奈杰尔克劳斯〔Nigel Cross〕将这种区别总结为设计行为的本质是"建设性""规范性"和"创造性"的，设计是一个形态综合的过程，而科学是一个形态识别的过程。对于设计过程而言，仅仅掌握关于现状的数据不足以产生解决问题的方案，方案的产生必须依赖积极发挥设计师自身的设计能力。

设计能力是一项人类智能的基本能力，在日常生活的每个方面，在每个人的身上都能体现出设计能力。设计师，尤其是经验丰富的优秀职业设计师掌握了更加专业和熟练的设计能力，在他们身上设计能力的特点体现得最为明显。设计师的设计行为简而言之就是为新人工制品的制造提供描述，说明它们应该成为的状态。这种描述详细规定了人工制品的尺寸、材料、工艺、色彩等内容，一旦这种描述形成，实施制造或建造的环节便不再有自行决定的自由。设计师提供的最终产物便是对新人工制品的描述，设计行为的终点就是这种描述的形成。从这个意义上理解，职业设计师的工作就是利用绘图或模型等手段就特定设计方案进行交流。在就最终方案与生产建设部门交流之前，方案必须经过一系列测试，这其中也包括方案的修改，多方案比较和淘汰。因此，设计师的主要工作内容包含对设计方案的评价，而设计方案评价的过程需要大量运用科学和技术知识。可见，设计过程中最为核心且需要不断重复的就是建模、测试和修改。建模的形式包括绘图、数字模型和实体模型等，测试的过程必须依靠科学技术知识形成客观有效的评价结果，而修改的过程相当于一个新设计方案的创作。

---

① "The essential difference between these two strategies is that while the scientists focused their attention on discovering the rule, the architects were obsessed with achieving the desired result. The scientists adopted a generally problem-focused strategy and the architects a solution-focused strategy. Although it would be quite possible using the architect's approach to achieve the best solution without actually discovering the complete range of acceptable solutions, in fact most architects discovered something about the rule governing the allowed combination of blocks. In other words, they learn about the nature of the problem largely as a result of trying out solutions, whereas the scientists set out specifically to study the problem."
Bryan Lawson. 1980. How Designers Think [M]. London: Architectural Press.
② "Changing the problem in order to find a solution is the most challenging and difficult part of designing."
John Christopher Jones. 1970. Design Methods: Seeds of Human Futures [M]. Chichester: Wiley.
③ "The scientific method is a pattern of problem-solving behaviour employed in finding out the nature of what exist, whereas the design method is a pattern of behaviour employed in inventing things of value which do not yet exist. Science is analytic; design is constructive."
Sydney A. Gregory. 1966. The Design Method [M]. London: Butterworth.
④ "The natural sciences are concerned with how things are... Design, on the other hand, is concerned with how things ought to be."
Herbert A. Simon. 1969. The Sciences of the Artificial. Cambridge: MIT Press.
⑤ "To base design theory on inappropriate paradigms of logic and science is to make a bad mistake. Logic has interests in abstract forms. Science investigates extant forms. Design initiates novel forms."
Lionel March. 1976. The Logic of Design and the Question of Value [M]// Lionel March (ed.). The Architecture of Form. Cambridge: Cambridge University Press.

创作设计方案是设计师的基本活动。在方案创作过程中，在方案形成的早期，设计师的思想具有特别重要的意义，对此克劳斯总结道："所产生的这种思想是多方面，多层次的。设计师考虑的是设计标准和要求的全部范围，包括设计标准、来自客户的任务书、技术与法律条文，以及自设的标准，如方案的美学与形式品质等。一般情况下，客户任务书所设定的问题都会比较模糊，直到设计师提出可能的方案，客户的要求和标准才会清晰。因而设计师对问题和方案最早的概念和表达对随后的程序至关重要，这些程序包括可供考虑的替代方案，测试和评价，以及最终的设计方案"（Cross，2006）。

根据以上论述和总结可知，设计师的设计能力集中体现在应对抗解问题上。在应对抗解问题时，设计师通过提出方案，并对方案进行测试和筛选来重新定义问题，从而以创新的成果形成最终解决问题的方案。这个过程构成了设计行为的内涵。

设计行为的特点在优秀设计师的设计实践中得到最为典型的体现。通过对优秀设计师的设计实践活动进行观察研究，克劳斯对设计行为的特点进行了总结，他指出了八个方面的设计特点[①]：①设计具有修辞性；②设计具有探索性；③设计具有渐显性；④设计具有偶然性；⑤设计具有溯因性；⑥设计具有反思性；⑦设计具有模糊性；⑧设计具有风险性。设计的修辞性指的是设计行为具有说服客户教育客户，使设计服务对象产生自身从未意识到的新的设计服务需求的特点。设计的探索性指设计不仅为解决问题提供最有效率的方案，而且通过设计过程不断摸索和发现新知的特点。设计的渐显性指设计中问题与方案同时发展，生成结果的过程从试探性的概念中逐渐推敲形成的特点。设计的偶然性指设计问题的相关数据无法必然地推导出设计结果、设计过程无法事先预测的特点。设计的溯因性指设计过程依赖设计师的直觉，首先通过直觉产生概念，然后采取一系列行动实现概念的溯因逻辑特点。设计的反思性指设计行为中设计师不断进行内在的思维意识与外在表达表现之间的对话，从而反复进行物质的思维化和思维的物质化的特点。设计的模糊性指设计必须面对不确定性，设计方案中存在有不精确或开放性，甚至不做结论的特点。设计的风险性指在不确定性面前，设计师必须依靠经验做出对设计结果和个人名誉而言都具有风险的个人决定。

设计能力的内涵和特点对于设计师而言不言自明，但是从未有设计师能够对自身的设计能力系统地进行理论阐释。经过设计研究，设计理论家对设计行为和蕴含其中的设计能力进行了较为清晰地阐释。这一方面有利于人们对设计能力加以了解，并进行培养和发展；另一方面，有利于通过设计行为的特点进一步理解设计思维的特点。通过设计理论家对设计行为的理论阐释，人们还可以前所未有地清晰分辨出设计能力的内涵和特点与科学或文学能力的内涵和特点之间存在的明显区别。

1.3 设计师式认知的特点

设计行为特殊的内涵和特点决定了设计认知相对于科学认知与文学认知的特殊性。通过对范围甚广的不同设计领域进行研究，克劳斯将设计行为的特点进行了精辟地概括，他将设计能力总结为以下几个方面能力的综合体：解决模糊定义的问题；采取聚焦于解决方案的策略；应用溯因性、生产性或同位性的思维；利用非语言化，图式化或空间化的模型媒介。

1.3.1 设计认知的问题界定

如前文所述，设计问题不像科学问题那样可被明确界定。在设计中，只有在问题与它们的解决方案相联系时才能得到界定。设计师在设计方案时，一般不会试图在设计初始就对问题进行清晰地界定，他们会在设计进程中随着设计过程的发展不断重新界定设计的目标。对创造性活动进行的行为研究发现，设计师在对待设计问题时有一种先入为主地认为设计问题具有模糊性的认知习惯，即使在一个问题可被清晰界定的时候，设计师也会对其指向的目标和内容提出质疑和挑战，将其作为模糊界定的问题进行处理。正如托马斯（Thomas）和卡罗尔（Carroll）所观察的结果："设计是一种问题解决过程，在问题解决者的观点中问题或行动的目标界定、起始条件或所允许的变化似乎存在界定上的模糊性。"[②]也就是说，当设计师面对清晰界定的问题（如具体的工程技术性问题）时，在可用最有效的方式排除问题的情况下，他们也更愿意进行"设计"，而不愿意仅扮演问题排除者的角色。

1.3.2 设计求知的方案优先特点

在设计过程中，设计师会在充分界定问题之前就将思维跳转至对问题解决方案的探索中。设计过程的进展主要由探索问题解决方案的思维主导。对设计师而言，对方案的评价远比对问题的分析更为重要。为数众多的设计行为观察结果表明，在解决设计问题时，设计师很快就能形成对设计问题解决方案的早期设想，并将测试、评价和实现这些设想的过程作为手段，进一步对设计问题和设计方案同时进行探索。这种依靠方案设想对问题进行分析，并同时检验和完善方案的问题分析思路，明显区别于首先定义和理解问题，在完全清晰掌握问题之后，再试图形成解决问题方案的分阶段地问题解决思路。设计师的这种思维最主要的特点是思维的过程和采取行动的策略自始至终围绕问题解决方案。这种思维特点是对设计问题无法清晰定义的特点进行的有效反应。

---

① Design is rhetorical, design is exploratory, design is emergent, design is opportunistic, design is abductive, design is reflective, design is ambiguous, design is risky .

② "Design is a type of problem solving in which the problem solver views the problem or acts as though there is some ill-definedness in the goals, initial conditions or allowable transformations." quoted by Cross Thomas and Carroll. 1979. The Psychological Study of Design. Design Studies.1 (1): 5-11.

1.3.3 设计求知的思维定式

设计方案的形成需要依靠设计师在早期提出方案设想，采取现实的态度自行对模糊定义的问题设立可深入的问题框架，并在限定条件下探索符合问题框架的，且令人满意的问题解决方案。在此过程中，设计师必须不断突破思维定式的影响，才能形成适宜的问题框架，从而形成最终设计方案。思维定式主要来自几个方面：一是可供参考的设计案例，二是熟悉和擅长的概念，三是基础性的规则和惯常的做法。

由于设计师解决问题的思维由探索设计方案的过程所引导，因此对一个设计问题的现有解决方案会给设计师带来可供再次利用的有益内容。然而既存解决方案会影响设计师全面考虑相关的知识和经验，为设计师形成初始的方案设想造成思维定式。研究表明，这种思维定式对设计师的影响非常显著，尤其是对设计能力不高的设计新手而言尤其明显。

设计经验丰富的设计师也会面临思维定式的问题。他们的思维定式有时不是来自于他人的设计经验，而是自己以往使用过的问题解决方案或是解决问题的思路和概念。也就是说在面对与以往设计问题相似的问题时，设计师以往采取的问题解决方案会潜在地影响设计师对新问题的解决。如果某个概念或思路在以往经验中形成过有效的设计方案，设计师倾向于在以后的设计中多次使用相同的或类似的概念和思路。即使在应用该思路的设计过程中遇到困难，设计师也倾向于坚持相同概念而重新定义问题，或是仅对概念进行微小的调整直到可被接受的方案产生。这种现象在鲍尔（Ball）对电子工程设计的学生毕业设计项目的观察和记录中得到了证实。他记录道："当设计师们被发现找到了一个很快被证明为事实上并不理想的解决方案时，他们却表现出对放弃该方案并消耗时间精力寻找更佳的替代方案的抵触。实际情况是，他们对自己并不令人满意的方案表现出一种宗教般的执着，而且决意通过产生众多稍加改进的版本来艰苦地发展它们，直到形成了某些可起作用的内容。"[①]

阻碍设计方案形成的还有来自基础规范和惯常做法的思维定式，这种思维定式的特点对工程设计人员影响最为突出。珀塞尔（Purcell）和盖罗（Gero）在20世纪90年代初进行了一系列针对思维定式的实验，其中一组机械工程学生和一组工业设计学生被安排进行行为对比实验。实验结果表明，在设计过程中确实存在思维定式，机械工程专业的学生表现出的思维定式更加顽固，他们的设计成果深受设计案例的影响。研究人员起初认为这或许是由于工程类专业在教育中鼓励学生从以往的案例学习经验，是这种教育特点造成了学生习惯于接受示范案例的影响而不能创造多样化的方案。于是研究人员在随后的实验中将示范案例更换成更加标新立异的方案，以期观察两组设计人员的反应。结果显示，工程人员并未受方案标新立异的表面特点影响，而是在自己的设计中参考了示范方案表象下的基本规范。这种基本规范成为他们创造新方案的思维定式。而另一组工业设计学生形成方案的情况与之前实验中的情况没有什么差异，这说明无论是什么样的示范案例对他们的影响都不大。由此，珀塞尔和盖罗得出结论认为，坚持与众不同就是设计师的思维定式。这个实验同时也说明，形成思维定式的不仅是以往的设计案例和设计师自己的经验，而且也包括对基本规范和惯常做法的坚持。

以问题为导向的设计过程中存在思维定式是设计师式思维的特点。设计思维中的思维定式对解决抗解问题具有积极意义。在设计问题面前，面对无法清晰界定的模糊性和条件纷繁的复杂性，设计思维中的思维定式在设计早期有助于为设计师形成方案构想开辟解决问题的突破口。此外，不断打破思维定式的过程是创造性产生的必需过程，明确思维定式的存在和掌握造成思维定式的主要原因，有利于打破思维定式、实现创造性的超越。

1.3.4 设计求知的溯因逻辑

设计创造性很大程度上与设计思维的逻辑特点相关。设计思维的逻辑既不是归纳逻辑也不是演绎逻辑，而应总结为"溯因逻辑"或称作"逆推逻辑"（abduction）。溯因逻辑是一种推测的逻辑，由哲学家皮尔斯（Peirce）提出。皮尔斯通过将溯因与归纳和演绎进行比较，指出了溯因逻辑的特点："演绎证明某事定然，归纳昭示某事实则最然，溯因仅暗示某事或然。"[②] 溯因推理首先提出设想或假设，再从提出的假设入手逆推造成假设的原因。然而设计的假设与科学理论的假设意义并不相同。马奇（March）指出："科学假设与设计假设并不相同。逻辑命题不应被误认为是设计方案。试探性的设计不能逻辑化地决定，因为其所涉及的推理模式本质上是溯因性的。"[③]

---

① "When the designers were seen to generate a solution which soon proved less than satisfactory, they actually seemed loath to discard the solution and spend time and effort in the search for a better alternative. Indeed the subjects appeared to adhere religiously to their unsatisfactory solutions and tended to develop them laboriously by the production of various slightly improved versions until something workable was attained." quoted by Cross.
Ball, L J, Evans, J, et al.:1994. Cognitive Processes in Engineering Design: a Longitudinal Study. Ergonomics,37（11）: 1753-1786.
② "Deductive proves that something must be; induction shows that something actually is operative; abduction merely suggests that something may be." quoted by Cross.
③ "A scientific hypothesis is not the same thing as a design hypothesis. A logical proposition is not to be mistaken for a design proposal. A speculative design cannot be determined logically, because the mode of reasoning involved is essentially abductive."
Lionel March. 1976. The Logic of Design and the Question of Value [M]//Lionel March（ed.）. The Architecture of Form. Cambridge: Cambridge University Press.

1.3.5 设计求知的工具

设计师式认知依靠的工具是模型语言，包括手绘草图、实体模型、数字模型、虚拟影像等多样化类型，其中最为基本也最为重要的是手绘草图。手绘是一种表达设计思维的图示语言，是设计师在现实条件与主观概念间进行对话和反思的手段。手绘草图至少起到了三方面的作用：第一作为记忆在身体以外的可视化存储，如现场情况的速写、对设计思路的快速记录等；第二作为探讨功能问题时的视觉空间线索，如利用透视图的绘制研究设计的视觉体验等；第三，为形成设计思想提供物质条件的现场信息，如利用平面、立面、剖面等对功能性的推敲等。手绘草图与机制绘图相比能够从多方面，多层面更为直接地表达设计师的思维，而且手绘草图具有机制绘图所不具备的歧义性。一根手绘铅笔线条在设计师眼中可被理解为丰富的设计内容，甚至为设计师带来意想不到的构思，成为打开思路促使设计师不断探索和尝试新的设计可能性的起点。

1.3.6 设计求知的反思过程

设计师式认知依托于设计师的设计行为，设计问题不可清晰定义的抗解性决定了设计师式认知必然采取聚焦于解决方案的务实策略，为了形成有效的设计方案，设计认知的思维过程应用溯因逻辑，在同一个认知过程中不断在设计问题和解决方案间跳转，最终形成对问题的界定和解决共为一体的设计方案。整个认知过程中，外部世界的物质信息与设计师内在的设计思维通过模型语言进行沟通和对话，形成了设计认知的反思过程。

设计认知中的反思过程是外部物质环境与设计师内在思维的对话交流，通过反思的过程，设计师的思维得以在外部世界物质化，同样物质世界在设计师的头脑中反馈为新的思维。这种物质与思维通过反思过程的交流为设计知识的形成和积累提供了条件。

由于上述各方面的特点，设计师式认知具有明显不同于科学与人文的特点。如果将三者进行比较，从认知方法上看，对于科学而言，研究的方法是受控的实验，分类和分析；人文的方法是类推，比喻和评价；设计的方法是建模、图式化和综合。从价值取向上看，科学的价值观是客观、理性、中立，所关注的是"事实"；人文的价值观是主观、想象、道义，所关注的是"正义"；设计的价值观是务实，独创，共鸣，所关注的是"适宜"（Cross，2006）。正是这样特殊的自身特点形成了设计学范式的认识论基础。

10 9 8 7 6 5 4 3 2

第 2 章

设计研究发展的历史过程

2.1 设计研究发展历程概述

2.1.1 设计研究发展的开端

关于"剖析设计之研究"发展的滥觞，谷易·邦斯皮（Bonsiepe,2009）将它上溯到1848年出现的一种关于行业实践知识与科学知识之间关系的思辨。当时著名的德国律师尤利乌斯·赫尔曼·冯·基尔希曼（Julius Hermann von Kirchmann）发表了一篇题为《法理学作为科学的无价值性》（*Die Wertlosigkeit der Jurisprudenz als Wissenschaft*）的论著。基尔希曼在论述中指出，这篇著作的题目存在着双关歧义。人们可将法理学作为科学但无价值的原因理解为：尽管对日常活动几乎没有影响，法理学却不争地作为一门科学存在着，法理学的研究与行业实践是割裂的。或者也可把这种无价值的特点理解为，法理学根本就不是一门科学，因为它无法"满足"真正的科学的概念。法理学自身的理论体系和求知方法与严格意义的科学不尽相同。历史上存在的这种对行业实践与科学研究之间关系的思辨恰好映射了今天设计实践领域与设计学科"研究"工作之间的关系。

而设计研究在设计领域真正兴起的萌芽时期则始于20世纪20年代，孕育于和德国包豪斯几乎同时兴起的荷兰风格派运动（De Stijl）。风格派运动中主张新塑造主义（Neo-Plasticism），致力于通过对事物形态和色彩抽象、简化和提纯，消除自然形态的个别特征，以直线、矩形、原色、黑白等最为"客观"和"理性"的视觉要素探索寻找视觉平衡的规律。通过这种艺术现象，风格派艺术家们主张与动物的本性、自然的主宰和艺术的纷繁截然相反的客观理性的"现代"精神，反映了将艺术和设计"科学化"的意愿。风格派不仅形成了艺术作品，还出版期刊将艺术思想理论化，以致深刻影响到当时的设计教育和设计实践。这场设计现代化的运动推动了探讨"设计科学"的设计理论发展，为其后设计学科的形成和发展做了准备。

设计研究理论的逐渐丰富和体系化发展出现在第二次世界大战之后。第二次世界大战之后世界的经济、文化中心转移到美国，以美国为代表的英语国家科学技术发展迅猛。科学技术的发展催生了技术理性思想对社会各个领域的重大影响，设计领域也同样受到了影响。这个时期主要的发展集中在与科技发展关系最为密切的机械设计和建筑设计领域。在这两个领域内，对理性的设计方法及评价设计产品的流程等课题的探索，开启了基于技术理性的设计理论发展大幕。

2.1.2 设计研究的理论发展

20世纪60年代，是设计学科从经验主义向实证主义发展的分水岭。对客观理性的"设计方法"的探索成为设计研究的主要课题。社会进入工业化后期，生产方式发生颠覆性变化，设计实践中的设计师们开始质疑自己从手工业而来的设计传统是否还能满足社会需要，同时高等教育的变革也给设计领域的学术研究带来了很大压力。一方面，设计问题日趋复杂，设计师的直觉已经不足以应对所有设计问题，仅仅依靠相关学科或位于设计领域边缘的设计与其他学科的交叉地带的研究，难以触及设计问题的核心。设计师们意识到在设计行为中会产生新的设计问题，解答这些问题需要通过研究行为形成新的知识，由此开始了对设计研究的探讨。另一方面，高等教育领域出现了结构重整，高校中的设计教育也必须进行自我调整以适应学术结构和传统的变化，从而出现设计学科的学生攻读硕士和博士学位的需求。随之而来的是设计学科如何开展研究的问题。正是与设计实践和学术研究相关联的两方面原因推动了设计研究的发展。

1962年秋在伦敦召开的"设计方法大会"，标志着设计方法论成为设计界探索的课题。这场新的"设计方法运动"强烈主张将设计的过程和产物严格基于客观性和理性。促成这场设计方法运动的直接原因是第二次世界大战之后随着科学进步和计算机技术发展，一批前所未有的设计问题出现在人们面前。这些新的技术和问题强烈地冲击了设计的传统经验，也挑战了传统的设计能力，因此设计师们转向利用科学技术和技术理性来促进设计的发展。这个时期，设计方法理论最主要的发展出现在与科学技术紧密结合的机械设计领域。

20世纪60年代，在机械设计领域以外，意义最为深远的设计研究现象是德国的视觉/语言修辞（visual/verbal rhetoric）和视听修辞（audiovisual rhetoric）。当时古伊·邦斯皮借鉴符号学和修辞学的术语和分类，为设计师开发了一套应用语言和图像进行交流的理论体系，从而使设计师的传统业务习惯具备了"科学"依据。同一时期在美国兴起的以克里斯托弗·亚历山大（Christopher Alexander）的《模式语言》为代表的为设计寻求科学方法的探索也是具有深远意义的设计研究现象。

这一时期设计研究发展的特点是，在技术理性和科学方法主导的语境中，设计研究理论的发展由技术理性和实证主义主导，设计行为无异于一种解决问题的技术方法，致使后来在越发僵化的技术理性思维影响下，设计人员执着于试图发掘和总结设计过程中内在的理性的、可预测的规律性。如今人们已认识到，设计的内在规律与技术理性下的科学范式并不相同。由于没有认识到设计行为和设计思维自身的特点，技术理性下的设计研究终在20世纪70年代末遭遇挫折。

2.1.3 技术理性下设计研究的挫折

直到20世纪70年代后期，"设计方法学运动"一直都是设计研究的主要方向。在这场运动下成立了欧洲设计研究组织（Workshop Design-Konstruktion），随后其召开了一系列国际工程设计会议（International Conference on Engineering Desgin，ICED）。这些会议促进了机械设计领域内科学设计过程的建立和相关理论的发展，形成了具有深远国际影响的技术理性设计研究方向，对我国机械设计领域也产生了深远的影响。在此背景下发展出诸多描述设计过程和设计方法的理论模型，其中不少直接受到当时计算机科技发展的影响，试图借鉴计算机程序的流程来总结设计过程中设计师的思维过程，并建立设计的标准流程。

然而在机械设计领域以外范围广泛的设计领域内，设计方法运动所体现的客观、理性的价值观却受到了质疑和抵制。一方面，20世纪60年代后期西方社会逐渐步入后工业社会，自由人文主义蓬勃发展，保守主义观念遭到反对，设计研究领域的发展也不可避免地受到社会政治气候的影响，激进的思想开始质疑理性主义掌控下的设计研究。另一方面，理论研究热衷的"科学"设计方法在日常设计实践中鲜有成功应用的案例，越来越多的设计从业人员对理论研究与设计实践之间的割裂提出异议，对设计研究的不满和抵制又进一步加剧了研究与实践领域的分裂。第三个方面，设计本体的自我意识觉醒，对基础问题的深入思辨让设计理论家们在设计和规划问题中发现了设计领域面临的问题具有"抗解问题"（Wicked Problems）的特性[1]，这不同于科学技术和工程领域面对的"可解"的问题。因此，基于客观理性的思维形成的科学设计方法并不适用于规划设计的实际情况。

基于上述原因，20世纪70年代末80年代初，这条研究道路步入了死胡同。一些在20世纪60年代大声疾呼科学设计方法，倡导运用技术和理性主义发动"设计科学革命"的早期设计方法运动先行者们改变了最初的观点，公开反对设计方法运动。这其中就包括曾经发起在建筑和规划领域应用理性方法的先行者——《模式语言》的作者克里斯托弗·亚历山大。他在期刊上发表文章彻底否定了设计方法研究对建筑设计的作用，并宣布自己彻底脱离这一领域（Cross，2001）。

以此作为典型的代表，至此设计方法学运动被绝大多数学者和设计师认为是一种失败。但是机械设计领域一直没有放弃这一发展方向，一直在继续反思和发展相关的设计研究成果。此后的学术界称这个时期的设计研究理论为"第一代设计理论"。

2.1.4　设计研究之转向

20世纪80年代，设计研究迎来了一次重要的转向。1980年"设计研究协会"（DRS）举办会议"设计-科学-方法"，会上科学方法在设计研究中的作用和意义得到反思。研究人员认为，科学研究之所以强调科学方法，是因为根据科学研究的标准，科学实验的过程必须是可以重复和再现的，然而设计的实践过程追求的本就是不可重复、不可再现的创造。因此试图建立设计的科学方法这一理想本身就与设计行为的目的背道而驰。这届会议为人们提供了一个信号，那就是"不应该再继续简单化地比较科学与设计之间的区别，也许设计根本没有什么可以向科学学习的，相反，也许科学可以向设计学到些东西。"（Cross，2007）此后通过进一步的探讨，设计研究的学者们认识到设计认识论的自身特点有别于科学认识论，而且设计认识论内在的创新、假设、发明的逻辑才是科学创新的内在逻辑，这是科学哲学也在思辨的命题。

该时期出现了对设计研究发展至关重要的一系列基础性理论著作。1981年英国皇家艺术学院布鲁斯·阿彻（Bruce Archer）发表了《给设计师的体系化方法》（*Systematic Methods for Designers*），为设计研究做了定义。文中指出"设计研究是体系化探寻和获取与设计及设计行为相关的知识"。这一定义至今仍被大量引用，成为经典定义。1983年麻省理工学院教授唐纳德·舍恩（Donald Schön）出版了《反思的实践者》（*The Reflective Practitioner*）一书，打破了在设计行业中科技知识与艺术性知识相对立的局面，提出职业实践中包含着通过反应和反思获取知识的求知模式。几乎同时，英国谢菲尔德大学的布莱恩·劳森教授出版了《设计师如何思考》（How Designers Think）一书，通过自己在建筑设计领域里的教学经验，以及在不同专业背景的学生间设置的行为实验比较，总结出设计过程和设计思维的特点。英国开放大学奈杰尔·克劳斯教授在20世纪80年代初通过对不同领域顶尖设计师的访谈和观察，研究总结了设计师式的认知方式，理论化地总结了设计与科学、人文在认知特点上的区别，以及设计行为和设计过程的本质特征。他主张设计研究的认知不能离开设计师的设计能力和设计思维。

此后的设计研究理论发展进入了繁荣期，走上了设计学范式认识论设计研究的道路。在理论发展上的重要事件是1993年英国皇家艺术大学教授克里斯托弗·弗雷林（Christopher Frayling）整理设计研究内容框架，将其总结为"剖析设计之研究""服务设计之研究"和"贯穿设计之研究"，这一结论奠定了设计研究发展的理论框架。整个20世纪80年代到90年代，出现了大批的研究刊物和学术团体。在英语出版物中涌现出1979年的《设计研究》（Design Studies），1984年的《设计问题》（Design Issues），1989年的《工程设计研究》（Research in Engineering Design），1990年的《工程设计学刊》（Journal of Engineering Design），1993年的《设计的语言》（Languages of Design），1997年的《设计学刊》（Design Journal）等。（Cross，2006）在这段时期内比较活跃的研究团体有1966年成立的，由来自40多个国家的学者组成的设计研究协会（Design Research Society，DRS），还有1994年建立的欧洲设计学院（European Academy of Design，EAD）。它是一个欧洲范围内包括英国、瑞典、葡萄牙、西班牙、德国等国家的不同高校、培训机构等教育机构的松散联盟。这个联盟每年由成员主办学术会议进行学术研讨，并出版书籍和通讯，为设计研究在欧洲的发展提供了支持。除此之外，在欧美众多高校的设计院系中也形成各自的研究团队。

20世纪80年代的前20年内，设计研究的发展仍是对70年代后"设计方法学运动"的反思和延续。一方面研究内容出现了重要的转向，设计学科的本体意识崛起，出现了重新审视设计与科学之间彼此关系的探讨，设计学范式的认识论逐渐成为设计研究的主要论题；另一方面对设计方法的研究没有因为第一代设计理论的挫败而彻底停止，在机械技术、计算机技术等相关设计领域中，设计方法的理论仍不断在发展，系统论和控制论等理论的发展为设计研究的这一分支提供了新的营养。

---

① 设计理论家里特尔（Horst J. Rittel）和韦伯Melvin M. Webber在1972年发表的文章《规划总体理论中的维谷窘境》（Dilemmas in a General Theory of Planning）中，首先提出了Wicked Problems（抗解问题）的概念，意指由于残缺不整、前后矛盾或要求不断改变而难以组织所以非常困难或根本无法解决的问题。也指由于复杂的相互关联导致试图解决某一方面就会牵扯或造成其他多个方面的困难，所以难以全面解决的复杂问题。

2.1.5 新世纪的发展

进入21世纪，设计研究的发展进入崭新的阶段，在揭示了设计学范式认识论之后，设计研究的方法论成为学术探讨的焦点，研究不再局限于学术界的理论构架，而是越来越紧密地与技术发展和设计问题相结合，这成为研究发展的一大特点。在这一时期，设计方法的探讨在机械设计和计算机科学相关的交互设计等设计领域继续发展。同时，以设计学范式认识论为基础，依靠设计师的设计能力，紧密结合设计项目的设计研究在以德语国家为主的欧洲学术界逐渐兴起。新的研究团体得到发展，一系列研究成果相继面世。国际交流增强，设计研究开展的学科范围进一步扩大。

进入21世纪之后，随着科技发展和设计问题的日趋复杂化，设计的新知识和新途径越发成为需要。不同设计领域的设计师和研究人员从各自的专业领域出发，对设计研究进行了思考，不约而同地将思考的焦点投射在设计过程与设计知识的产生二者之间的关系上。这些思考明显受到唐纳德·舍恩的著作《反思的实践者》中所总结的通过专业实践的反思来创造新知、积累专业知识的行动认知理论的影响。在众多设计领域中，交互设计、新媒体设计等新兴设计领域由于直接面对科技发展的成果，需要应对高新技术带来的复杂设计问题，因而最为急迫地开始寻求设计知识的创造、积累和传播方法，由此进入了探讨设计研究方法论的前沿。与此相对，建筑设计、风景园林设计等领域有着悠久发展历史和丰富实践经验。在面对新时代的问题时，设计师有行业中的大量知识储备可供参考，而且，即便是在新的时代，设计师们面对的问题本质上也与以前的时代无多大差别，这就造成了设计研究理论在交互设计等高新科技集中的设计领域的发展领先于诸如建筑设计等传统设计学科的发展局面。

例如约纳斯·勒夫格伦（Jonas Löwgren）与艾瑞克·斯多尔特曼（Erik Stolterman）所著的《思虑下的互动设计：信息技术的设计视角》（*Thoughtful Interaction Design: a Design Perspective on Information Technology*），为了应对伴随新技术和新信息而来的复杂设计挑战，作者从信息技术和交互设计领域的角度提出"行动导向和依托语境"的设计理论。这种理论主张设计师将信息技术作为设计的原材料之一纳入整体设计思考，在深思熟虑的基础上不仅为设计产品的功能和品质负责，也要为伦理和美学层面的品质负责。通过这样的深层次思考，交互设计领域的设计知识得以增长和培养。同样来自人机交互设计领域的丹尼尔·法尔曼（Daniel Fällman）在其论文《作为设计学科的人机交互设计》（*HCI as a Design Discipline*）中，主张人机互动（Human Computer Interaction，或HCI）不仅是信息技术的集成，也是情感和体验的需求，因此仅仅依靠科学理论和技术方法不足以形成满足人们需要的成果，必须将人机互动作为一门设计领域来理解，运用设计思维和设计能力才能促进技术的研发和产品的研制，获得该领域设计经验的发展和设计知识的积累。此后，约翰·齐莫尔曼（John Zimmerman）等在2007年人机互动大会上发表的论文《贯穿设计之研究作为人机交互中的互动设计研究方法》（*Research through Design as a Method for Interaction Design Research in HCI*）进一步指出人机互动领域在努力将设计与研究和实践进行整合中面临的问题：设计在实践中往往遭受多方面掣肘，并且设计的思维、行动和成果在研究中对研究人员的影响并不显著。他们针对这种情况采用"贯穿设计之研究"的方法原则，在人际互动研究领域发展了新的互动设计研究的模型。在新的模型下，研究工作以设计师的愿景为主导，即"试图研发互动产品，它们能够改善世界的现状使其达到更加适宜的状态"。这种研究模型使得互动设计师在应对那些对研究人员来说边界过于宽泛的问题时，可以发挥自身优势为研究做出贡献。为了说明设计人员对研究的贡献，齐莫尔曼还提出了对研究贡献进行评价的具体方法。

从交互设计领域的行业发展趋势不难看出，设计师的设计思维和创新能力已成为引领产品研发，主导技术发展的重要原因。信息技术的发展，并没有被孤立地看作推动人机交互发展的核心因素，而是被作为设计过程中的"没有重量的原材料"纳入了设计的综合过程之中。正是这样的综合过程推动了人机交互技术的发展和相关领域科学知识的创新和积累。在新世纪面对科学技术高速发展，设计问题越发难以清晰界定、越发复杂的背景下，人机交互设计领域的实践可以反映出"贯穿设计之研究"的特点，也是众多设计领域的共同特点。

针对实践中设计与技术发展日益紧密联系的特点，设计研究理论家们也形成了新的理论成果来推动设计研究理论的不断完善。沃福冈·约纳斯（Walfgang Jonas）通过一系列论文阐述了设计学范式的研究方法论观点。他引申了科学哲学中的批判理性主义观点，主张以"逆推"或"溯因逻辑"所阐释的科学创新和科学发现的过程来理解设计对于科学知识的意义。约纳斯（Jonas，2007）将设计视为人类改变世界的基本活动，设计行为不仅是环境建设的基础或艺术创造的基础，也是探索科学事实的基础。从这个意义上说，科学研究的过程可以被认为是一种特殊类型的设计。与一般的设计过程相比，它的特殊性在于更加专注于单一的目的或严格界定的对象，在方法上受到更加严格的控制。人类认知的方法主要有三个方面，包括分析、综合和投射①。分析主导科学的方法论，投射主导艺术的方法论，综合主导设计的方法论。而"贯穿设计之研究"则包含了全部三种认识的类型。他提出在贯穿设计之研究的方法论下，"科学范式必须内置于设计范式"。就是说研究是由设计过程的逻辑所引领；作为设计过程中某一特定阶段的科学研究和探索则对设计进行支持和推动。约纳斯主张，研究人员在进行贯穿设计之研究时，不能仅仅局限于科学研究的方法，因为科学研究的方法是一种被极度限制了的设计方法。

---

① "投射"指的是将自己的情绪或认识下意识地传达或表达，在心理上对他人形成的影响。

和约纳斯一样致力于"贯穿设计之研究"的方法论研究，并做出重要理论贡献的还有阿兰·菲内（Alain Fineli），他对设计研究的成果所应具有的特点以及所应满足的标准做了有益的推论。菲内（Fineli，2008）提议厘清设计研究的目的以及达到设计研究的最终成果需要满足的标准。菲内认为，从狭义上看，在设计领域内，设计研究的最终受益者有三类人群：设计研究界、设计实践界和设计教育界。三类受众对通过设计研究而形成的知识成果各有侧重，设计研究界关注的是"基础性"或"理论性"的知识，设计实践界关注的是"应用性"或"实用的"知识，设计教育界关注的是"可教授的"或"正确的"知识。所有这些知识的目的都是为了改善设计行为，进而通过设计行为的改善来改进设计行为所需面对的事物，而设计行为所需面对的事物包含了人居环境的方方面面。因此可以说，从广义上看，设计研究的目的直接与设计的目的相关联，那就是从各个纬度（包括物理、心理和精神的纬度）改善和维持世界的可居住性。

　　至于设计研究成果需要满足的标准，菲内提出了"相关性"和"严谨性"两方面标准。菲内认为设计研究包含"服务设计之研究""剖析设计之研究"以及"贯穿设计之研究"三个方面。"服务设计之研究"的目的是为了有效掌握影响最终设计产品的设计过程中的各种不同影响因子和参数，因此服务设计之研究的成果与设计过程本身高度相关，但却由于多种原因而不被科学研究所承认，例如它通常利用已知的知识；即使产生新知，其所依靠的方法通常也无法达到科学研究必需的严谨性，抑或者研究人员本身并不具备相关的资质；对于设计实践界而言它所揭示的知识很多是前提性的默会知识，甚至根本没有必要加以讨论或发表。反观"剖析设计之研究"，一般是由设计专业之外的科学家（例如，人类学家、历史学家、心理学家、语言学家等）开展的研究，其研究目的并非为了促进设计行为的改善，而是为了他们各自领域的发展。因此，他们的研究多能满足科学研究的严谨性，却很少能够与设计自身紧密相关，相对缺少与设计的相关性。菲内认为设计研究的成果必须具备严谨性，能够满足科学研究的标准，同时也必须具有相关性，能够对设计实践的进步做出贡献。要同时满足这两个标准，必须依靠"贯穿设计之研究"的方法。至于具体开展"贯穿设计之研究"的方法，菲内主张"扎根项目的研究"（Project-grounded research）。

　　设计研究在新世纪的发展不仅体现在杰出理论家的理论成果上，还表现在设计研究团体数量的快速发展上。在不断增加的设计研究学术团体中，2002年成立的"德国设计理论研究协会"（Deutsche Gesellschaft für Designtheorie und – Forschung，DGTF），在英语主导的学术语境下显得独树一帜。DGTF是一个以德语为主要交流语言的研究团体，约有200名成员，主要来自德国、奥地利和瑞士。该协会认为，设计研究是一个正在快速发展的新兴学术领域，虽然它的结构还不完善，理论也没有完全成熟，但是越来越多的来自学术界、企业界和决策制定层面的有识之士已经认识到设计研究的重要性，这个学术领域的发展有着光明的未来。与关注"设计方法学"的一派设计研究不同，DGTF的主张明显地倾向设计学范式的认识论，它认为设计研究是独立于科学研究的求知方式。近10年活跃的设计研究组织还有瑞士研究网络（Swiss Design Network，SDN）、国际设计研究理事会（Board of International Research in Design，BIRD）等多个组织。其中，BIRD实现了数量众多的出版成果，既有德语出版物，也有英语出版物。这些成果完成了很多关于设计研究的综述性工作，总结了设计研究已有的成果，提出了设计学范式认识论设计研究的主张，为设计研究的进一步发展夯实了基础。可以看出，在新世纪之后，设计研究的两个分支各自都有所发展，其中以德语学术圈的突出工作为代表，设计学范式认识论的设计研究实现了突破性的进展。

设计研究理论发展到今天，已经形成了包括"剖析设计之研究""服务设计之研究"和"贯穿设计之研究"的内容框架。随着近30年的理论探索，"剖析设计之研究"形成了一系列解释设计过程和设计思维本质特点的研究成果，这些成果成为设计研究理论继续发展的基础。在此基础上，设计研究理论探索的趋势逐渐转向以"贯穿设计之研究"为核心的设计研究方法论的探索和发展。

2.2 设计研究面临的问题

时至今日，设计研究理论的发展既取得了显著的成果，也面临着亟待解决的问题。这些问题主要有三个方面：第一，缺少在现有理论框架下开展的设计研究实例；第二，缺少有效的评价体系对设计研究成果进行评价；第三，设计研究理论，尤其是设计研究方法论的发展尚不完善，需要进一步的研究。

2.2.1 缺少设计研究实例

设计研究领域是一个尚处在形成和发展过程中的年轻研究领域。从它的发展历程看，直到2000年左右，设计研究理论才进入了新的发展阶段，逐渐形成了现有的成果。包括理论著作、论文集等设计研究的综述性出版物直到2007年左右才开始在数量上形成一定规模。将"贯穿设计之研究"作为设计研究方法论核心的理论体系从初步成型到现在尚不足20年，而且这些理论体系主要是在非常重视哲学传统的德语国家，由设计理论家推动而形成。当设计研究理论家已经可以比较系统地阐述设计研究认识论和方法论时，却只有为数不多的设计研究实例可以被用作典型案例来验证和支持设计研究现有的理论。这就出现了设计研究理论超前于设计研究实践的情况。

作为年轻的研究领域，设计研究的发展离不开设计研究实例对理论发展的支持和验证，尤其是这种理论针对的是广泛而多样的不同设计学科的共性，更需要来自不同设计领域的研究实例。从现有的成果看，人机互动设计、通信设计、媒体艺术设计等与最新科技成果紧密结合的设计领域都提供了丰富的设计研究实例，而诸如建筑设计、城市设计、风景园林设计这些具有悠久设计传统和深厚设计知识积累的设计学科虽为设计研究理论的萌芽提供了重要的土壤，但为新兴设计研究理论提供的实例却相当有限。虽然很多欧洲的高校正在以上领域积极开展设计研究实验，在不久的将来就会陆续形成一定数量的成果，但是从总体上看，缺乏来自不同设计领域的设计研究实例仍是设计研究理论发展面临的问题。

在20世纪60年代的设计方法运动走向失败的时候，出现了设计理论与设计实践缺少联系彼此割裂的情况，在理论研究中忽视了设计实践的价值和设计行为的实际内涵，从而导致理论成果在设计实践中鲜有应用，而实践领域对理论研究产生抵触和抗拒，不愿在实际设计过程中主动应用和尝试或是评价和反馈理论研究，进而加剧了设计研究与设计实践的分裂。由此可见，设计研究实例应被视为设计研究发展不可或缺的必要内容，设计研究理论尤其是设计研究方法论和方法体系的探讨需要大量来自不同设计领域的设计研究实例的反馈和互动。

当今缺少设计研究实例的情况与20世纪60年代缺少实例的情况截然不同。20世纪60年代的理论研究是在实证主义思想的指导下一味追求客观和理性的特点，违背了设计实践自身的价值立场和思维特点，从而导致理论成果在实践中难以应用。当今的设计研究理论尚处在发展的早期阶段，自身的理论体系，尤其是方法论和研究方法体系，仍处在与设计研究实践同步发展之中，一些设计研究工作已经开展但是还没有形成成果。当今的设计研究理论紧密地融入设计实践和设计研究实践之中，甚至可以说设计研究理论是依靠设计研究实践逐渐确立的。然而，尽管设计研究实践不缺少发展的前景，但现有的研究实例却不足以推动设计研究理论快速进展，这正是设计研究发展目前面临的问题之一。

2.2.2　理论发展尚待完善

与缺乏设计研究实例的问题同时存在的是设计研究理论自身仍处在发展的进程中，理论体系的发展有待完善。完善理论体系需要解决的问题存在于几个方面的争议和疑问中，主要涉及剖析设计之研究的最终目的和知识成果的问题，以及剖析设计之研究的方法论和方法体系的问题。

设计研究的发展与设计学的发展紧密联系。设计学正在形成一个融贯不同学科的独立学术领域和科学学科，设计研究正是这一发展过程中的关键内容。只有确立设计研究的理论体系，通过设计行为和设计过程不断产生新的设计知识，而且这些新的知识有助于人们观察、认识现实世界中发生的现象，设计学才能从一个实践行业最终发展成为一门科学学科。这种发展过程正如医学从经验发展为科学的过程。因此，设计研究的目的与设计学的最终目的紧密关联。然而，设计学自身的发展目前仍面临需要进一步解释的问题。例如，如果将设计作为一门独立的学术领域和科学学科，它的最终目的是什么？进一步说，与其他学科比较，现实世界中的哪些现象是其他学科尚未有效认识和解释，而需要设计研究进行观察和理解的？对于未知现象，如果其他学科无法认知或者无法比设计学更有效地进行认知，那么设计研究能够提供怎样更为出色的答案呢？在目前的理论体系中，这些基础性的问题仍存争议，说明设计研究的理论发展尚未完善。

与设计研究的最终目的和知识成果相并列的还有设计研究的方法论问题。设计研究的方法论问题源于设计行为和设计思维自身的特殊性。从广义上看，人类的生存和发展历程中从未离开过设计行为和设计思维，在适应环境、创造生存条件的过程中，人们认识世界、改造世界的行为都可以归结为设计。设计行为和设计思维自身蕴含着探索和创新的内容。对设计行为和过程进行深入考察会发现，设计活动的第一项任务是界定设计问题，相同的现象在不同的设计师看来会成为各不相同的设计问题。在确认初始的设计问题后，便开展针对问题的设计方案进行探讨。随着设计方案的推进，设计师会对最初的设计问题逐渐产生新的认识和理解，甚至推翻最初的认识向着完全不同的方向发展设计的进程。这样的过程包含对设计问题以及与其相关的设计知识的探索，本质上具有研究的性质。因此，设计内在的特性就已经包含了研究的性质，那么设计活动本身与设计研究的界限在哪里？意在发展设计研究理论的研究人员应该从研究的方法和过程界定设计活动与设计研究的界限，还是应该从研究结果，即通过设计研究形成的知识的标准性上来界定？正是因为设计行为与设计研究之间存在模糊的界限，很多设计师不愿意接受设计研究理论的成立。他们认为设计本身就是研究，而且设计行为的开展很大程度上基于设计师不言自明的"默会知识"，即使开展符合科学意义的研究，也无益于设计知识的发展。如果不能有效地解答设计行为与设计研究之间的界定问题，就很难发展设计研究的具体方法体系，在设计研究的理论体系中就会存在一个无法完善的缺口。

目前有关学者已经能够比较清晰地阐释设计行为和设计思维的特殊性，但在设计研究与这种特殊性的关系上仍缺乏足够的理论成果。这种现象与缺少设计研究实例的问题相互伴生。设计研究理论体系的不断完善，需要在不断积累的设计研究实践中逐步完成。

2.2.3　缺少设计研究成果的评价体系

在现有理论框架下已经开展的设计研究活动中，研究人员们不得不面对的问题是如何对设计研究成果进行评价。

设计本身具有融贯学科的综合性特点，其领域内的成果也具有融贯学科的特点。与此相对的是，科学具有非常细致的专业领域划分，具有典型的分析性特点，科学研究的成果总是来自不同的学科领域。在科学中，研究的目的是在各自领域内的知识创造，因此来自不同领域的科研成果主要区别不是关于目的而是关于学科内容。然而在设计中，不同设计领域的学科内容如前所述是模糊的，于是设计研究不得不更加关注研究的目的。因此若给科学研究的成果分类，可以按照学科来分类，而给设计研究的成果分类则需要不同的分类系统。约纳斯（Jonas，2007）根据设计研究的目的，提出了按照"人工制品"（美学）、"设计过程"（逻辑）、"人类经验"（伦理）以及"改进设计过程"的类别进行分类的体系。以上述目的进行的设计研究所产生的成果是为了使人们在生活中的需求得到更好地满足。在设计研究内部，"剖析设计之研究"的成果有助于人们理解人工制品，包括理解产生人工制品所必需的人类经验和设计过程。"服务设计之研究"则有助于改善设计过程。"贯穿设计之研究"的成果则并非只与设计本身相关联，而是与科学一样具有广泛性。

与科学研究的特点所不同的是，"贯穿设计之研究"将认知主体的主观性纳入了求知的过程。设计过程不仅是对某个具体现象或设计问题的不断认识过程，也是对自身进行不断反思的过程，通过对设计问题的反馈和设计过程的反思，设计行为可以实现求知的目的，进而创造满足人类需要的知识。"贯穿设计之研究"正是基于设计过程内含的这种求知特点，将设计作为研究的手段而开展的研究工作。与科学研究不同的是，在这个不断反馈和反思的设计研究过程中，研究人员的主观立场和主动介入与设计过程的不断调整，这两方面进程是不可分割的。因此，"贯穿设计之研究"形成的知识成果，无论是以人工制品的形式，还是以语言表述的形式存在，其中都包含了研究人员的主观意识。

由于设计研究的最终成果包含研究人员的主观意识，因此评价科学研究成果的实证主义标准将不适用于设计研究的成果。这就产生了缺乏能够有效地对设计研究成果进行评价的标准和体系的问题。一方面，"贯穿设计之研究"依赖设计师式的思维和能力，必须以设计过程作为研究手段，因此科学研究体系中对研究成果的评价标准就不能完全适用于设计研究成果的评价；另一方面，"贯穿设计之研究"又不能没有客观理性的评价标准和指标体系，否则就无法形成有效的知识积累与传播，会导致整个设计研究理论体系的缺失，进而影响设计研究的发展。因此，建立设计研究成果的评价体系将是设计研究理论发展亟待解决的问题。

设计研究面临的这些问题既是设计研究理论发展道路上的难题，也是设计研究理论进一步发展和完善的重点方向。这些问题已引起相关研究人员的重视，一系列课题已经在学术界得以开展。相信随着设计研究实践的发展和设计研究成果的不断涌现，设计研究理论将会得到进一步完善。

2.3 我国设计研究的发展现状

我国设计研究开展的主要学术领域包括以机械设计为代表的工程技术领域，以产品设计为代表的设计艺术学领域，以及以风景园林设计为代表的人居环境科学领域等。设计研究在我国的开展既有国际设计研究理论发展的直接影响，也有我国学者在相对独立的大陆学术界自主开展的研究，同时也包括主动参与理论发展最新动态的国际合作研究。设计研究在不同的研究领域进入了不同的发展阶段也展现出不同的发展方向，大致可总结为三个方面：工程设计领域主导的"设计理论与方法学"成果，设计艺术学领域开展的实证主义研究方法总结，以及风景园林设计领域正在试验的设计学范式认识论下的设计研究。

2.3.1 设计理论与方法学

"设计理论与方法学"设计研究主要在机械设计领域开展，它关注工程设计中的科学设计方法。其发展起始于20世纪70年代末。受1981年在罗马召开的国际工程设计会议（IEDC）影响，我国开始在国内大力开展设计方法学研究，并于1986年成立了全国设计方法学研究会，

1989年，研究会与机械设计学会中的设计理论专业委员会合并，称为设计理论与方法学专业委员会。此后，国家自然科学基金委员会逐步将有关内容列入基金指南，鼓励开展相关研究。与此同时，一些高校也开设相应课程，开展研究工作。1991年，国家自然科学基金委员会编写《自然科学学科发展战略调研报告》，在机械学学科内将这部分内容归结为"机械设计学"。报告提出，机械设计学是研究机械产品设计理论、设计方法和设计技术的一门学科。它以机构学、机械动力学、机械结构强度学及摩擦学为基础，探索设计过程本身的一般理论、方法和技术以及设计过程的科学进程和规律。在此，研究虽偏重机械方面，但仍不失其对设计研究的一般性（董仲元，1996）。

2.3.2 设计艺术学的实证主义研究方法

第二种设计研究发展的方向是设计艺术学领域对实证主义设计研究方法的探讨。设计艺术学长期以来存在着理论研究偏向设计史论、文化学、美学、伦理学、社会学等相对于设计本体而言可视为"外围研究"的现象。这种现象导致有关与设计艺术本体的设计理论发展滞后，以至于设计艺术理论和实践缺乏系统的方法，尤其是实证研究的方法。这种现象与国际上设计研究发展早期的学术背景很相似，而且并不只是设计艺术学领域特有的现象，包括建筑设计、风景园林设计等其他领域内也普遍存在同样的理论发展问题。针对该问题，南京艺术学院李立新教授于2010年出版《设计艺术学研究方法》一书，该著作被誉为设计实证研究在大陆设计学界的开创性著作（祝帅，2010）。这本著作的问世，是大陆设计学界在相对独立的学术环境下，针对设计本体理论发展的问题，由学者独立完成的设计研究著作，其核心目的是为了在设计艺术学领域内树立实证主义的研究方法体系。从大陆的学术范围看，这本著作对于设计艺术学研究方法的教学和理论发展而言具有开创性的意义。但是从国际上设计研究发展的历史进程来看，其所关注的问题及所给出的对策，却与20世纪60年代后期至70年代中期技术理性下的设计研究发展的早期阶段非常类似。其对设计研究方法的整理总结以及由此形成的设计艺术学领域研究方法体系的确立说明，学者们对设计学本体研究方法论的问题已经有了充分的认识，并且试图通过发展技术理性和实证主义的研究方法来弥补设计研究方法论的不足。

值得一提的是，随着国际交流的增加，设计研究的概念，包括"剖析设计之研究""服务设计之研究"以及"贯穿设计之研究"的内容和关系已经开始引起相关学者的关注。

以上在设计艺术学领域反映的研究设计的实证主义方法论和实用主义目的的特点，基本上反映了目前国内设计研究发展的现状。

2.3.3 设计学范式认识论下的设计研究

设计研究在国内发展的第三个方面是与理论研究最新发展动态直接接轨的设计学范式认识论下的设计研究。开展这个方向的代表性研究力量是清华大学建筑学院朱育帆教授带领的研究团队。他们通过积极地开展国际合作主动参与设计研究理论的最新发展进程，探索"贯穿设计之研究"的研究方法论在风景园林设计研究中的应用，希望以自身充裕的设计实践机会和成功的设计实践案例为基础，开展基于设计项目的"贯穿设计之研究"。从2009年开始至今逐渐形成了以清华大学建筑学院和柏林工业大学环境规划建筑学院为核心的"设计师式研究"（Designerly Research）专题联合研究团队。该团队在2010年秋和2011年夏分别在北京和柏林召开两次"设计师式研究"（Designerly Research）联合博士论坛，并邀请"设计研究"领域的国际著名学者在国内学术期刊上发表文章，不仅向国内学术界介绍了设计研究的最新国际进展，还主动参与设计研究的理论发展。在目前设计研究缺少研究实例和研究成果的问题情况下，清华大学-柏林工业大学联合研究团队通过开展设计研究项目，为设计研究的进一步发展做出了贡献。这使得我国设计研究的发展具备了后发优势，可以处于理论研究发展的最前沿，直接对设计研究做出自己的贡献。目前通过这个联合团队的组织，除以上两所高校之外，已经有柏林艺术大学、比利时圣约翰卢卡斯建筑学院、瑞士国家研究能力中心、英国开放大学、德国不伦瑞克艺术大学等多所高校和研究机构的专家学者参与到研讨中来。这些专家学者中很多同时也是欧洲最具影响力的几个设计研究团体的重要成员。

清华大学-柏林工业大学在风景园林设计领域开展的联合设计研究，不同于持实证主义方法论和实用主义目的论立场的国内设计研究方法理论体系，而是采取了设计学范式认识论的立场，认为通过设计中的反应和对设计过程的反思可以实现设计知识的创新和积累，从设计实践中创造和积累的知识同时也符合学术界对与知识生产的标准和要求。

2.3.4 我国设计研究理论发展的问题与机遇

我国设计研究理论的发展动因与国际上设计研究兴起的原因相类似，主要是设计领域面对迅速变化的社会、经济、文化条件和新的设计问题，迫切需要新的设计知识，而创造和积累设计知识就需要发展设计研究。我国设计研究理论发展受到国际学术界设计研究发展进程的深刻影响。国际设计研究理论的发展与我国特有的学术发展现状和学术研究组织结构相结合，产生了以下几方面的问题。

第一，设计研究在不同设计领域分散，各个领域的发展不平衡，缺少超越学科的联合研究团体。

设计研究本发轫于对设计行业实践和科学研究之间关系的反思，对设计行为和设计思维的反思基于不同设计领域中的设计行为所体现出的共性，具有超越学科的特点。从历史上看，即使是在被后人否定的第一代设计理论的发展过程中，对技术理性标准的追求也不是某个设计领域孤立的现象，而是包括建筑设计、工业设计等领域在内的广泛的设计领域内共同发生的现象。由此看来，设计研究的理论发展应该是超越学科边界，基于设计内在共性的。

然而，设计研究理论在20世纪80年代"设计方法运动"处于兴盛的时期传入我国之后，研究的范畴被框定在机械设计领域。该领域内取得的成果对其他设计领域鲜有影响。直到2010年左右，诸如设计艺术学、风景园林学的相关研究才逐渐得以开展。而且设计研究后发而起的这些学科，在理论探索上的工作也没有超出自身学科的范围。反观国际上设计研究的发展，自20世纪80年代"设计方法运动"之后，设计研究理论的反思和发展同时发生在不同的设计领域和学科内，后继的思想理论发展也是来自不同设计学科的共同贡献，尤其是新世纪之后的设计研究理论上升到对求知范式的探讨以及对科学范式的反思，成为超越学科深入哲学层面的思辨。

可见，设计研究在不同学科的分散是我国特有的问题。造成这种现象的原因一方面是由于机械设计领域继承的技术理性设计研究理论在"设计方法运动"之后，成为融入技术工程类学科的一种具有强烈学科特点的理论系统，固化为专业理论的一部分。另一方面，我国的学术研究组织制度具有的等级分明的学科体系、界限分明的专业划分，客观上造成了设计研究无法成为一个超越学科的共同话题，只能在不同设计领域分散开展的局面。这种局面导致了设计研究理论在不同学科内认识水平和发展程度的不平衡，也造成了我国的学术界缺少相关的来自不同设计领域的研究人员共同组成的联合研究团体。

第二，现有的国内设计研究仍基于技术理性的价值观，对设计学范式下的设计研究的意义缺少认识。

20世纪80年代后，设计研究产生了设计本体意识的觉醒，整个设计研究有了共同的理论基础，这个理论基础就是对设计学范式认识论、设计师式求知方法等相关理论。设计本体意识的觉醒将设计研究的发展方向从探讨技术理性下科学设计方法转向设计学范式认识论下设计知识的创造。

我国现有的设计研究进程和成果仍处于强调实证主义研究方法和科学设计方法的阶段，在研究内容上由实证主义方法论主导，在研究目的上受实用主义目的论影响，虽然意识到了围绕设计本体的研究存在问题，但是却缺少对设计本体自身的系统剖析，因而也缺乏对设计学范式认识论的认知。从设计研究内容上看，除了机械设计领域的专业内容之外，以设计艺术学为例，尽管学者们意识到了设计学科出现了以史论代理论，以其他社会科学和人文科学的外围研究代替设计本体研究的问题，但在试图解决这种问题的时候，他们选择的方法却是为自己这样一个"艺术"学科领域内的研究寻求实证主义的"科学"特点。

即使从实用主义目的论观点来看，如果设计研究的目的是为了改善设计实践，那么设计艺术领域的设计研究现在强调的实证主义研究方法，事实上也无法直接改善设计过程和设计成果。比如通过统计分析得到的客户数据只能辅助设计师理解设计需求却无法直接为设计师提供方案，设计方案的产生还是需要依靠设计师自身的设计思维和设计能力。历史经验已经说明，为设计强加客观理性的设计研究难以为设计实践提供支持，最终会导致设计研究与设计实践的割裂并走向失败。

然而，设计学范式下的设计研究其实质是一种体系化的求知，改善设计实践并不是它的唯一目的，创造和积累内在于或者有关于设计的知识才是它的最终目的。设计学研究中始终内含着设计与科学的关系。随着科学哲学自身的发展，科学的求知模式和科学知识本身已经发生了变化，现在的科学研究也需要问题导向性的设计思维。因此，设计学范式下的设计研究不仅能创造和积累设计知识，也有助于科学知识的发展。

目前，国内的设计研究对这种设计学范式认识论的认识仍然相当缺乏。从这个意义上说，由于认识到设计本体相关研究出现问题而走上设计研究发展道路的学科，其实对设计本体自身的内涵和意义仍然缺乏认识。

第三，我国现有的以科学研究成果为评价指标的学术评价体系不利于设计研究理论的发展。

设计学科的学术研究，尤其是针对设计本体的学术研究在目前的学术环境下面临着共同的困境，那就是设计研究的成果必须纳入以科学研究成果为指标的学术评价体系。目前的学术评价体系主要以科学研究成果的发表为主要的评价指标。然而，设计研究必须通过设计的过程，而设计过程中的行为和思维不可避免地导致研究过程中必然包含设计师的主观性因素；设计方法中必然包含设计人员的直觉与默会知识的作用；设计的成果中必然包含设计学科特有的模型语言的表述。因此，设计研究的成果无论从研究过程、研究方法还是研究成果上都与科学研究的标准不相一致。相应地，设计研究的成果很难在科学研究的成果发表中成为主流。因此，当以科研成果的发表情况作为学术评价指标时，针对设计研究的学术评价就会被严重低估。若要改变这种情况，让研究成果被科学研究所承认，并在现有的学术评价体系中获得较高的评价，就需要放弃设计研究中所依赖的设计范式，转而严格遵守科学范式的方法标准。这种情况正如我国机械设计领域设计研究的发展路线。虽然"设计方法学"所代表的技术理性设计研究在20世纪80年代后就在国际上受到设计师和研究人员的否定，但是它却在我国的学术研究环境中找到了适合发展的环境，最终被列入国家科学基金委项目，成为受国家科研基金资助的科学研究领域。尽管这个方向的设计研究受到国家科学研究体系的认可，在我国的学术评价体系中获得了较高的学术评价，但是它却被框限在机械设计学科之内，在设计知识的创造、积累和传播方面受到了学科划分和科研组织结构的双重束缚。可见，我国现有的学术语境并不利于设计研究理论的发展。

设计研究的发展在我国面临诸多问题，但同时也具有难得的发展机遇。理论发展上的后发优势是显而易见的机遇。随着国际交流的日益增进，国内的学术研究团队有机会直接参与到设计研究领域发展的前沿，全面了解设计研究理论和实践的最新动态及成果，并通过结合自身在项目数量和实践机会上的优势从理论应用和实践验证的角度推动设计研究理论的进一步发展，从而在理论发展的前沿做出为国际设计研究领域所珍视的贡献。另外，在以欧洲为代表的西方发达国家，设计研究不仅在高校中得以开展，也受到企业、政府智库、决策机构等广泛的社会部门的重视。设计研究被作为融贯科技与人文，促进科学技术发展的重要研究内容，对于提高社会的创新能力具有重要意义。从这个意义上看，设计研究的发展有利于从理论研究的基础层面上推动社会创新能力的提高。

10　9　8　7　6　5　4　**3** 章

第

设计师式研究：贯穿设计之研究的方法体系

3.1　设计师式研究的背景

在科学主义主导知识生产的社会和学科背景下，设计领域兴起了关于"设计研究"的广泛讨论。之所以在包括建筑设计、风景园林设计、产品设计、工程设计等广泛的设计领域内兴起有关研究方法论和方法体系的共同话题，是因为这些领域不约而同地感受到相同的问题：自身的研究行为和成果难以清晰界定和评判，因此难以被学术界认可；研究领域形成的研究成果难以向实践领域的设计工作提供支持，从而受到实践领域的排斥，造成了学术研究与业务实践之间的割裂；实践领域的知识积累又缺少成为学术研究成果的渠道，导致理论研究发展空间的萎缩。

为了探寻造成这些现象的原因，研究人员开始重新关注设计自身的思维和行为特点，逐渐意识到设计思维和行为构成了特殊的求知模式。这种求知模式既区别于科学研究那种以受控的实验和绝对客观的立场为特点的求知模式，也不同于人文学科，通过类比和思辨的方式探求真理的求知模式。在目前科学主义主导学术研究的客观情况下，设计的求知模式难以满足科学研究对研究过程和研究结果的标准要求，因而造成了设计领域开展学术研究的困境。为了满足科学研究的要求，以科学的范式对设计领域问题进行研究的成果又违背了设计思维和行为的客观规律而无法与设计领域的业务实践对接，这就造成了学术研究成果难以支持和改善设计业务实践的问题。同理，基于设计自身思维和行为特点的实践过程，即使其内含的创新和求知过程本身就能够产生新知、形成设计知识积累，具有研究的特点，但是这种知识积累的过程无法满足科学研究的标准而难以成为被认可的学术成果，从而失去了在更广泛的知识领域公开、交流的机会，导致设计领域的研究失去了实践中积累知识的肥沃土壤，也就是失去了拓展研究发展的空间。

设计领域开展学术研究遇到的普遍困境，在我国的风景园林设计领域也有具体的反映。1981年《中华人民共和国学位条例》颁布实施，标志着我国学位制度的建立，是我国博士生教育的起点。1997年，北京林业大学授出了第一个风景园林领域的工学博士学位。自风景园林领域第一个博士学位产生至今，风景园林设计领域内博士论文的选题大部分都集中在史论研究方向。根据《风景园林学科发展报告》中援引的资料，国内1990～2006年园林史论研究论著达到1927篇。在风景园林学科的学位论文和学术研究成果上，史论研究远远高于其他主题的研究成果，而设计理论研究数量相对较少，出现了以历史理论研究代设计理论研究的现象。究其原因，一方面是因为史论研究在传统园林理论体系中具有无可置疑的重要意义，需要广泛深入地开展大量研究工作；另一方面，设计理论研究无疑需要在设计思维和设计行为的基础上开展，而设计思维和行为特点与科学研究的标准和要求之间的矛盾造成了设计理论研究在现有学术环境中难以开展。

目前，我国建筑设计领域的学术研究中也同样存在类似问题。建筑设计领域博士生的培养和选拔机制与博士研究学术成果之间的矛盾造成了学术研究的困境。究其原因就是博士生培养和选拔机制基于对建筑设计能力的培养和评价，而博士论文研究的成果则依据科学研究的标准和要求,二者的不一致给很多博士研究生和导师造成困扰。以至于建筑设计专业博士生选题出现研究课题偏离建筑设计本体而转向史论研究和规划相关的研究。这是因为史论研究和与规划相关的研究都有相对清晰和成熟的研究方法,而且具有与科学思维模式更加接近的理性逻辑框架,因而研究成果更易于获得学术界的认可。

这种在科学主义主导的学术背景下设计学科面临的学术研究困境不仅存在于我国,其他国家的设计领域也同样存在。笔者对德国柏林工业大学规划建筑环境学院2007~2010年超过100篇学位论文进行调查,结果显示,与设计理论相关的博士论文只有3篇。环境保护、生态学、地理信息系统、经济管理、景观规划等方向的论文占了绝大部分,其中尤以环境保护和地理信息系统方向的课题为主。虽然造成这种学术成果在不同研究方向分布不平衡的原因很大程度上与院系专业设置相关,但即使将院系专业设置的特点考虑在内,设计方向学位论文的绝对数量仍然鲜明地反映了设计领域在学术研究中的弱势地位。

正是这种设计实践与学术研究上的严重失衡状态促使设计领域的研究人员开始探讨"设计研究"的方法论。对"设计研究"方法论的讨论目前仍在热烈进行中,很多问题尚未形成普遍共识。尽管如此,设计思维和设计行为自身的特点及由此形成的特殊求知规律,即"设计师式的认知"规律,已经引起包括传统科学领域在内的越来越广泛的知识生产部门的关注。

知识的生产在当今社会出现了知识生产模式变迁,科研与创新在社会生活中地位提升,科学知识结构变化,科研在社会各个部门弥散,高等教育与科研更加市场化等前所未有的变化。在这样的背景下,设计领域对"设计研究"的讨论不仅促发人们开始关注设计领域内的学术研究发展,还促进了对当今由科学范式主导的学术语境进行反思,甚至涉及对科学知识的重新认识。

3.2 概念和定义

3.2.1 设计研究

设计研究作为尚在探讨中的学术话题,它的内涵仍在不断发展,因此很难用简短的语句对设计研究进行清晰的定义。由于设计研究自身既包含理论性,又离不开具体而丰富的设计实践内容,既与研究的成果密切相关,又依赖于设计的过程,因此设计研究的发展实际上同时存在于不同的研究语境和研究团体之中。当前以高校为主的学术机构认识到此课题的重要性而展开了积极探讨,其他研究机构和企业内部也对设计研究的意义越来越重视。在不同学科和领域的研究团体内,对设计研究的关注和探讨也正广泛深入地展开。由于存在不同的学术语境和研究团体,设计研究概念和内涵的理解尚存在一定分歧。

1．不同领域中的设计研究

对于设计实践领域而言，随着科技、社会、经济、文化等方面的变革和发展，设计问题越发复杂与综合，对设计创新的要求前所未有得强烈，仅仅依靠设计师的直觉和经验越来越难以有效应对复杂的设计问题或实现设计创新。因此，设计行为和过程中的研究行为逐渐受到重视。设计中的"研究"行为始终是内含于设计思维和行动中的要素。在设计业务探索解决方案、形成设计成果的创造性过程中，通过对设计问题的"反应"过程以及对设计背景的"调查"过程，设计实践在重复性地积累操作经验的同时，也在创造新的设计知识。因此对于设计实践领域而言，"设计研究"意味着在业务实践的过程中，通过"调查"与"反思"彼此交织的过程探索和创造新知的行为。在现实环境中，设计实践领域内的设计研究通常以设计的最终结果为目标。通过设计研究获取新知的目的是为了形成更加适宜的设计方案或新的设计产品。

对于以高校为主的学术研究机构而言，设计研究是新兴设计学科申明学科理论基础、明确自身认识论与方法论的设计理论研究。与其他业已成熟的学科相比，设计学科在学术研究中面临着其他学科都无法与之相比的质疑和不确定性。在科学主导学术界的当今学术语境下，即使艺术领域也无法脱离科学标准检验和判断的影响，而无可避免地受到实证主义的影响。那么设计学科基于设计实践中的"调查"与"反思"产生的知识，是否能够与科学产生的知识并列成为学术成果？进一步需要怀疑的是，设计是否应该被认可为一门学科？面对这样的质疑，学术界的设计研究主要着眼于从理论上整理对设计本身的认识和理解，更加充分地申明设计自身思维和行动的认识论特点，探讨依靠设计思维和设计行为的研究方法论，进而建立设计研究的方法体系，为设计被认可为一门能够生产合格学术知识的学科而提供理论基础。

2．不同学术语境下的设计研究

作为学术研究的设计研究方兴未艾，在理论发展的过程中，由于不同团体的学术传统和理论源流存在差异，对设计研究内涵的理解也存在不同。这便导致同样是以"设计研究"为主题的学术论文，讨论的核心内容却存在差异。致使这些差异形成的主要原因是对"设计"的语义存在理解上的不同。

在以美国为代表的盎格鲁撒克逊文化语境下，设计研究的内涵随着"设计"自身概念的泛化和设计外延不断扩大而持续扩大。出现了"泛设计"的社会生活内容认知。英语中的"design"一词，其应用的范围超越了最初的含义，成为可以指代诸多领域和学科的词汇，例如策划、平面、时装、绘画、图示、规划、教育、政策等。虽然实际的工作对象和方法各不相同，但是这些领域内的活动都经常被命以相同的"设计"之名。泛设计的现象可以看作西方悠久且从未间断的设计传统，在当今社会面对新的设计对象和设计问题在不同学科和领域内的发展。尤其是工程技术、计算机技术等方面的发展推动了知识跨学科的发展。相应地，设计研究的理论也随之面向愈发广泛的对象。"泛设计"语境一方面模糊了设计研究的专业界限，形成了超越不同设计领域的广泛研究范围；另一方面，范围极广的设计概念的外延淡化了设计的本体意识，使设计研究的发展相对于针对自身的纵向深入剖析，更广泛地在横向形成以问题为导向的理论发展方向。这使得设计研究具有了一定实用主义价值取向，在此价值取向作用下形成的设计研究是为了获取对设计的理解，提供对设计的支持，最终形成更加适宜的设计成果。

与此相对的是，在以德国、瑞士、奥地利等德语国家为代表的欧洲大陆，设计研究则更加内向性地深入到对设计本体的剖析和思辨。相对外延不断扩张的设计内涵，在德语中"设计"一词的语义先天具有精确的区分与限定。对于设计的概念，德语中存在着"gestaltung"和"entwurf"两个不同的词汇，前者在汉语中被翻译为"完形"，多指图形图示以及视觉效果方面相关的设计，偏向艺术领域的应用。而德语中"entwurf"一词则很难准确地用其他语言直接翻译。按其意义来理解，这个词总是包含着一些前瞻性的意味，有"通过预先判断和前瞻性的行动和控制取得成功"的含义[1]。"设计研究"一词中的"设计"实则更偏向后者的意义。另外容易引起歧义的是被英语借用的"gestalt"成为心理学领域的一个概念，即格式塔心理学"图示阐释"的概念，与设计研究中意指的"设计"是完全不相干的概念。这种语境下的设计研究立足于对设计自身的思维特点及行为过程的认识，主张通过设计创造新知，利用设计过程和物质化的创新性设计原型作为方法和工具来定义设计问题、表达理论设想、探索和预测对未来问题的解决方案。这实际上是一种独立的研究概念，最终甚至会影响业已存在的科学研究概念，促进科学知识的变革和发展。与盎格鲁撒克逊文化语境下的设计研究相比，欧洲大陆语境下的设计研究不只关注对设计的生产性的改善，更是致力于建立一种以设计作为方法和手段来进行知识创新和积累的认识论与方法论构架。

3. 对设计研究内涵的共识

不同语境及研究团体的设计研究虽存在差异，但并非没有共识。随着研究的发展，不同研究语境下的设计研究团体通过国际学术交流彼此交换观点和研究成果，并建立一系列国际性的学术组织开展专题研究。这些组织的成立促进了设计研究领域基本共识的形成和发展方向的归拢。逐渐形成的共识中，学者们大多认可1980年由阿彻（Archer，1981）提出的对设计研究的定义："设计研究是一种体系化的求知，它的目标是内在于或有关于人造事物和系统中配置、组成、结构、目的、价值和意义之体现的知识。"时任伦敦皇家艺术大学教授，后担任校长的克里斯托夫·弗雷林在1993年为设计研究的内涵做出了重要的阐释。他提出，设计研究包括"剖析设计之研究"（research about/on design）、"辅助设计之研究"（research for design）以及"贯穿设计之研究"（research through design）。尽管对这三方面内容仍存在不同的理解和阐释，这一结构还是为不同学术研究团队对设计研究进行讨论提供了最为基本的标准框架。

---

[1] "…Dazu kommt, daß „Entwurf" in der deutschen Sprache immer auch etwas in die Zukunft Gerichtetes meint, eben den „großen Wurf", die nach vorne weisende Handlung und handhabe…" 引自Wörterbuch Design, pp 127.

3.2.2　辅助设计之研究

辅助设计之研究是以设计为目的的研究，包括辅助和支持设计过程与设计行为的调查分析工作。辅助设计之研究的成果在实际设计项目中主要反映在市场调查、客户研究、产品分析等方面，例如规划设计中基础材料的搜集、背景研究、场地分析、案例研究等也属于辅助设计之研究。这类研究可以被看作实际设计过程的前期经验准备或者辅助性研究。

辅助设计之研究主要发生在设计过程内部，研究目的是为了辅助某一特定设计项目的开展和深入，为其提供支持。在这个过程中即使有与剖析设计之研究类似的对其他设计项目的综述和回顾，也是为了将研究的成果应用于正在进行的特定项目中。

"辅助设计之研究"的研究内容通常随其服务的特定设计项目而千差万别。需要强调的是，一般认为，"辅助设计之研究"的结果不应该仅依靠书写和文字的描述，而是将信息以一种与其服务对象相通的视觉化和符号化的设计语言方式再现表达，以提高效率、方便其服务对象在设计过程中的应用。

3.2.3　剖析设计之研究

1．剖析设计之研究的含义

"剖析设计之研究"是以"设计"为对象的研究，旨在揭示设计行为和设计思维内在的特点和规律，其研究内容主要包括三个方面：探索设计师式认知方法的设计认识论研究；探索设计实践和设计过程的设计行为学研究；探索设计产物的形式和构成的设计现象学研究（Cross，1999）。

从研究主题上看，剖析设计之研究涵盖了以设计为对象的历史研究、社会学研究、文化研究、哲学探讨或是技术分析等问题。不同的研究主题下剖析设计之研究都具有研究方法论上的一致性，即此类研究强调研究主体与研究客体的分离，强调研究主体从外部对客体进行观察，尽量避免对客体的介入和干预，客体自身的规律和特性不受研究方法和过程的影响。

奈杰尔·克劳斯指出，如果研究是"系统化的求知，其目的是获得知识"[①]，那么剖析设计之研究就是对设计知识的发展、强调和交流（Cross，2007）。设计知识的获取在于对与设计相关的人、设计的过程及设计的产品进行研究。第一，设计首先是人类区别于动物和机器的自然本能，不仅职业设计师有设计的能力，人类文化中本就充满了设计的成果。因此探寻设计知识首先要理解作为人类本能的设计能力在现实世界中是如何发生作用的。第二，设计知识存在于设计过程中，设计的过程中既存在着潜意识下"默会知识"的发挥，也存在着"策略化知识"有意识应用。因此，设计研究的另一个主要方面就是对设计方法论和设计过程的阐释。第三，设计产品本身就是设计知识的积累和结晶。在日常设计工作中，设计师无不参考前辈的成果或已经存在的案例，这是因为这些历史成果和案例代表了设计应该成为的形态，它们本身就包含着设计知识。

克劳斯（Cross，2007）进一步说明了就以上三个方面进行研究应该采用的方法。他指出对于人类设计能力的研究，需要进行对设计行为的实证研究，同时也需要对自然的设计本能进行理论化的思索和反应。另外，还应该对人们如何传授、继承和发展设计能力进行观察和研究。这种研究深入到了教育领域，涉及如何最有效地在设计教育中培养设计能力的问题。对于设计过程的研究，克劳斯认为这方面的研究关键是对设计之"模型语言"进行观察。他认为，设计过程中承载设计知识的是设计自身特有的语言体系，这就是将思想在空间中物质化的"模型语言"。传统的模型语言包括草图、实体模型等，当代的模型语言借助计算机技术的发展已经具有了"虚拟现实"等新的手段。对模型语言的研究能够帮助研究者揭示设计过程中设计师采用的方法体系以及他们开发应用的辅助工具。对于设计产品的研究，克劳斯认为研究者应该通过设计形态学的分析和解读，将设计产品中包含的不甚明了的设计知识清晰化，例如形式与构造、形式的语义与文化内涵，或是其所涉及的效率与经济问题、人体工学与环境问题等。

2."剖析设计之研究"的典型成果

目前剖析设计之研究最为显著和最具影响力的成果是对设计认知过程中设计师的直觉反应以及默会知识的清晰化表述和系统化阐释。通过这些成果，设计师区别于科学家和人文学家的特殊思维和行为特征得到明确地描述。这些成果主要来自两位学者的研究工作。克劳斯和劳森分别通过对工业设计和建筑设计两个领域内的设计师和设计专业学生进行观察、访谈和研究，对设计师的认知思维行为和专业特点做出了自己的总结。

克劳斯（Cross，2006）提出设计思维的模式是与科学思维和人文思维的模式相并列的第三类智力范畴，设计行为中存在明显区别于科学和人文思维的内在的认知、思考和行动方式，这就是"设计师式认知方式"。设计师式认知方式的提出所依据的是为了探求设计行为和设计思维的本质而将"设计""科学""人文"进行的对比。将三者对比后，克劳斯认为，在研究对象上，科学针对自然世界；人文针对人类经验；而设计针对人工世界。在方法体系上，科学应用受控的实验，进行分类、分析；人文采用类比、比喻和评价的方法；设计则采用建模、图示-模式化和综合的方法。在价值观方面，科学主张客观、理性、中立，强调"真实"；人文主张主观、想象、评价，强调"公正"；设计主张实用、独创、共鸣，强调"适宜"。在此基础上，克劳斯通过对设计过程、设计产品和设计教育的分析，将设计能力总结为如下方面的集合：解决模糊定义的问题；采取聚焦于解决方案的策略；应用溯因性的、生产性的以及同位性的思维；利用非语言化，图式化或空间化的模型媒介。

---

① "Research is systematic enquiry, the goal of which is knowledge." Archer，1980年，于设计研究协会会议。

劳森（Lawson，2006）的设计研究提供了一个理解设计内在特性的三维矩阵，第一个纬度是"设计行动的内容"，包括整理、表达、推进、评价、管理。整理指的是对不能清晰定义的问题进行重新定义，并从某个特定的视角入手建立认识的框架对问题进行解读和梳理，最终设计方案的效果很大程度上由对设计问题的认识来决定。对设计问题的梳理是设计专长中的关键技巧。在很多顶尖设计师的职业生涯中，给设计问题以定义和框架是他们的核心设计行为。表达是设计师在设计过程中表现思想、进行交流的必需手段，可以以手绘草图、文字记述、建立模型或者电子化表达等多种形式实现。一方面表达的方法是设计师进行交流的基本语言。另一方面，表达是设计师在实现最终设计产品之前检验效果降低风险的必要方法。推进的过程是探索问题解决方案实现创新的过程。在设计推进的过程中可能出现前所未有的特点，也可能对既存的方法做出改变。评价是设计师必须具备的能力，因为设计的推进不可能无限制地进行下去，设计师需要发展自己的方法和工具对设计方案做出主观和客观的评判，从而决定何时停止设计推进的进程。管理包含三个方面的内容，第一是对设计行为的反思。指的是设计师跳出设计过程从外向内审视整个设计流程，反思的过程是在设计实践中总结设计知识的过程。第二是对设计问题的反复推敲。给设计师提供设计问题的不只是设计任务书，任务书中的问题会随着问题解决方案的发展而不断变化。第三是不同设计方面的协调。设计过程中存在着一系列应对设计不同方面的平行思想线路，设计师需要在由不同思想线路形成的不确定性和歧义中寻找设计创新的机会。以上几个设计过程中的行为构成了理解设计行为的第一个纬度。

　　第二个纬度是"设计行动的层面"，指的是设计师业务能力所处的层次，其中包括了设计项目、设计过程、设计实践、设计行业四个层面。在各层面中设计师开展的行为是一致的，但是体现出的设计能力却不尽相同。设计项目层面是设计师从事实践的基本层次，设计师具备项目层面上的能力，就具备了基本的业务水平。设计过程层面的能力并不是指在项目中逐步实现设计流程的能力，而是指设计师可以把握设计过程，具有对设计行为进行反思、通过项目学习，在设计过程中发展自己的设计方式方法的能力。设计实践层面的能力，是指设计师能够赋予设计以个人立场、兴趣甚至原则，并能通过它们发展出一套知识或特殊经验的能力。设计行业层面的能力所指的并非设计师的个人能力，而是指不同设计师组成一个群体，共同发展技术、发表成果、变化观念。能够为这个群体做出贡献的创新和经验就是设计行业层面的能力。以上四个层面组成了理解设计行为的第二个纬度。

　　第三个纬度是"设计思想的类型"，包括了基于惯常的设计思想，基于情况的设计思想，基于策略的设计思想。基于惯常的设计思想指的是在面对设计问题时依靠约定俗成的知识或是习惯性的方法来应对。基于情况的设计思想指的是面对设计问题，从特殊的条件出发尝试创造适宜的应对方案的设计思想。基于策略的设计思想，是基于对动态设计过程的总体性认识或是设计师个人的认知或风格主导设计进展，并有意识地展开设计过程的设计思想。这些思想类型构成了理解设计行为的第三个纬度。

　　有了这三个纬度形成的矩阵，人们就拥有了一种理性地分析和理解设计行为的理论框架。就可以有效地对不同的人，不同的设计行为和设计能力进行考察。劳森在提出这个理论框架之后又对设计专长的不同阶段进行了阐释，并进一步论述了如何在设计教育中培养和提升设计专长。

根据克劳斯和劳森两者的总结，可以看出不同领域的优秀设计师具有类似的认知过程。由于优秀的设计师具有高超的业务水平，能够最为集中地表现出设计能力，他们的认知过程也能够最为典型地代表设计师的认知特点，因此可以根据对他们的观察、访谈和研究结果来解释设计师式认知最突出的过程和特点。首先对设计需要应对的情况，设计师有自己的设计话题或技巧储备，似乎可以通过自己的直觉就能做出判断。另外，针对设计的结果，优秀的设计师不会仅满足于找到问题的解决方案，他们会根据设计情况挑战惯常的方法做出自己的创新，即使惯常的做法已经是专家级设计师认可的方法，他们也不会放弃挑战和创新。优秀设计师的作品不会限于给定的设计问题，比如项目任务书中的要求。他们追求的是前所未有的设计结果，并且希望自己的设计结果最终能够成为其他设计师将来遵循的标准和基本的做法。

3."剖析设计之研究"面临的问题

"剖析设计之研究"从设计之外通过对设计师本人、设计的过程，以及设计的作品来揭示设计自身的特点和规律，研究的过程中面临着观察者自身的研究方法和观念立场可能导致观察结果出现偏颇的问题。

在设计研究的发展过程中，一部分学者围绕揭示设计过程和设计行为的努力逐渐形成了剖析设计之研究的成果，然而剖析设计之研究的出发点并非完全从设计行业着眼，尤其是设计研究发展的早期。有的研究和成果是从范围更广的教育领域开展和获得的。很多从事这方面研究的研究人员本身并不是从业设计师，而是教育学家或文化研究领域的专家。他们以置身局外的视角对设计的过程和行为进行观察。于是，这些来自非设计领域的学者在剖析设计之研究中引入的研究方法和途径有可能并不适用于针对设计的研究。例如，来自心理学或计算机科学领域的研究人员会将设计过程理解为"解决问题"或"信息处理"的过程，他们意识不到设计过程中的特殊性质，无法将它们与其他类似的过程加以区别，无疑会失去深入解释设计行为本质的机会。因此剖析设计之研究的开展最好由那些有设计经验的设计师来进行，形成一个"设计师-研究人员"于一体的研究群体。现有的剖析设计之研究的成果也说明了这个观点，之所以克劳斯和劳森两位专家的研究成果会得到设计领域的普遍认可，就是因为他们自己作为设计师了解设计的本质中存在着与其他领域不同的思维特性。因此在他们的研究立场中没有事先就排除设计行为本质内在的特殊性，恰恰相反，他们正是围绕这种特殊性进行探讨，才形成了现有的研究成果。因此可以看出，剖析设计之研究如果不能在那些有设计经验、能体会设计思维特性的研究人员的引导下开展，将会受到先入为主的研究立场的干扰，从而无法揭示设计的本质特点，不能为设计行业贡献知识。

另一方面，剖析设计之研究面临的问题也同样来自"设计师-研究者"的研究立场对研究结果的影响。具备设计经验的研究人员对设计内在的特性进行研究的时候，其自身对设计范式的理解会影响研究观点和结论的形成，就是说"研究人员会只倾向于自己能够明确了解的范式"①。然而事实上，设计的范式和方法因设计师的个性和特点具有极大的多样性。比如，设计的范式既存在于赫伯特·西蒙（Herbert Simon）实证主义主张下的"理性的问题对策"，也存在于唐纳德·舍恩建构主义主张下的"反思式实践"。没有证据能说明到底哪一种更加优越。在这种情况下，研究人员由于自身知识经验的有限性而对某一种范式产生依赖，将影响研究结果的客观性和普适性。

"剖析设计之研究"试图解决"什么是设计"的基本问题，在此基础上才有可能深入了解"辅助设计之研究"或是开展"贯穿设计之研究"。因此"剖析设计之研究"是对设计研究具有基础意义的内容，该领域面临的问题也是设计研究作为一个整体所面临的问题。

3.2.4　贯穿设计之研究

与以上两方面的内容相比，"贯穿设计之研究"的内容则显得比较模糊。这是因为"贯穿设计之研究"与其说是一种现实的研究行为，不如说是一种研究方法的理论模型。"贯穿设计之研究"是以设计思维和设计能力为基础，以设计过程为介质，以设计知识为目标的系统化求知过程。研究过程与设计过程紧密结合，是基于研究者本人的设计项目，要求研究者本人必须直接参与设计过程，因此研究者需要有意识地在设计过程中开展研究，主动接受自己既是设计师又是研究者的身份。

通过研究验证科学理论需要保证研究的合理性，必须遵守严格的程序，提出理论假设，再通过实验对理论假设进行证实或证伪。而采用"贯穿设计之研究"的方法形成设计理论没有必要遵守这样的程序。在设计过程中，研究的目标会随着设计进展而发生变化。这些变化的产生是由设计师（也就是研究者）在设计过程中反思设计问题、修正设计目标等干预活动所造成。设计过程中的干预不同于科学实验中对实验条件的实证主义干预，而是由设计师的意识和行动直接造成的干预。"贯穿设计之研究"需要有意识地对由此产生的不确定性采取开放的态度。

"贯穿设计之研究"要求对设计过程和行为的本质有透彻的理解。设计行为内含着与自身所面临的设计情况之间的对话，故可称为"对设计情况的反应"。若想在研究过程中了解甚至预测设计情况，从而有效地进行反应，就需要有意识地应对研究过程中出现的新的、无法预测的情况。这与实证主义的科学研究中，研究人员计划研究的过程和努力控制实验的条件，尽量排除研究过程中的不确定性的做法正好相反。

有的学者从坚持科学研究的角度反对"贯穿设计之研究"的方法，认为这样的研究不能称之为"研究"，无非是以"研究"之名指代"设计"之实，进行概念的偷换，模糊了科学研究与设计之间的界限。他们主张在科学研究与设计行为之间划出清晰的界限，通过科学研究生产科学知识，在设计中应用这些科学知识。而且他们反对将无法清晰定义的问题——例如设计师的默会知识——接纳为合格的研究成果。

这些质疑触及"贯穿设计之研究"与科学研究之间的关系。对此，坚持设计研究的学者们将"贯穿设计之研究"的知识产物与科学知识进行比较，论述了"贯穿设计之研究"的特点和意义，认为这种设计研究的模型提供了一种依靠设计能力和设计过程来探索设计知识的方法体系，而且它超越了具体方法手段的意义，具有形成知识创新的认识论意义。因此"贯穿设计之研究"具有研究方法论的意义，不仅能够阐释和支持设计求知的过程和方法，为设计研究提供理论基础并证明其适切性，还能重塑科学研究的语境、推动科学知识的创新。

沃福冈·约纳斯通过自己的理论研究，首先从人类学角度提出"设计能力是人类的核心特征。它是一种获取知识、认识世界的方法。我们不可能脱离这一过程。"（Jonas，2009）作为设计者，人们不仅设计物质产品，也设计"设计过程"本身，设计师应该重新审视和理解自己所在的"设计过程"。不论是作为"黑箱设计师"的艺术家们，还是作为"白箱设计师"的理性主义设计师们都应改变态度，树立一种作为"自组织系统设计师"的自我意识。也就是说不仅关注设计产品，也要将设计师自身对设计产品的影响和互动纳入关注的范围。这一论点揭示了设计过程不仅是求知的具体行为，也包含着求知的认识论。然后约纳斯用进化论认识论解释了产品与知识的生产和再生产的过程。产品的生产与再生产过程就是设计的过程，知识的生产与再生产过程就是科学研究的过程。两者都遵循同样的模式那就是"多样性—选择—重新稳定"的模型，这个模型是对达尔文自然进化论"物竞天择"的抽象化和清晰化。以进化论认识论的观点看，设计的物质创新与科学的知识创新本质上并无二致。

约纳斯的论证并未仅止限于此，他继续探讨了设计内在的过程模型，总结出设计过程中包含着认知上的超循环形态。这种超循环形态可与生物和化学进化形成生命起源的超循环形态相类比，从而产生出知识的自生超循环过程。从操作层面看，在设计过程中出现了难以计数的求知方向，比如技术性的，文化性的，以用户为中心的，语义象征性的，系统性的等等。对某一特定方向的求知越深入，越需要应用科学的研究方法。至此，设计与研究的区别就变得非常模糊了。最后，约纳斯对贯穿设计之研究进行了总结，首先"科学范式必须内嵌在设计范式中：研究由设计过程的逻辑来引导，设计由科学研究和求知的阶段来支持和驱动"；第二"只有由设计师式范式构成的设计研究才能为设计的方法论发展及设计的学科稳定和自主做出贡献"。上述两方面形成了彼此促动的循环。

约纳斯提出了"贯穿设计之研究"的认识论和方法论意义，通过论证设计研究与科学研究的关系，颠覆了"科学生产知识、设计应用知识"的技术理性观点，深入论述并发展出研究的设计范式，将科学范式内嵌于设计范式中，两者共同构成了知识发展的超循环自生体系。这些成果不仅阐释了"贯穿设计之研究"的内涵，也为将设计作为工具，探索设计问题、获取新知提供了重要的理论基础。

---

① "…researchers adhere to underlying paradigms of which they are only vaguely aware." Ralf Michel. 2007.Design research now [M]. Berlin: Birkhauser Verlag AG. pp49.

3.3 贯穿设计之研究的实施方法

3.3.1 "贯穿设计之研究"的方法体系

"贯穿设计之研究"作为具有方法论意义的设计研究内容，在设计研究理论体系的认识论和方法论上具有重要意义。随着设计研究理论的不断发展和设计研究实践案例的不断积累，"贯穿设计之研究"对设计知识创造的重要意义在设计人员与研究人员间得到越来越多的共识。"贯穿设计之研究"所主张的设计认识论理论观点成为共识之后，"贯穿设计之研究"的设计知识成果以及对"贯穿设计之研究"的方法总结成为理论探讨的重点。然而，在目前的理论发展成果和设计研究实践积累的基础上，不同的研究人员和研究团体在各自的领域和方向上尝试总结自己的"贯穿设计之研究"的方法体系，尚未形成具有高度共识的权威理论。贯穿设计之研究的方法体系可能会由于设计领域的高度分化和设计目的的高度分散而很难形成统一的共识。

面对目前在"贯穿设计之研究"的主题下存在的名同实殊的多种方法体系，洛珊·周（Rosan Chow）总结并提出了贯穿设计之研究三种主要的方法体系类型，即"实践引领的研究""扎根项目的研究"和"以设计为介质的研究"（Chow，2010）。

3.3.2 实践引领的研究

"实践引领的研究"（Practice-Led Research，或PLR）指的是"艺术、设计或建筑的职业性或创造性实践在求知中起助成性作用"[1]。这里的实践指的是包括产品、建筑等人工制品的制造，因此艺术性、设计性或建筑性人工制品制造的知识和能力是这类研究的关键。在这种类型的"贯穿设计之研究"中，实践起到的是一种助成性和手段性的辅助作用，是从属于研究的内容。实践中人工制品的制造并不是研究的目的，而是在研究问题与研究结果之间的一个论证步骤。实践引领的研究缺少理论基础的支撑，在过程和方法方面并没有明确的强调，多通过案例来定性完成。因此这种类型的"贯穿设计之研究"在方法上主要依靠案例的收集和示范。目前在设计从业人员中，实践引领的研究是主要的"贯穿设计之研究"的方法。实践引领的研究从理论上解决了如何将设计行为内嵌于现有的研究方法体系，以及具体研究过程中的问题，但是对于设计本身如何发挥助成性作用，从而形成方法体系的论述仍然比较模糊，仍然缺少清晰的方法体系框架。

3.3.3 扎根项目的研究

"扎根项目的研究"（Project-Grounded Research，或 PGR）指的是"从设计师式思维方式（即项目导向）的视角考虑，对与普遍人类生态相关的知识系统化地探寻和获取"[2]。这个定义说明这种基于项目的研究，其对象是没有专业界限的普遍人类生态相关的知识，其特点

设计思维下的设计研究：
理论探索与案例实证

是从"设计师式思维方式"的视角进行考虑。对于设计师式思维方式的特点，人们已经有了共识，那就是设计思维的认识论特点具有"诊断性"特点，即面对模糊定义的设计问题时设计师需要进行理解和界定并做出自己的判断；具有"投射性"特点，即设计师的感受和情绪可以通过设计以无法明确界定的途径进行传达，对受众的心理和感受造成影响；同时具有以变化为目的的特点。这些特点与科学理论具有的"阐述性""解释性"和"预测性"的特点截然不同。

以上述特点为典型特征的设计求知在设计项目中体现的最为明显。设计项目一般从具有高度不确定性的情况开始，设计师开启一个项目往往不能仅依靠设计任务书，而需要自己对设计问题进行梳理和界定，形成自己的设计问题。一旦设计问题形成，设计行为就会在过程中改变最初导致设计问题形成的原始条件，并且在选定方向上不断形成新的研究问题。研究问题的答案可能蕴含在最终设计结果中，也可能脱离设计答案单独存在。一旦设计问题和研究问题的答案形成，设计师就可以认为设计项目结束。这样，研究的过程基于项目的过程，研究所得的知识成果也与项目的设计结果紧密联系。

从方法论层面上看，扎根于项目的研究是"扎根理论"（grounded theory）和"行动研究"（action research）的结合。扎根理论是系统地从数据中生成理论的方法论。它既包含归纳思维，也包含演绎思维。扎根理论强调的重点之一就是通过概念产生假设的演绎思维推理。扎根理论并非阐述性的方法，它的目的不在于描述和解释事实，而在于将正在发生的现实数据加以概念化。由于扎根理论建立在对反映实在现象的数据进行观察和反思的基础上，因此有必要强调对于现象观察和对待数据的方法论立场。在扎根项目的研究中，这种立场倾向于"行动研究"的方法论观点。行动研究是一种社会学研究的方法论，它指的是一种互动的求知过程，这种求知过程可以协调解决问题的实际行动与发现规律、预测趋势的数据分析，使二者达到平衡。[③]之所以行动研究的方法论观点适用于扎根项目的研究，是因为在设计项目中同样存在形成理论的现象，而且数据会随着观察者（即设计师）不可避免的介入而发生变化。若通过此类由于研究主体的存在和介入而不断变化的数据产生理论，就必须在数据观察和研究者的归纳、演绎之间形成平衡。此外，扎根项目的研究深受美国实用主义哲学思想的影响，"扎根理论"与"行动研究"的方法论在实用主义哲学思想下结合。以约翰·杜威（John Dewey）为代表的实用主义理论家认为，实践行动必须以获取知识为目的而实施，反思和行动彼此影响，这都是求知过程发生的必要条件。

---

① "research in which the professional and/or creative practices of art, design or architecture play an instrumental part in an inquiry"
② "a systematic search for and acquisition of knowledge related to general human ecology considered from a designerly way of thinking, i.e. project oriented perspective"
③ Action research is an interactive inquiry process that balances problem solving actions implemented in a collaborative context with data-driven collaborative analysis or research to understand underlying causes enabling future predictions about personal and organizational change (Reason & Bradbury, 2002).

关于"扎根项目的研究"自身的方法体系，芬得利（Findeli）总结道，研究并非从清晰界定的问题或是从特定理论中演绎出来的假设开始的，而是从高度不确定的情况下开始——如设计项目（或者"抗解问题"）——通过观察和理论性反思的互动来获取知识。因此，扎根项目的研究的践行者不仅是观察者，也通过设计对所观察的现象实施干预。也就是说，扎根项目的研究起始于一个亟须行动的不确定情况，即设计问题。通过设计、观察和反思的过程，产生设计答案，并获得作为研究答案的设计知识。简而言之，这种研究的开展一般遵循以下步骤："设计问题"—"研究问题"—（"设计答案"）—"研究答案"。

3.3.4 以设计为介质的研究

第三类方法体系来自贯穿设计之研究最近的理论成果，洛珊·周（Rosan Chow）在对此类"贯穿设计之研究"进行总结之后，认为由沃福冈·约纳斯教授提出的"贯穿设计之研究"理论体系在理论论述上最为详尽，与前述两类"贯穿设计之研究"相比，基础层面的立场完全不同，其视野和目标更为宏大。在约纳斯看来，设计不是从属于研究的工具，或并列于研究的合作，而是研究的基础。设计实践不应被植入业已存在的研究行为，同样也不该与之结合。与此相反，科学性的和阐述性的求知方法应该从属于"贯穿设计之研究"的框架。"贯穿设计之研究"应该被视为一种研究的范式，进而推动设计本身成为一种求知的范式。

约纳斯主张设计能力是人类自身特点中的关键，它是人类认识世界和改造世界的方法。人类的生活不可避免地涉及设计的过程。设计能力不仅是创造人工制品和艺术作品的基础，也是发现科学事实的基础。科学过程其实是一种特殊化了的设计过程，它比普遍意义上的设计过程受到更加严格的控制，并专注于单一的或者严格界定的主题。约纳斯认为，利用进化论认识论不仅可以解释人工制品的生产和再生产，也可以解释知识的生产和再生产。这就是说，进化论认识论可以从本质上解释设计和科学的过程，并证明设计过程中的求知本质上与科学求知本无二致。设计的认识论本质可以理解为一种学习的过程，这种过程从生物性上看，是基于有机体在环境中存活的需要。它的目的不会是对外部存在进行论断性的"真实"表述，而应该是为了对环境条件采取恰当地反应而进行的过程性的建构。进化论认识论反对康德哲学中的先验性观点，认为认知主体与客体间的进化性适应才是认识形成的方式。这种方式表现为试错与经验的循环，或称之为行动与反思的循环。具体而言，这一循环包含两个半圈，第一个半圈是归纳的半圈，起始自以往的案例，包含对以往经验有目的地学习，最终形成对世界运行规律的假设、理论和预测。第二个半圈是演绎的半圈，在此过程中产生行动和干预，并由此获得新的经验，可以对理论进行证实或证伪。这一循环的动态发展受到内在因素或外在因素的扰动。内在因素包括主观概念，内在的创造性等，外在因素包括偶发事件或环境因素等。扰动的结果或导致循环动态的稳定，即负反馈，或导致循环动态的加剧和进化性的突变，即正反馈。

在进化论认识论指导下，约纳斯参考社会文化进化理论的框架，分析了自然物种进化、自创生系统和人类制品发展三个系统的动态形态，并发现了他们内在的一致性。这种一致性可与自然进化过程中物种稳定阶段与物种爆发阶段二者的交替进行类比。以上三个系统都存在稳定状态与多样性突发状态之间的交替。而系统的循环性受到正反馈作用会加剧内外因素的扰动，出现选择混乱。系统整体条件的参数发生微小变化便会导致无数完全不同的系统产物。因此系统的最终状态是不可预测的。为了对设计进行新的阐释，为设计寻找新的工具，通过以上论证，约纳斯从自然进化论中总结了可以转用于人工制品进化论的形态，即"多样性—选择—再稳定"的形态。

在此基础上，约纳斯提出了设计内在过程的模型，他将这一模型看作支撑贯穿设计之研究的基本框架。首先，在人工制品发展的系统中，设计内嵌于其中的试错过程，只涵盖"多样性—选择—再稳定"形态中的"多样性"阶段，与选择和再稳定的阶段没有必然关系。设计其实是关于尚未存在的事物的探讨。关于这个问题，尼尔森（Nelson）和斯多尔特曼（Stolterman）已经进行了总结。他们认为设计是对三个纬度的知识进行的求知，这三个纬度是：真实（the true）、理想（the ideal）和现实（the real）。与此相对应的三类求知过程包含在"分析—投射—综合"（analysis-projection-synthesis，或称为APS模型）的求知模型中。约纳斯又进一步将行动研究理论中"观察—反思—计划—行动"的学习过程循环模型引入每类求知过程，作为微观层面开展求知活动的具体步骤。由此"分析—投射—综合"宏观模型（求知类型）与研究—分析—综合—实现（学习阶段）微观模型的结合提供了一种"内在的超循环设计过程模型"（图3-1）（Jonas，2007）。

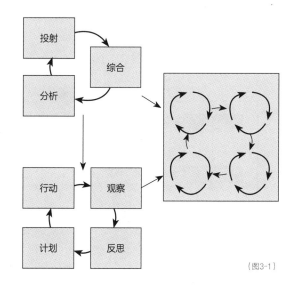

（图3-1）

图3-1　超循环设计过程模型

要理解这个模型，可以将其看作一个包含三行四列的矩阵，三行分别代表设计求知探索的三个纬度，即宏观过程模型中的分析、投射和综合；四列分别是设计求知过程循环中的四个步骤：观察、反思、计划、行动。它们总共形成了12个单元。假设我们可为每个单元分别找到3种具体的操作方法。那么在这个矩阵所代表的求知过程循环的一个周期中就包含了开展设计研究的3×12种方法。假如这些方法都满足研究标准的要求，那么在模型中我们可得到关于设计求知的过程和路径的3^{12}种不同可能性。而且这些可能性对设计求知的方向是开放的，包括"技术""文化""客户""系统""语法"等（图3-2）。在这个构架下，设计与研究的界限已经非常模糊，设计求知的过程越是限定在某一特定的纬度，或者越是执着于某一条过程路径，符合科学研究的标准就变得越重要；相反，设计求知的过程包含越多的单元，覆盖越多的过程路径，就越需要创造性地应对知识纬度之间的空缺。

以上三类贯穿设计之研究的方法体系是目前设计研究理论发展阶段中存在的主要类别。可以看到，在"贯穿设计之研究"的名义下存在着不同的设计研究方法体系，不同的方法体系之间的区别不仅存在于具体的实施和操作层面，而且具有基础性和结构性的本质区别。实践引领的研究将设计作为研究的辅助性工具；扎根项目的研究强调设计师式思维自身的求知特点；而约纳斯主张的贯穿设计之研究将设计求知的内在过程看作针对不同知识纬度的求知体系，科学研究也包含在其中。以上三种理论中，实践引领的研究最容易在现实条件下进行操作，但是其理论依据和方法体系也最为模糊；约纳斯主张的"贯穿设计之研究"具有坚实和完整的理论体系，能有效地解释设计行为和设计求知的规律，但是其提出的宏观构架和方法体系在现实条件下操作需要面对激烈的争议和挑战，倘若他的理论能够得到广泛的验证和认可，那么其产生的影响将非常深远，甚至会影响科学范式发展的变化。

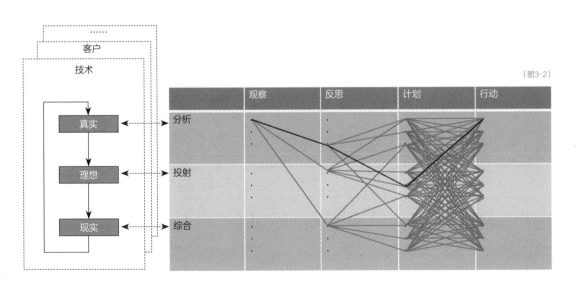

（图3-2）

图3-2 超循环设计过程模型解析示意图

3.4 贯穿设计之研究的意义

3.4.1 对于设计认知的不可替代性

设计行为和设计思维具有区别于科学和人文的自身特点。设计知识的创造、积累必须依靠以设计思维为基础的设计师式认知方式。由于设计知识具有综合性、默会性、物质性的特点，因此仅依靠科学研究的方法将无法形成有效的设计知识。同时，设计知识的完备形态必然包含设计成果或人工制品，具有物化的特点，也无法通过人文研究的方法形成。所以设计知识的形成必须依靠"贯穿设计之研究"的方法，贯穿设计之研究对于设计认知而言具有不可替代的意义。

3.4.2 对于设计学科的认识论意义

"贯穿设计之研究"的理论建立在对设计师式思维和行动的深入研究和清晰表述基础上。相关研究是经历第一代设计研究理论的失败之后，研究人员对设计行为和设计思维的反思结果。对设计本体的深入认识和理论化总结，使得在设计历史中长期"只可意会，不可言传"的设计思维有可能以清晰的学术语言进行比较明确的表述。这种变化将改变长期以来设计学科在关于设计本体的认识上不假批判地将直觉和本能归为设计默认的方法，甚至将设计思维神秘化的现象。阐述设计思维的语言从神秘性转向理论性的变化，也将影响设计思维自身的发展。

约纳斯主张将设计作为一种求知范式的观点，可看作是随着设计思维被逐渐理论化地揭示而产生的设计思维在认识论方面趋于理性的变化。就是说，即使是针对以往无法说明的设计思维中的直觉，如今也可借助系统论、进化论认识论等理论的框架进行将其清晰阐述的尝试。正是在这样的过程中，设计思维中求知的内在性质逐渐被理论化地阐明。在当今设计问题的复杂性、模糊性和不确定性等特点日益突出的情况下，设计思维的内在的综合性求知特点甚至被认为比经历过过度专业化分割的现代科学体系更加具有优势。

"贯穿设计之研究"在认识论上改变了设计专业推崇设计直觉，依赖设计师经验的方向，体现了理论化的方向。新的认识论观点下，设计在研究中不再仅是辅助性的工具，而是科学研究的思维基础。这种颠覆性的认识论观点变化，势必影响设计学科未来的发展。

3.4.3 对于研究行为的社会性意义

"贯穿设计之研究"的理论将设计看作一种新的求知范式，它相对受学科和专业划分而高度分裂的科学求知体系而言，具有更加综合的特点，被认为可成为弥补学科之间知识空缺，改变科学求知体系发展的新范式。这种观点的形成，基于设计学科从自身出发对设计思维和设计行为进行的反思。然而，这种反思与科学哲学的反思不谋而合。科学发展的模式也同样受到来自科学哲学家的质疑和反思。针对现代科学体系学科的分裂，科学哲学家库恩提出了"模式2"科学。认为科学发展势必重新回到现代化之前的结构，走向学科的融贯和专业壁垒的消解，产生新知的科学研究将迎来新的模式，即"模式2"。这一论断与"贯穿设计之研究"提出的综合性的设计研究范式如出一辙。可见，"贯穿设计之研究"对于研究行为的颠覆性主张也受到来自科学哲学的理论支持。

无论是"模式2"科学的提出还是"贯穿设计之研究"理论体系的发展，都反映了当今社会对创新的需求，以及对科技与人文相结合的文化发展要求。"贯穿设计之研究"的理论可推动研究行为在范围广泛的设计领域进一步发展，推动知识创新，从而满足社会的需要。另外，"贯穿设计之研究"不仅对设计领域有关键的影响，它甚至可能推动科学范式的发展变化，从更加深刻的层面推动社会文化的发展。

3.5 设计师式研究：风景园林设计研究

本书所主张的"设计师式研究"是"贯穿设计之研究"的方法论在风景园林设计领域内的具体体现。之所以可以将"贯穿设计之研究"的方法论应用于风景园林设计领域的研究，主要是基于以下三个方面的原因：第一，风景园林规划设计内含设计求知的思维共性，适用于设计研究的理论成果；第二，风景园林学的研究对象是设计师式认知理论的发轫基础，设计师式研究方法对于风景园林学具有高度的适切性；第三，风景园林学亟须发展本学科的研究方法论，设计师式研究有助于学科研究方法论的发展。

3.5.1 设计求知思维的共性作为基础

风景园林学的求知过程与风景园林规划设计紧密结合，其内含的设计求知思维特点与其他设计领域具有共同的特性。从认识论的角度出发，求知的方法既包括以科学研究为代表的客观主义方法，也包括以人文、艺术和社会学领域的反思为代表的主观主义方法。同样也存在风景园林学研究过程中所反映出的位于客观主义和主观主义之间的求知方法。从思维逻辑的角度出发，求知的方法既存在从特殊到一般的归纳法，也存在从一般到特殊的演绎法。而风景园林学的求知过程中认知的思维总是在归纳于演绎之间往复。设计人员可以根据现象的特殊性调整理论观点，也可以根据理论概念和认知途径的变化而改变对现象的阐释。这说明风景园林学的研究对象只有在研究人员的前提预设下与其发生互动关系才有可能被充分的认识。因此风景园林学的知识是主动建构而成的，并非是被"发现"或"观察"到的。而且风景园林学的知识必须在其所在的背景下加以阐释，只有在特定主体的主观性中才可以成立。这种构建性的求知思维被称为"溯因性"思维，有别于科学研究的归纳思维或演绎思维。

风景园林学的求知过程中所内含的这种建构性求知思维具有典型的设计求知特点，与其他设计领域的认知范式具有共性。因此基于设计师式认知特点的"贯穿设计之研究"的方法论同样适用于风景园林设计。

3.5.2 理论渊源和专业特点下的适切性

设计研究理论的发轫因素与风景园林学的研究对象具有相关性。源自于城市规划领域的对"抗解问题"的论述是设计研究理论的基础内容之一。20世纪70年代，里特尔和韦伯撰文《规划总体理论的两难问题》（*Delimmas of a General Theory of Planning*）对"抗解问题"进行了全面的理论总结。在这篇文章中，作者提出城市规划中面临的问题无法用科学的方法加以解决，因为涉及政策的问题无法被确切地描述，在多元化的社会中无法确定一致的共同利益，也无法决定问题解决方案是否正确。除非事先引入一定的主观立场和标准，否则不可能形成优化的方案。对于抗解问题而言根本不存在客观和绝对的解决方法。抗解问题的提出实质是在接受复杂性和开放性条件的基础上，对经典规划理论的反思。抗解问题的提出推动了设计研究理论的转向，是设计研究从致力于"设计方法科学化"转向致力于探索设计思维特性的开始。正是在"抗解问题"的论述所提供的理论基础上，设计师式思维的特点才逐渐得到系统化阐释，最终形成"贯穿设计之研究"的方法论。

风景园林学、城乡规划学、建筑学同属于人居环境科学群，在专业内容上彼此相近，联系紧密。风景园林学以户外空间营造为核心内容，以协调人与自然关系为根本使命，所面对的问题除了涉及自然生态系统的保护和干预外，主要在于人工户外境遇的空间规划设计，管理政策制定，以及不同社会群体利益的协调等方面。这与规划领域的问题具有专业上的相似性。

在"抗解问题"的理论基础上逐渐发展而成的"设计师式认知"理论可以有效地阐释范围广泛的设计领域内所共通的设计求知现象。基于设计师式认知的"贯穿设计之研究"的方法论可以适用于包括产品设计、建筑设计、人机互动设计等众多设计领域，同样也可以适用于风景园林设计领域。而且与其他设计领域相比，风景园林设计在专业背景上与"贯穿设计之研究"理论的发轫基础所在的城市规划领域联系更为紧密。这就意味着"设计师式研究"方法在风景园林设计领域内的应用不仅具有适宜性，而且对于问题解决的针对性更强，因而具有更高的适切性。

3.5.3 有助于学科发展的方法论意义

"贯穿设计之研究"为风景园林学，尤其是风景园林设计领域的研究提供了理论研究和科研发展的新方向。风景园林设计领域长期面临着开展科学研究的困难。其原因在前文已有论述，这种困难主要来自设计思维与科学思维的差异，以及设计方法或是说设计领域开展研究的方法与科学方法之间的差异。随着风景园林学科的进一步发展和学科地位的提升，对"科研"

成果的需求则会进一步增加。这就要求强化学科基础理论的发展，直面科学标准的要求。在这种情况下，长期存在的矛盾也将进一步尖锐。

"贯穿设计之研究"的理论框架为缓解研究工作中设计方法与科学方法之间的矛盾提供了可能。一方面，"贯穿设计之研究"的理论体系从设计学科自身内涵和特点出发，为设计领域的研究工作提供了与设计紧密相关的基础性的理论支撑，改变了设计学科缺少与设计本体直接相关的研究方法论的状态。另一方面，"贯穿设计之研究"的理论体系致力于最终推动设计学科成为能够不断产生新知的科学领域，因此满足科学方法的标准自始至终都是理论发展的目标之一。

"贯穿设计之研究"的理论体系运用于风景园林学科，尤其是风景园林设计方面，不仅有利于进一步发展现有的以生态学、地理学、社会学、经济学等外围学科的理论为基础的课题研究，更能促进风景园林设计自身理论基础的形成。只有形成与风景园林规划设计紧密相关的研究方法论和方法体系，才能真正发挥风景园林学科"融贯学科"的优势。否则，如果缺少立足学科本体的方法论，在与其他学科的交叉过程中，很难形成风景园林学的新知，学科的发展将失去根基。

在贯穿设计之研究的理论体系中，设计自身就是一种具体的研究方法，实验法、田野调查法等科学研究的方法内嵌于设计的方法之中。这种基于设计思维的方法论为风景园林规划设计领域开展"科研"提供了与自身专业内涵和特点紧密关联的方法论体系，将有利于改善目前风景园林设计领域在科研上的困境，促进学科发展。"贯穿设计之研究"的方法体系对于风景园林设计而言具有重要的方法论意义，在风景园林设计领域应用"贯穿设计之研究"的方法论对于发展学科自身的研究方法论具有积极的推动作用。

10 9 8 7 6 5 第 4 章

实例：北京市周边非正规垃圾填埋场景观改造

从本章开始，论述将从设计研究理论探讨转入设计研究实践。以下章节试图构建一个完整的设计研究框架。框架按照设计研究理论，尤其是"贯穿设计之研究"的方法体系来搭建，以期形成承载设计研究思维的结构，保障依托设计过程开展体系化求知的行为。通过该研究框架的组织，各自独立的设计过程与设计项目可以形成彼此关联、递进的关系，转化为承载研究的介质。在这样一种研究框架的组织下，设计过程中的案例分析、方案推敲、设计反思等行为便可以在"研究"的思想框架中加以定位，不仅作用于设计成果的生产，也作用于设计知识的生产。本书将上述设计研究的理论框架作为工具，将其应用于非正规垃圾填埋场景观改造这一对象，开展设计研究实践，期望形成设计师式研究的实例，对"贯穿设计之研究"的理论进行实证。

设计研究实例选取非正规垃圾填埋场的景观改造作为选题。做这一选题的原因，一方面是因为作者在这一方向有参与实际工程项目的经验，具有多个相关主题设计项目的积累，具备按照理论框架开展设计研究实践的基础条件。另一方面，垃圾填埋场是一类具有代表性的棕地，反映了城乡发展中亟待解决的问题，是值得研究的现实问题。此外，从风景园林学科发展的角度看，随着学科内涵和外延的发展变化，风景园林师将越来越多地面对此类复杂而综合的非传统实践领域问题。风景园林师既需要相关的既有行业知识直接应对问题，也需要不断完善理论、知识和技能，提升自身的能力。因此，无论从开展设计研究理论实证的角度看，还是从应对具体问题的角度看，非正规垃圾填埋场景观改造的研究都具有很高的现实意义。为了进一步界定问题，聚焦研究，本书又对研究对象进行了进一步的界定，强调研究对象的地域为北京市周边，属性为非正规垃圾填埋场。

4.1 设计研究问题：风景园林视野下的非正规垃圾填埋场

4.1.1 非正规垃圾填埋场的现实问题

近年来，随着城市生活水平的提高和居民消费结构的变化，城市生活垃圾的产生量持续增加。由于城市生活垃圾管理措施和垃圾处理基础设施的不完善，北京市周边出现了大量非正规垃圾场。这些非正规垃圾场的存在从多个方面对人居环境造成严重威胁和破坏。对非正规垃圾场的处理成为需要解决的现实问题。

从宏观层面看，我国历年堆积的垃圾已超过60亿吨，垃圾堆放和填埋侵占土地300多万亩，全国600多座城市有2/3被垃圾包围。围绕城市的垃圾大部分以非正规堆填的形式存在，它们侵占土地、污染环境、破坏安全卫生，在城市化日益发展的背景下，与城市发展的矛盾日渐突出。

从微观层面看，由于非正垃圾场缺乏有效的环境保护处理，因而存在渗滤液扩散对土壤和地下水造成污染威胁，填埋气体不规律聚集，出现堆体爆炸的隐患；以及堆体不均匀沉降造成塌陷、滑坡等危险。正是这些问题的存在，非正规垃圾堆填对土壤、地下水、空气等生态环境要素造成了直接威胁，也对周围居民的生活环境造成了较大干扰。

从北京市的具体情况看，近年来，城市周边出现大范围的非正规垃圾堆填，造成环境污染、生态破坏和生活干扰，日益成为矛盾突出的热点问题。

从历史发展的过程看，在多年的发展过程中，北京市一直面临着城市周边大量存在非正规生活垃圾堆放和填埋的现象。改革开放前，北京市缺乏城市垃圾管理的现代化经验，大量城市生活垃圾随意向郊区和郊县倾倒，长期积累，在城市周边形成了数量惊人的非正规垃圾场。改革开放后，城市建设迅猛发展，城市居民生活水平快速提高，城市生活垃圾的产生量也随之大量增加，而城市垃圾处理的相关政策和技术措施却没有得到及时发展，从而导致20世纪80年代相关矛盾集中爆发，致使北京市出现严峻的"垃圾围城"困境。1987年的调查结果显示，从二环路以外到四环路与五环路之间，竟然存在着数千处非正规垃圾场。三环路以内有87处占地面积超过100m²的固体废弃物堆场，三环路与四环路之间有406处，四环路至五环路之间有1476处。20世纪90年代，非正规垃圾场的治理得到加强。至1997年，三环路以内的固体废弃物堆场已经被全部清理，三环路至四环路之间尚存64处，四环路至五环路之间有187处（吴文伟，2000）。北京奥运会申办成功后，北京市以筹备奥运会为契机进一步加强非正规垃圾填埋场的治理。2007年后，四环路之内的非正规垃圾填埋场得到彻底清理。然而垃圾围城的问题并没有彻底根除，在六环路周边又出现大量非正规垃圾场。根据摄影师王久良的调查，2008～2010年间由他记录的围绕六环路的非正规垃圾填埋场多达400处（刘永丽，2010）。

通过以上资料可以看出，北京市周边的非正规垃圾填埋场以城市中心为圆心形成了围绕城市的环状包围带。随着城市的扩张发展，这条包围带逐步向远离城市中心的方向推移。包围带20世纪70年代主要分布在三环路周边，90年代推移到四环路，近期转移到了六环路周围。

以上诸多方面的现象说明，非正规垃圾场的持续存在使城市周边生态环境面临的威胁日益增加，土地的价值受到影响，人民的生活环境遭到破坏，因此"垃圾围城"的环境问题成为亟待解决的现实问题。

为了应对非正规垃圾填埋场的现实问题，北京市尝试了多种措施加以治理，多年来在非正规垃圾填埋场的治理方面取得了显著的成果和经验，也反映出相关研究工作的需求。

2003年出台的《北京市生活垃圾治理白皮书》中提出，在2008年之前，完成对73座规模在200t以上的非正规垃圾堆积点的治理。随后展开的集中清理行动主要强调景观效果的改变，突出快速消除非正规垃圾填埋场带来的感官影响，主要采取就地简易掩埋垃圾堆体并覆种园林植物的措施，然而却忽视了环境保护技术的作用，缺少对污染物的控制与监测。最终仅改善了景观效果而无法根除环境污染的威胁，将显性的污染威胁转化成隐形的威胁。

其后随着城市垃圾管理理念的转变，环境保护技术的作用得到突出地强调。2005年，北京市根据《北京城市生活垃圾现状及选址地质环境调查》确定了10处垃圾场地选址开放区，利用环境保护技术对长期形成的非正规垃圾填埋场进行规范化改造，建设集中的垃圾处置场地。环境保护技术的应用在此得到充分的重视。然而，包括景观改造在内的改造后土地利用目标却没有得到足够的强调。

2009年左右，北京市政府又一次展开大规模的集中整治行动，主要目标为防止非正规垃圾填埋场对地下水造成污染。在此目标下，非正规垃圾填埋场治理的问题不仅在于城市环境卫生方面，而且由于涉及生态要素的保护与城市发展的矛盾而更加明显地呈现复杂化、多样化以及具有开放性的特点。此次集中治理加强了对非正规垃圾填埋场的调查工作，应用了一系列环境保护领域的高新技术，形成了对非正规垃圾填埋场的清晰界定和较为全面的调查结果。并采用准好氧填埋治理技术等适宜技术，结合景观改造目标完成了一系列改造工程。相关改造工程突出地表现出非正规垃圾填埋场改造需要多学科的跨专业配合，其中风景园林专业主导的景观改造具有重要作用。

北京市治理非正规垃圾填埋场的对策发展趋势以及相关改造工程的实际结果显示，应对非正规垃圾填埋场的现实问题仅以景观效果的改变作为问题解决的目标将无法从根本上消除非正规垃圾填埋场对环境造成的破坏和威胁。反之，只强调环境保护工程的技术性作用，不足以形成适宜于城市发展和生态恢复的景观。在越发复杂和开放的问题面前，非正规垃圾填埋场的治理需要更具综合性的跨学科实践与研究。

4.1.2　风景园林实践领域的拓展

风景园林学现今得到长足发展，其研究、实践领域不断拓展，以非正规垃圾填埋场为代表的"非传统"研究领域逐渐成为学科实践和研究的重要方向。

一方面，随着治理思路的转变，多专业合作逐渐成为非正规垃圾填埋场治理的客观需求。风景园林学以自身专业特长的优势成为此类跨专业合作中的重要力量。现实问题的发展和客观需求的增长等外部因素促进了风景园林学实践领域向此方向的拓展。另一方面，风景园林学以问题为导向、以项目为平台，以创造性思维为引导的内在研究特点使其在面对具有复杂性和开放性的环境问题时，表现出明显的综合性。学科内在的研究特点使其更适宜于深入范围广泛的复杂领域开展研究工作，从而推动其研究领域的拓展。

具体而言，从风景园林学的视角对非正规垃圾填埋场进行研究，可以从以下几个方面对认识问题、解决问题作出贡献：

首先，从专业内涵和实践内容看，风景园林学科的发展拓展了自身的研究对象，使风景园林学的自身专业特长和优势为非正规垃圾场改造和再利用这一"非传统"研究领域做出贡献成为可能。

非正规垃圾填埋场的景观恢复和再利用是一项针对人类社会经济发展对环境造成的影响和破坏而进行的环境修复工作。固体废弃物的产生是经济社会发展的副产品，它对人居环境造成的影响不仅是环境的污染和生态的破坏，还包括对社会经济的影响以及物质空间美学价值的破坏。因此，解决以非正规垃圾场为代表的固体废弃物对人居环境造成的问题，不仅需要依靠技术性措施，还需要在空间营造的过程中综合应用包括科学和艺术在内的多方面的综合性措施。北京市周边反复出现非正规垃圾场对人居环境的威胁和破坏，以实际情况说明了忽视社会文化影响，单独依靠环境治理技术不能完全解决此类问题。相对于比较独立的技术性治理思路，风景园林学的发展为解决此类问题提供了综合性更强的途径。风景园林学的核心是协调人与自然的关系，在处理问题时其内在的综合性特点会对相关的技术、生态、社会、文化等多方面价值加以综合考虑，具有典型的跨学科特点。因此，以风景园林学内在的综合性、跨学科优势来探讨非正规垃圾场的问题，有利于发展更加综合、多样、高效的问题解决策略。

其次，为解决非正规垃圾场的威胁和破坏，不仅需要应对现实问题的综合性和多样化策略，还需要为改造策略的制定进行更加深入的理论研究工作。在学科自身的发展中，风景园林学在理论基础、研究范围和研究方法论等方面逐渐形成了自身的特点和专长。这些特长可以为探索非正规垃圾填埋场相关问题的解决之道贡献更具综合性和适切性的理论支持。

从理论基础方面看，风景园林学以人居环境科学群作为基础，与建筑学和城乡规划学并列，形成了为改善人居环境而进行学术研究的理论基础。在此全面而系统的理论基础上，风景园林学的研究范围超越了传统园林营造理论的局限，发展为以空间与形态营造理论、景观生态理论和风景园林美学理论为支柱的基础理论。基础理论的系统化使风景园林学具备了开展研究，进而保护与再造生态友好型的人类居住环境的理论平台。

从研究范围方面看，为应对社会发展到工业化后期而出现的生态环境问题，风景园林学近期的研究发展已经延伸扩展到生态退化区与废弃地修复这样多学科参与的研究热点中。这些生态退化区与废弃地不仅包括城市工业遗留地、乡村居住废弃地、矿产废弃地、采石场废弃地、自然灾害受损地等，也包括由于固体废弃物的堆放和处置造成生态退化和废弃的用地。

从研究方法论看，尽管专业内部对风景园林学学术研究的方法论与方法体系仍然存在困惑与争论，但是风景园林自身作为科学、技术与艺术高度结合的应用型学科，其以问题为导向、以项目为平台，以创造性思维为引导的求知特点从未受到质疑。学术研究行为作为生产知识的过程，在不同领域中有不同的立场和特点。在自然和社会科学中奉行客观性的认识论，主要运用归纳思维，强调研究主体干预效果的最小化和研究客体内在与外在有效性的最大化；在艺术与人文领域中奉行主观性的认识论，主要运用演绎思维，强调研究人员自身的参与和选择对产生新知、实现新的存在的作用与意义。而风景园林学的求知过程超越了这种科学与艺术二元论的框架，具有"自返性"的特点，即研究人员的思维在归纳与演绎之间往复，理论观点会随着实证的深入而改变，改变的理论观点又会进一步影响对实证的理解，由此形成一种往复的循环。新知的获取是在创新理论概念和探索实证可能性的过程中完成的。实用主义哲学家查理斯·皮尔斯（Charles Peirce）将这种思维冠名为"溯因思维"。在系统阐述我国风景园林学内在特点的《增设风景园林学为一级学科论证报告》中，有关学科基础理论和方法论的论证部分提出风景园林学具有"融合科学和艺术、逻辑思维与形象思维的特征"，这种表述描述的就是风景园林学所具有的"溯因思维"的特征。风景园林学学术研究所具有的上述理论基础、研究范围和方法论特点，使其在针对兼具开放性与复杂性的人居环境问题时具备了自身特点和优势。这种特点和优势运用在非正规垃圾填埋场的具体问题上，将贡献更具综合性的有益研究成果。

由此可见，随着风景园林学的发展，学科实践对象得以拓展，从而使风景园林学领域内针对非正规垃圾填埋场进行的实践不断增加。在风景园林学的发展中逐渐形成的越发清晰的理论基础、研究范围和方法论特点，使得风景园林学领域的研究有可能为非正规垃圾填埋场相关问题的解决贡献更加综合和适宜的研究成果。因此，风景园林学的发展是选题的重要研究背景。

4.1.3　风景园林视野下的非正规垃圾填埋场

从研究与实践的对象、尺度和成果，以及服务对象和科学依据等方面总结风景园林学的研究视野，可以看出风景园林学的研究视野所涵盖的对象为跨尺度的户外境域。在价值取向上这种视野具有非人类中心主义倾向。随着后工业社会中环境问题的凸显，包括非正规垃圾填埋场在内的生活垃圾固废处置场地作为一种棕地类型进入风景园林学的视野。在风景园林专业的视野下，对以非正规垃圾填埋场为代表的相关废弃场地的认识不仅有环境保护的意义，还附加着文化内涵和美学意义。

首先，风景园林学的研究实践对象是户外的自然或人工境域，尺度涵盖了大地景观—国家公园—城乡绿地—城市公园—附属绿地—庭院等广阔范围。其研究实践成果是附加环境美学或传统美学的户外境域[①]。由此可见从风景园林学的专业视角出发其视野覆盖的对象为跨尺度的户外境域。

其次，之所以认为它具有非人类中心主义的价值倾向，是因为一方面在研究和实践中风景园林学选择以生态学理论，尤其是景观生态学作为科学依据。生态学的考察范围包括环境中的动植物及其物质能量交换的过程。景观生态学发展了打破人造世界与生态环境二元对立的认识框架，将人类对空间环境的影响和塑造纳入生态系统整体，这种出发点具有先天的非人类中心主义特点。另外，风景园林学的研究和实践不仅为人服务，在研究和实践的过程中还要充分考虑生态环境和动植物的需要。从这两点上看，风景园林学的视野内在的价值观立场具有典型的非人类中心主义倾向。

以风景园林学的研究视野考察非正规垃圾填埋场，可以发现在环境保护和生态问题之外，非正规垃圾填埋场存在相关的文化内涵和美学价值。这一认识可以为解决相关问题、拓展思路提供独特的认识角度。

以风景园林学的视野考察后工业社会凸显的环境问题，不仅关注由于污染、破坏等行为造成的户外境域的污染问题，而且由于非人类中心主义倾向的价值观与造成环境问题的人类中心主义价值观的冲突，风景园林师在应对环境问题的过程中同样重视能反映他们价值观立场的受污染场地的文化内涵和美学价值。从现有的经验看，后工业社会中凸显的环境污染危害和威胁，往往在风景园林学的视野下获得了超越环境问题本身而具有文化内涵和附加美学价值的认知以及相应的应对策略。例如风景园林学研究与实践中的棕地改造问题。

棕地成为风景园林学领域突出的研究和实践对象，可以追溯到20世纪70年代发生在美国纽约州尼亚加拉瀑布附近的洛夫渠（Love Canal）有害废弃物污染事件。此事件的突出意义在于前人对环境破坏造成的长期隐患形成了对当代人的实际危害，这种现象唤醒了人们对后代生存环境的思考和关怀，催生了"可持续发展"的理念和行动。此次事件直接影响了美国环境保护政策和立法的发展，自此棕地改造问题成为社会关注的热点环境问题，由此发展的相关政策和法律不可避免地对风景园林行业产生了重大影响。在大量兴起的棕地改造项目中，风景园林师凭借自身的专业特长和业务优势成为跨学科团队的组织和领导者[②]之一，既主导了实践的发展，也塑造了此类项目在新时代下继续发展所需要的文化意义以及美学价值的广泛社会认同。这种对后工业生态文明下可持续发展观的文化认同，以及对生态系统修复过程和受破坏环境再利用过程中形成的后工业美学的审美认同推动了同类项目在世界范围内的开展。21世纪初，在我国也出现了一批追随这种潮流的优秀风景园林规划设计实践。这些实践成果无一例外地具有以下特点：出发点都源于环境污染危害或潜在污染威胁的存在；成果都超越环境保护问题本身而落实在通过风景园林规划设计对后工业文化立场和美学价值观加以宣扬。可见，风景园林行业针对此类问题的实践从来不满足于仅仅依靠技术解决环境污染的现实问题，这同时还反映出风景园林学自身区别于其他行业的独特视野。

针对非正规垃圾填埋场这一特殊而具体的棕地类型，从风景园林学的视野来看，一方面它作为多尺度的户外人工境域，处在风景园林专业的研究视野之中；另一方面，与其他棕地类型一样，垃圾填埋场是人类自身发展过程中在自然环境中留下的痕迹。从非人类中心主义倾向的价值观出发，此类场地同样蕴含着文化内涵和美学等其他价值，通过对其进行风景园林化改造，不仅能解决其造成的环境污染和生态破坏问题，也可将其所蕴含的后工业文化内涵和美学价值加以发掘和阐释。

4.2 研究问题的定义

作为以问题为导向的设计研究，以下论述是对这一具体研究问题的回应："如何针对北京市周边非正规垃圾填埋场进行景观改造？"形成此问题的原因是：非正规垃圾填埋场的环境治理越来越要求环境保护工程、风景园林规划设计等多学科的跨专业合作，面对这样的形势，风景园林设计的传统设计经验不足以支持本学科在跨专业合作中有效发挥专业特长、提供问题解决方案。为此，需要针对此类特定的规划设计对象开展设计师式的研究，总结设计经验、积累设计知识。为进一步对研究问题加以界定，在此特别对以下三个方面加以说明：第一，非正规垃圾填埋场的界定和特点；第二，景观改造的内涵和定位；第三，设计师式研究的核心内涵。

---

① 引自《增设风景园林为一级学科报告》。
② 2001年在美国纽约召开的学术会议"Manufactured Sites: Rethinking the Post-industrial Landscape"对风景园林行业内与棕地改造相关的工作进行了总结和交流，会议内容之后出版。在相关成果中，风景园林师在美国棕地改造项目中的跨学科团队领导地位得以反映。

4.2.1 非正规垃圾填埋场的界定和特点

1. 研究对象的界定

本书的研究对象为"北京市周边非正规垃圾填埋场",在描述该对象时有三个方面的内容需要加以强调:

第一,所做研究工作是为了解决北京市周边地区面临的问题。然而研究工作不仅限于北京市,也包括为解决北京市的现实问题而进行的对其他地域相关案例的研究。

第二,研究对象为垃圾填埋场。在此需要说明的是,由于垃圾处置方法的不同,最终形成的处置场地会形成堆场和填埋场两种形式。前文在相关问题的论述过程中出现的"垃圾场",泛指两种形式处置场地的合称,而研究对象中强调的是处置场地中的"填埋场"。根据《中华人民共和国固体废弃物污染环境防治法》的规定,固体废弃物分为工业固体废弃物、生活垃圾和危险废物三类,本书所涉及的垃圾填埋场所处置的主要为生活垃圾。

第三,研究对象为"非正规"垃圾填埋场。非正规垃圾填埋场的外部特点表现为:没有合法的政府批复手续;没有符合国家标准的设计、建设资料;没有符合国家环境保护要求的运行管理措施。非正规垃圾填埋场的内部特征为:没有封闭垃圾堆体的隔离措施;没有内部的水体循环过程;填埋体内的垃圾降解速度缓慢(王光华,2010)。在城市环境卫生系统统一管理下的生活垃圾卫生填埋场等正规垃圾填埋场的景观改造不在本书研究对象之列,不过对非正规垃圾填埋场研究的相关成果也会对正规垃圾填埋场景观改造工作发挥有益作用。

2. 研究对象的特点

非正规垃圾填埋场是相对卫生填埋场而言的垃圾处置、填埋场地。非正规垃圾填埋场是威胁人居环境的污染源。非正规垃圾填埋场对环境的污染主要由所产生的渗滤液和填埋气造成。渗滤液中含有的COD[①]、氨氮、大肠杆菌群、重金属等污染因子对地表土壤、地下水构成了极为严重的威胁。渗滤液污染地下水主要有几种途径:其一是渗滤液在没有防渗措施的垃圾堆体底部聚集,然后在土壤的不饱和层中扩散,在重力作用和土壤毛细作用下逐渐侵入地下水系;其二是填埋坑底经过积累降水形成地表水体,渗滤液随降雨经地表径流汇入地表水体,并参与到地表水与地下水的交换过程,通过地表水与地下水的连通交换进入地下水系;其三是经过降雨对垃圾堆体的淋溶,渗滤液进入土壤饱和层,并进一步随地表水与地下水的交换进入地下水系。渗滤液在土壤中向地下水扩散的过程也同样会对土壤造成污染。渗滤液对地下水的污染由于涉及复杂的地下水系统,其污染程度较难评价,且污染范围较大,问题较为严重,并具有一定的潜伏期,因而威胁程度极大。

填埋气体中含有CH_4,NH_3、硫醇、H_2S等污染因子,这些污染物在非正规垃圾填埋场中缺乏气体导排设施的控制,可通过缺少密闭措施的堆体表面向空气扩散。在堆体内部,填埋气体容易形成不均匀聚集,如果在密闭空间内不断积聚,则会产生爆炸的危险。

非正规垃圾填埋场对环境造成威胁的另一个主要方面来自垃圾堆体的不均匀沉降。由于在堆填过程中缺乏有序管理,无法实现逐层压实的填埋规范要求,也无法达到边坡坡度的安全要求，所形成的堆体往往存在严重的安全隐患。由于内部堆积的成分类型多样、质地不一，且缺少铺摊压实等必要的填埋过程，因此随着有机成分的降解，堆体会出现严重的不均匀沉降，给周边的道路、建筑以及构筑物带来安全威胁。

从北京市周边具体情况看，非正规垃圾填埋场形成的首要条件是垃圾倾倒掩埋的方便程度。因此它们一般沿交通便利的公路分布。根据访谈调查的结果，大型的非正规垃圾填埋场一般主要出现在距当时建设热点地区15～20km的大型环路附近。为了堆填方便，非正规垃圾填埋场一般利用废弃的采砂坑、取土坑等作为消纳场地。其埋深从2m到25m不等，主要取决于原采砂坑或取土坑的深度。形成的垃圾堆体规模通常较小，大多数堆体的占地面积不超过20000m^2，容量在20000m^{3}以下[2]。非正规垃圾处理场没有垃圾分类的条件，因此这些场地上处置的都是混合垃圾，无法找到关于其组成成分的记录。根据观察和推测，最主要的成分是城市生活垃圾和建筑渣土，也有小部分的化学废弃物，主要是农用化学产品，组成中还包括一定比例的人粪便。

2006年的数据显示，当时北京市有18座卫生填埋场，368座非正规填埋场和堆场。从数量上看卫生填埋场占5%，非正规垃圾填埋场占95%。然而占总数5%的卫生填埋场消纳了73%的城市垃圾，占总数95%的非正规垃圾填埋场和堆场只处理了27%的城市垃圾（Rotich，2006）。由此可见，缺少专业技术和科学管理的非正规垃圾填埋场处理垃圾的效率非常低。不容忽视的是这些大量存在的非正规垃圾填埋场对土地资源造成了极大的浪费。它们通常沿着主要的交通线路分布，侵占了大量土地，从长远看这些土地属于交通条件优越、具有经济发展潜力的土地资源。因此非正规垃圾填埋场的大量存在首先从面积和价值上对土地资源造成了损害。

此外，北京市周边的非正规垃圾填埋场对地下水造成了严重的污染威胁。根据吉林大学对北京市六环路以内的57个垃圾填埋场和倾倒场进行的污染风险评价结果，这些场地中90%以上处于地下水脆弱区，而且所有的场地都没有环保工程预防措施。丰台区、石景山区和部分海淀区的含水层是潜水含水层，一些地方的水位距地表不超过10m；而大兴区和朝阳区的含水层是多层含水层系统，水位较低。海淀区、丰台区、朝阳区和石景山区是丰水区，因此，垃圾填埋场对地下水构成了严重威胁。在单含水层和多含水层的过渡带，地质组成可能引起含水层间相互作用，这就意味着即使是深层含水层，含水层间的水力联系也可能导致其被污染（Rotich，2006）。永定河流域存在的大规模非正规垃圾填埋场对地下水的威胁最为严重。

---

① COD（Chemical Oxygen Demand）称为"化学需氧量"，是利用化学氧化剂将水中可氧化物质氧化分解，然后根据残留的氧化剂的量计算出氧的消耗量。它是表示水质污染度的指标，其值越小，说明水质污染程度越轻。
② 数据来源：Henry Kibet Rotich.北京市垃圾填埋场污染风险评价[D]．长春：吉林大学环境与资源学院，2006.

从非正规垃圾填埋场与居住环境的关系上看，北京市周边的非正规垃圾填埋场多与农田相邻，其对土壤的污染威胁了农业生产的安全。同时，由于北京周边的农业生产依赖地下水进行灌溉。非正规垃圾填埋场对地下水的污染进一步加剧了对农业生态环境的危害。这些地区同时多为具有潜力的未来城市发展用地，污染威胁的存在给城市的未来发展造成了隐患。

此外，渗滤液和填埋气产生的恶臭严重影响了周边居民、工作人员及场地操作人员的健康。垃圾填埋场周围蚊虫滋生、鼠害严重，卫生条件极端恶劣，大大增加了疾病传播的概率，而且长期堆积的垃圾产生的填埋气如果不能及时排放，当填埋气在堆体内部积聚达到一定量时，容易在有明火的情况下发生爆炸。

可见，非正规垃圾填埋场主要的环境威胁来自于渗滤液、填埋气，以及堆体的不均匀沉降。北京市周边非正规垃圾填埋场主要分布于大型环路周边，主要成分为城市生活垃圾和建筑渣土，它们对地下水造成了严重的污染威胁，也造成未来城市发展用地价值的破坏和农业生态环境的破坏。

4.2.2　景观改造的内涵和定位

在对本书所称的"景观改造"的内涵和定位加以介绍之前，需要先梳理一下我国现行生活垃圾填埋处置的总体框架。根据对现行的填埋场建设规范和相关技术规程的考察，可将生活垃圾填埋处置的总体框架归纳为"填埋场选址""填埋场建设运行""填埋场封场处置"以及"填埋场再利用"四个阶段。与风景园林专业相关的部分主要有填埋场选址阶段、填埋场封场处置后期，以及填埋场再利用阶段，其中以场地复绿为目的的填埋场再利用与风景园林规划设计的关联最为紧密。

根据场地最终的使用性质，可以将填埋场的复绿分为"风景园林化的场地复绿""农业化的场地复绿"以及"林业化的场地复绿"。场地的风景园林化复绿是以恢复生态学为理论基础，以风景园林规划设计为主要手段的多学科交叉协作。它的目标是将人类所破坏的生态系统恢复成具有生物多样性和动态平衡的本地生态系统，将人为破坏的区域环境恢复或重建成一个与当地自然界相和谐的生态系统，最终产生一种稳定的、自我持续的生态系统，达到满足人们使用要求的新状态。

风景园林化的场地复绿不可避免地需要与填埋场封场处置阶段后期的封场绿化相结合，因此综合了修复环境的治理过程、保护自然生态的修复功能和提供户外绿色休闲娱乐场所供人利用的园林功能，因此并不是纯粹的自然生态系统的恢复，也并非仅仅是治理场地污染的环境保护修复，更不是单纯的园林艺术表现。在任何单独方面都不能完全涵盖这种改造行为的时候，需要一个概念来对其进行指代，尤其在多学科交叉的平台上开展的改造行为，更需要从风景园林专业的角度对此概念加以明确界定。鉴于以风景园林化的场地复绿措施对填埋场进行再利用改造后最为直观的对比是景观效果的变化，因此将风景园林化场地复绿的生态修复称为填埋场的"景观改造"（图4-1）。

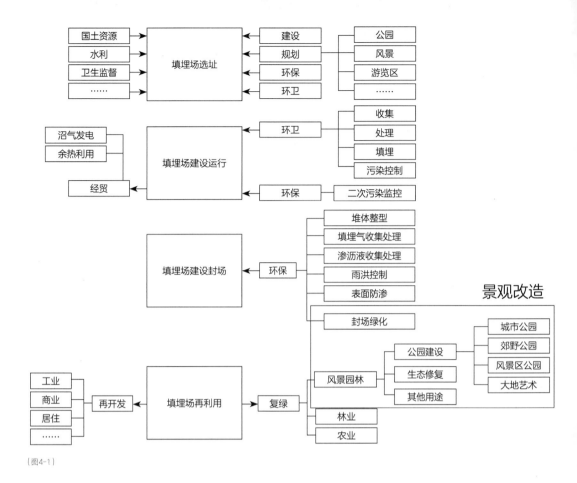

(图4-1)

从其内涵上看，上述风景园林化复绿对应的"生态恢复"概念需要与生态恢复相关的其他概念加以区别：一是恢复（restoration），是指完全意义上的自然生态系统复原，由受损状态恢复到受到干扰和破坏之前的状态，既包括回到起始状态，又包括完美和健康的含义；二是修复（rehabilitation），有"治愈"症状、"戒除"病症的意义，强调治疗的意义。与"恢复"（restoration）相似，也是让事物回归到之前状态的行为，但并不强调与原始状态完全一致的结果，强调的是问题的解决，危险和隐患的去除。与这两个概念相比，"复绿"对应的是"改良"（reclaimation）的意义，是有目的地将不理想的状态整理为理想或有用的状态。这个概念强调的是可利用的性质而非生态系统的原始状态或健康状态。非正规垃圾填埋场的再利用就是一种化不利条件为可用条件的改造，因此更符合"改良"的概念，具体到生态修复的框架下，这种改造表现为场地的"复绿"（杨锐，2010）。

图4-1　垃圾填埋场景观改造定位示意图

第 4 章
实例：北京市周边非正规垃圾填埋场景观改造

需要指出的是，用以定位景观改造的框架来自于对现行填埋场建设规范和技术规程的梳理。非正规垃圾填埋场形成、发展和运行的实际情况与此框架并不完全吻合。但是对非正规垃圾填埋场的治理必须满足相关技术规范的要求，场地再利用的情况也不外"再开发"与"复绿"两种模式。由于上述条件的存在，图1-1所示的总体框架也同样可以用于对非正规垃圾填埋场景观改造进行定位和理解。总之，本书研究问题所关注的"景观改造"并非仅指环境的视觉效果和感官体验的改善，而是与环境卫生管理、环境保护治理、场地再利用紧密联系，并主要作用于封场处置后期和场地再利用阶段的综合性生态修复过程。

4.2.3　设计师式研究的核心内涵

本书研究的问题不仅由研究对象的特点和研究范围的限定所决定，也取决于本书采用的研究方法，即"设计师式研究"（designerly research）的方法。

设计师式研究是"贯穿设计之研究"（research through design）的方法体系在风景园林设计领域具体应用而形成的研究方法。它以设计师式的认知（designerly ways of knowing）为基础，以问题为导向，以项目为载体，依靠研究者实地参与的设计过程解决设计问题、反思设计过程、积累设计知识，实现以设计知识为目标的体系化求知过程。

采用设计师式研究的方法开展设计研究所遵循的内在逻辑为"溯因逻辑"，也就是根据观察现象提出假设，进而通过试错的过程对假设进行验证的逻辑。在设计研究的过程中，设计问题自身具有"抗解问题"的特点，在给出问题的解决方法之前无法完全对问题加以定义，只有随着设计方案的不断完善，设计问题的定义才可能不断发展。相应地，以设计过程为载体的设计师式研究也具有同样的特点。在研究过程中，研究问题的界定同理论假设和问题解决方案的验证直接相关，不同的理论假设会形成不同的研究问题。

在本书中，研究试图立足风景园林学的立场，通过对非正规垃圾填埋场景观改造的设计研究，探讨修复北京市周边非正规垃圾场造成的对人居环境的威胁及危害的策略和方法。这一立场的预设决定了本书的研究问题不同于固体废物处理、修复生态学、公共管理等相关领域的同类研究。

具体而言，处于风景园林学的研究立场，非正规垃圾填埋场被视为一种特殊的室外人工境域。对这种场地的研究立足于人居环境科学的框架，探讨的是三个方面的问题：第一，场地的特性，指既包括其自然环境属性又包括其人工环境属性的综合性特征；第二，场地的影响，既包括污染因素对自然环境的影响，也包括社会管理、文化内涵和美学特点等方面的影响；第三，场地的改造。从风景园林学的专业立场出发，本书的研究主要针对物质空间进行的规划、设计、维护、管理的方案和策略进行探讨，相关结果以景观改造成果的形式存在。

与此相对，固体废弃物处理领域研究的对象是此类场地的环境污染属性，探索的问题是治理环境污染所需要的科学技术方法。本文从风景园林学的研究立场出发，对场地属性的研究不仅关注其环境污染的性质，同时主要关注其作为人居环境一部分为人们提供居住、休憩等其他使用功能的属性，以及作为生态环境物质载体的属性。修复生态学作为一个科学领域，对相关场地的研究立足于采用科学实验的方法揭示生态环境修复的事实和客观规律。本书的研究以设计过程和设计反思为研究方法，不同于科学实验的方法。研究的目的指向问题的解决方案，而不以解释过程的规律为目的。公共管理涉及社会管理政策的研究和制定，致力于管理体系和政策方法的设计与构架。本书的研究以物质空间的营建为基础，涉及管理与维护的相关政策与方法的内容，主要针对具体场地和项目的个别情况，并不涉及宏观社会公共政策的内容。

以设计师式研究作为主要的研究方法，本书预期的研究成果主要包含两个方面：第一，通过研究探讨非正规垃圾填埋场景观改造的有效方法，为未来北京市非正规垃圾填埋场治理改造的多学科合作过程提供风景园林学方面的理论依据和设计经验。第二，通过"设计师式研究"的过程从理论上厘清风景园林学领域内"贯穿设计之研究"的方法体系，并通过设计实例实验该方法体系，从而巩固和加强风景园林学领域内开展学术研究的方法论基础。

一言以蔽之，本书的研究是从风景园林学的研究立场出发，梳理并运用设计研究的方法体系，基于物质空间的营造和维护管理，对北京市周边非正规垃圾填埋场的场地特性、场地影响和景观改造策略进行探讨，从而为未来北京市非正规垃圾填埋场的治理改造提供理论依据和设计经验。

4.3 研究现状概述

为考察北京市非正规垃圾填埋场相关问题的研究现状，需要对三个方面的研究进展进行深入了解。第一，以城市生活垃圾管理与处理为主题的既有学术成果；第二，针对北京市生活垃圾处理具体问题及其对策进行的调查和研究；第三，在风景园林学专业领域内对以上内容进行的研究。

4.3.1 城市生活垃圾管理与处理

以城市生活垃圾管理与处理为主题的学术研究集中在著作和学位论文两个方面。探讨我国城市生活垃圾管理与处理问题的著作数量从2005年左右开始快速增加。主要著作有如下内容：

2006年杨宏毅、卢英方主编的《城市生活垃圾的处理和处置》。该书分为两个部分，上篇从城市生活垃圾管理与规划的角度进行了论述。在城市垃圾管理与规划的历史沿革、法律法规和基本问题中，作者提出目前我国有200多座大中城市正逐步被垃圾"包围"，每年城市垃圾产量近1.5亿t，且以每年9%的速度递增，城市垃圾对环境造成了严重污染，可再生资源远没有得到充分再利用，造成了资源浪费。作者进一步总结我国城市生活垃圾管理存在的基本问题指出目前垃圾处理行业缺乏长远的统一规划，相应的产业政策和技术标准不完善；垃圾收集、运输、处理设施严重不足，无害化处理率较低；政府投入不足，处理设施的建设和运行没有保障；管理体制和运行机制与市场经济不相适应；垃圾处理尚未建立市场准入制度和特许经营制度，缺少垃圾处理项目的技术鉴定和施工资质审查制度，缺少适宜技术发布制度，质量隐患大；垃圾的分类收集和回收利用没有得到开展，垃圾资源利用水平不高；垃圾收运过程中的密闭化和机械化程度较低，道路清扫保洁机械化程度不高；没有建立环境卫生检测系统，垃圾处理过程中存在隐患。除此之外，作者论述了城市垃圾的管理原则与框架、提出城市生活垃圾管理规划的体系结构与程序方法，探讨了垃圾管理的投融资体系。该书的下半部分围绕城市生活垃圾特性，深入具体地阐述了城市生活垃圾处理的技术。该书将城市生活垃圾作为研究探讨的对象，较全面地总结了城市生活垃圾处理与处置面临的现实问题，提出了加强垃圾管理规划的对策，并较全面地论述了城市生活垃圾处理的关键技术，针对现实问题，提出了从管理体系到技术方法较为系统的解决思路。但是该书的对策思路主要面向未来的城市垃圾管理，提出的理想化的管理措施和技术方法，没有将历史形成的城市生活污染的清理和改造作为考虑的重点，因此其结论和成果对未来发展的指导意义大于对目前问题的现实意义。

2007年李金惠、王伟、王洪涛主编的《城市生活垃圾规划与管理》。该书着眼于城市规划和社会经济发展的需求，从我国城市生活垃圾物流调配、环境保护和资源节约的角度系统全面地介绍了城市生活垃圾规划的一般方法和实例应用分析。书中提出目前国内城市生活垃圾规划存在如下几方面问题：基础数据缺乏、预测评估困难；城市生活垃圾处理设施布局与城市整体环境布局之间各自为政缺乏协调；生活垃圾规划仅着眼于无害化处置，缺乏全生命周期过程的全面分析；规划的管理保障措施缺乏对未来趋势和技术发展的及时应对。本书提出城市生活垃圾规划的过程包括数据调查分析、规划方法运用和模型构建、规划方案产生和对比分析等；规划内容包括源头管理规划、收运规划、处理与处置技术方案规划、实施的管理规划等部分。与以往的规划方法不同的是，该书编者提出运用地理信息系统优化设施的空间布局和收运途径，再进行数学建模求解，强调了通过技术手段强化生活垃圾管理设施与城市空间的关系。除此之外，在处理与处置技术方案上，该书主张从整体上分析垃圾流的全过程处理，通过全生命周期评价方法对生活垃圾进行综合处理处置优化。该书以生活垃圾专项规划的角度论述城市生活垃圾的规划与管理，不仅具体地论述了城市生活垃圾的规划方法和内容，还从环境科学的角度出发，为处理由生活垃圾造成的人居环境问题提供了一个非常综合的视角。

《可持续生活垃圾处理与处置》是环境卫生工程丛书中的一部，2007年1月出版，作者赵由才。该书着眼于生活垃圾的资源化利用，从理论上描述了可持续的生活垃圾填埋技术，通过"生活垃圾填埋—填埋场稳定化—矿化垃圾形成与开采利用—生活垃圾再填埋"的模式改变了传统的生活垃圾填埋方式。作者主张将生活垃圾填埋场作为巨大的生物反应器，将反应结束后的矿化垃圾加以开采利用，腾出新的空间继续填埋生活垃圾，从而延长填埋场的使用寿命。此外，该书还系统描述了基于高效分选的可持续生活垃圾处理技术及垃圾焚烧产物的资源化应用。该书重点探讨了垃圾填埋场稳定后对矿化垃圾进行资源化利用的理论和方法，并从延长垃圾填埋场使用寿命的角度论述了填埋场的再利用，反映了环境卫生工程领域对填埋场可持续利用的主要观点和关键技术。

2005年4月由李颖和郭爱军主编的《城市生活垃圾卫生填埋场设计指南》出版。该书从我国经济和技术水平实际情况出发，具体针对垃圾卫生填埋场的设计建造，面向工程设计人员等，以针对性、实用性和操作性的特点系统总结了卫生填埋场发展60多年来积累的规划、设计、施工和管理等各个方面的丰富经验和完善技术。书中强调，目前我国城市垃圾卫生填埋场需要解决的问题包括开发制造垃圾填埋场专用设备，尤其是渗滤液处理技术和设备以及填埋场防渗垫层材料等；针对"垃圾围城"问题发展垃圾堆场改造与环境修复技术；进行填埋场终场后的开发利用，如用作公园和娱乐场所等。《城市生活垃圾卫生填埋场设计指南》一书比较透彻地分析并吸收了国外的技术发展经验，并在此基础上紧密结合我国的经济技术现状，全面细致地总结了卫生填埋场的规划设计建造管理技术，具有很强的实用性，对规划设计而言，具有较强的指导和参考意义。

4.3.2　北京市生活垃圾填埋场污染问题与对策

1998年由匡胜利完成的清华大学硕士学位论文《北京市海淀区城市生活垃圾堆放场污染研究与对策分析》对北京市海淀区境内4座垃圾堆放场进行了污染物产生规律和污染情况进行了监测。作者的监测结果显示，这些没有经过工程处理的非正规垃圾堆场产生污染的规律基本与卫生填埋场一致，但稳定时间较短，一般在10年左右。渗滤液对地下水的污染预测表明，该地区垃圾堆放场体量较小、稳定较快，加上地质条件有利，因此深层地下水基本不会污染，浅层地下水受到污染的程度也较小。根据海淀区的实际情况，作者认为针对规模不大的非正规垃圾堆场，覆土封场、种植植被和导排填埋气是应该尽量执行的治理措施。在监测、分析的基础上，作者对未来的过渡性垃圾堆放场提出了最低技术要求和基本原则。

2006年由Henry Kibet Rotich完成的吉林大学博士学位论文《北京市垃圾填埋场污染风险评价》对北京市六环路以内区域中存在的57处固体废弃物处置场进行了污染风险评价。评价结果显示，调查所覆盖的57处场地中，90%以上位于单一含水层之上，这种地质、土壤条件下地下水易受垃圾填埋场的污染。因此垃圾填埋场对地下水的污染风险很高。其中尤为突出的是北京西部的丰台、石景山和海淀的部分地区。Rotich的研究对非正规垃圾填埋场带来的风险进行了总结，他提出，现有非正规垃圾填埋场的坐落位置都是以交通便利为首要考虑因素，而很少考虑对环境的影响；垃圾场的下垫层都是渗透性很高的砂岩和沙壤土，几乎没有防止渗滤液扩散的能力；永定河流域范围内的丰台、石景山、海淀等区土壤不保和层厚度小于10m极易受到垃圾场渗滤液的污染；所有的场地都缺少保护地下水和地表水的工程措施；缺乏保护性工程措施的旧填埋场将成为北京的严峻问题，其中北天堂已经造成了1.2km²的地下水污染。可见，非正规垃圾填埋场对环境造成的最大威胁在于对地下水的污染。该研究利用数字模型的推演，提出了以控制污染源为主要策略的污染控制方法。《北京市垃圾填埋场污染风险评价》针对北京市范围内存在的大量非正规垃圾填埋场，采用现场调查和科学实验的科学方法，利用二级风险评价体系对垃圾填埋场造成的污染风险进行了评价，为认识北京市周边垃圾填埋场的问题提供了难能可贵的一手量化资料，也为排除污染风险提供了量化指标的建议。

针对非正规垃圾填埋场的问题，北京市的市政管理部门及环境保护部门也组织了很多具体的研究工作。如利用航空相片和遥感卫星对非正规垃圾填埋场进行普查。2000年吴文伟等利用航片，通过建立判读标志，对北京市固体废弃物的分布进行了识别。2006年7月北京市环保局、北京市土地勘测局地质工程勘察院等利用航片完成了《北京市生活垃圾填埋场污染风险评价报告》(刘亚岚，2009)。2009年，中国科学院开展了利用北京1号卫星监测非正规垃圾场的工作。这些针对非正规垃圾场的遥感调查监测工作揭示了非正规垃圾填埋场的问题，为治理措施的出台奠定了基础。2005年3月北京市地质矿产勘察开发局发布《北京城市生活垃圾现状及选址地质环境调查》，确定了10处垃圾场地选址开放区，决定在这些地区长期形成的非正规填埋场基础上进行改造，建设集中的垃圾处置场地。这些地区包括：丰台区长辛店糖馅沟、昌平区前白虎涧二道河、延庆县大榆树镇南地区、朝阳楼梓庄乡曹各庄地区、昌平阿苏卫地区、通州南部大杜社地区、大兴东南部地区、房山阎村镇西南部地区、顺义西南部地区、顺义东北部地区。该项目是由北京市地勘局实施的国土资源部与北京市政府合作开展的"北京市多参数立体地质调查"项目中的一个子课题。该课题研究对六环路以内重点地区和地下水水源地保护区范围内占地面积在50m²以上、六环路以外占地面积在2000m²以上的垃圾处理场地分布状况进行遥感解译和实地调查，调查范围达7900km²。该课题研究通过对北京地区城市生活垃圾处理现状进行调查和监测，对生活垃圾处理场地地质环境适宜性进行评估，初步建立了北京城市生活垃圾处理及选址的地质环境空间数据库。

10 9 8 7 6 5

第 5 章

研究框架构建：贯穿多个项目的体系化设计求知

V

5.1　设计研究框架构建思路

　　首先从设计师式认知的特点入手，阐释设计学范式认识论的基础，在此基础上引入"贯穿设计之研究"的方法体系所依据的包含归纳过程与演绎过程的认知周期，然后将此理论应用到本书的具体问题上，提出本书进行设计研究的理论框架。

　　第二部分的论述为本书在设计研究理论框架下针对非正规垃圾填埋场所做的具体研究工作，包括对非正规垃圾填埋场景观改造的定位，以及对国外相关经验的分析与总结。这部分工作属于设计师式认知周期中的归纳过程，是对既有经验和相关设计知识的反思。

　　第三部分的论述将研究的视野更加集中地聚焦在北京市非正规垃圾填埋场这一具体研究对象上。在这一部分中，归纳过程的反思结果将用来作为界定设计问题和研究问题的辅助工具。研究工作将以通过归纳过程获得反思结果作为突破抗解性设计问题的"思维定式"，带着背景性的知识和特定的价值取向有目的地考察北京市非正规垃圾填埋场的场地特点和现有的治理措施，然后通过演绎过程提出本书的理论设想。

　　理论设想的提出既是认知周期中演绎过程的反思结果，也是新一轮认知周期的溯因逻辑起点。本章之后的设计研究工作便是对理论设想的验证和反思。理论设想的预设将直接影响"贯穿设计之研究"的过程中对设计问题的定义以及设计结果的取向。

　　通过本章的研究，设计师式研究方法得以在本书的具体研究过程中展开，并且本书将突破设计研究依托单一设计过程的模式，根据贯穿设计之研究的方法理论构建基于多项目的设计师式研究框架，展开多个相互关联的认知周期。

5.2　贯穿设计之研究的认知周期

5.2.1　设计师式认知的周期规律

　　约纳斯主张的"贯穿设计之研究"方法体系倡导了设计学范式的认识论，它从设计能力的特点入手，主张设计能力是人类自身特点中的关键，它是人类认识世界和改造世界的方法。科学研究也是一种在求知方法与问题界定上更加严格的、特殊化了的设计过程，其求知的本质规律与设计认知的规律并无二致。以设计方法进行系统化的求知无异于以科学方法的求知过程。这也就是说，设计学范式的求知与科学范式的求知是相并列的认知范式。无论是设计认知的过程，还是科学认知的过程，都可归结为进化论认识论。

　　从进化论认识论的观点来理解设计学范式的求知过程，我们可以把它理解为有机体在环境中生存，不断适应的学习过程。"贯穿设计之研究"的目的并不是对外部存在进行论断性的

"真实"表述，这与科学研究的目的不同。它的目的是为了对环境条件采取恰当的反应而进行的"诊断性"建构。也就是说，科学研究的目的是发现既有的规律，设计的目的是创造尚不存在的人工制品。在形式上，"贯穿设计之研究"的知识构建表现为试错与经验的循环，或称为行动与反思的循环。这种循环形成包含两个半圈的周期，第一个半圈是归纳的半圈，起始自以往的案例，包含对以往经验有目的地学习，最终形成对整体运行规律的假设、理论和预测。第二个半圈是演绎的半圈，在此过程中产生行动和干预，并由此获得新的经验，可以对理论进行证实或证伪。周期的动态发展受到内在因素或外在因素的扰动。内在因素包括主观概念，内在的创造性等，外在因素包括偶发事件或环境因素等。扰动的结果或导致循环动态的稳定，即负反馈；或导致循环动态的加剧和进化性的突变，即正反馈。负反馈催生稳定状态，正反馈促进多样性的产生。

由于同样以进化论理论为内在规律，可以将人类的人工制品与生物的物种、科学知识相并列地看作一个独立系统。在这个系统中，最终人工制品的产生和发展同样遵循"多样性—选择—再稳定"的规律。设计这种包含试错与经验循环的过程所覆盖的是其中的"多样性"阶段，而选择与再稳定的阶段与设计并无必然关联。也就是说，设计是创造新事物的阶段。

在对尚未存在的事物进行探讨时，设计需要针对三个维度的知识开展认知活动。这三个维度分别是"真实""理想"和"现实"。与此相对应的三类求知方法分别是"分析""投射"和"综合"。以分析的方法对真实维度的求知就是科学研究的范畴，以难以言述的方法向客体传达主体的理想属于人文艺术的范畴，以综合的方法协调现实的要求和条件属于设计的范畴。一个完整的设计求知过程需要包括所有的求知范畴。因为设计所探求的是尚未存在的事物，所以需要研究现实的问题和条件，也需要掌握未来的理想与需求，同时必须依靠科学与技术的支持与推动，在这三个方面的共同作用下，才能形成设计成果，实现设计反思，积累设计知识。

对任何一个维度开展求知活动，都需要经历"观察—反思—计划—行动"四个阶段循环往复的学习周期。对"真实""理想""现实"三个维度的求知活动内嵌于设计过程之中，是设计师式认知的内在特点。而"观察""反思""计划""行动"的学习周期则是开展求知活动的具体行动步骤。其中，"观察"的对象是行动的结果；"反思"的对象是观察到的现象；"计划"的依据是反思的成果；"行动"的根据是计划的结果。四个步骤之间具有特定的序列性，而一个完整学习周期的起点却并非固定不变，学习周期的终点也不固定。也就是说，学习周期中的任何一个步骤所形成的结果都可以形成知识的创造和积累。在学习周期中，"反思"过程具有特殊的意义。反思过程是将外部物质化的成果转化为思维和理论的过程，是设计知识从实践性和默会性知识转化为理论性和系统性知识的过程。观察与反思的过程构成了归纳的半圈，计划与行动的过程构成了演绎的半圈，共同形成设计师式研究的周期规律。

5.2.2 贯穿多项目的设计师式研究框架

根据前文所述的设计师式认知的周期规律，本书提出了如下开展设计研究框架（图5-1）。在该框架内，设计师式研究的认知周期跨越了多个不同的设计过程，以多个项目共同组成一个

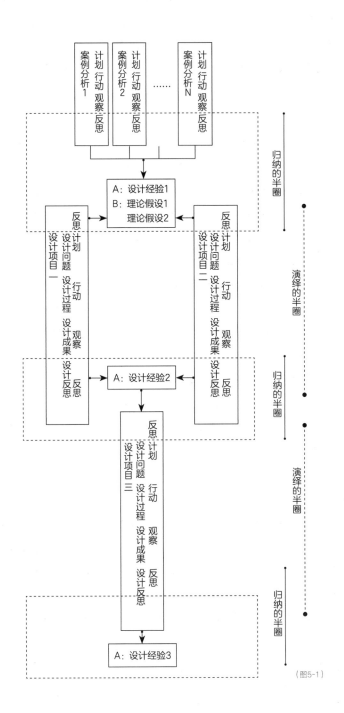

計划 行动 观察 反思
案例分析1

计划 行动 观察 反思
案例分析2

......

计划 行动 观察 反思
案例分析N

归纳的半圈

A: 设计经验1
B: 理论假设1
理论假设2

反思 计划
设计问题 设计计划
设计项目一 行动
设计过程
设计成果 观察
设计反思 反思

反思 计划
设计问题 设计计划
设计项目二 行动
设计过程
设计成果 观察
设计反思 反思

演绎的半圈

A: 设计经验2

归纳的半圈

反思 计划
设计问题 设计计划
设计项目三 行动
设计过程
设计成果 观察
设计反思 反思

演绎的半圈

A: 设计经验3

归纳的半圈

(图5-1)

设计思维下的设计研究：
理论探索与案例实证

图5-1 本书的设计师式研究框架

完整的设计研究过程。研究是归纳的半圈与演绎的半圈组成的循环。在第一个归纳过程中，研究对以往的设计经验进行观察和反思形成设计经验1，并运用反思成果针对设计问题提出理论假设1和理论假设2。然后针对理论假设，分别开展独立的设计项目，形成演绎的半圈，其结果为设计经验2，反思的过程既是归纳过程的终端也是新的演绎过程的始端。反思的成果作用于设计项目，形成新的设计知识。这种认知的周期可以通过设计项目的开展不断地循环下去。本书将选取三个设计项目形成最终的结论。

5.3 认知周期的归纳过程：设计经验的总结

5.3.1 经验总结的参照框架

对北京市周边非正规垃圾填埋场景观改造进行设计研究，需要对既有的相关设计经验进行总结和归纳。为了有目的地进行案例研究，需要首先以填埋场景观改造为核心，梳理现行的垃圾填埋场建设运行和治理的总体结构，以形成指导案例研究的框架。为此，本书考察了现行的填埋场建设规范和相关的技术规程，在宏观的城市垃圾管理和环境保护治理，以及土地再利用的框架下加以梳理，将涉及风景园林学相关专业的部分进行了总结，从而形成针对填埋场"景观改造"的认识框架。

1．相关规范和技术规程

在现行的卫生填埋场建设规范和相关的技术规程与导则中，涉及风景园林专业相关内容的主要是"填埋场选址"和"填埋场封场"两部分。

根据2004年2月19日颁布的《生活垃圾卫生填埋技术规范》CJJ 174中的相关规定，"填埋场选址"需要兼顾城乡规划和建设，因而在专项规划、绿地系统、生态环境和植被条件等方面与风景园林有较多的相关内容。规范中的具体条款如下：

"4.0.1填埋场选址应先进行下列基础资料的收集：1.城市总体规划，区域环境规划，城市环境卫生专业规划；……"

"4.0.2填埋场不应设在下列地区：……8.公园，风景、游览区，文物古迹区，考古学、历史学、生物学研究考察区；……"

"4.0.3填埋场选址应符合现行国家标准《生活垃圾填埋场污染控制标准》（GB 16889—2008）和相关标准的规定，并应符合下列要求：……1.当地城市总体规划、区域规划及城市环境卫生专业规划等专业规划要求；2.与当地的大气防护、水土资源保护、大自然保护及生态平衡要求相一致；……7.选址应由建设项目所在地的建设、规划、环保、环卫、国土资源、水利、卫生监督等有关部门和专业设计单位的有关专业技术人员参加。"

"4.0.4填埋场选址应按下列顺序进行：1.场址候选，在全面调查与分析的基础上初定3个或3个以上候选场址。2.场址预选，通过对候选场址进行踏勘，对场地的地形、地貌、植被、地质、水文、气象、供电、给水排水、覆盖土源及场址周围人群居住情况等进行对比分析，推荐2个或2个以上预选场址。3.场址确定，对预选场址方案进行技术、经济、社会及环境比较，推荐拟定场址。对拟定场址进行地形测量、初步勘察和初步工艺方案设计，完成选址报告或可行性研究报告，通过审查确定场址。"

2008年4月2日由环境保护部和国家质量监督检疫总局发布的《生活垃圾填埋场污染控制标准》GB 16889—2008中，关于填埋场选址要求包括以下内容：

"4.1生活垃圾填埋场的选址应符合区域性环境规划、环境卫生设施建设规划和当地的城市规划。"

"4.2生活垃圾填埋场场址不应选在城市工农业发展规划区、农业保护区、自然保护区、风景名胜区、文物（考古）保护区、生活饮用水水源保护区、供水远景规划区、矿产资源储备区、军事要地、国家保密地区和其他需要特别保护的区域内。"

通过对上述引文进行分析可知，在填埋场建设的选址阶段，风景园林专业的实践和研究成果可以通过城乡规划中的相关专项规划，以及公园、风景名胜区等相关管理区划的设立，在生活垃圾填埋场候选选址和预选选址的确定中产生重要影响。同时风景园林专业的知识特长可以从地形、地貌、植被、地质、水文以及自然保护与周围人群居住情况之间的关系等方面为填埋场选址的确定提供智力支持（图5-2）。

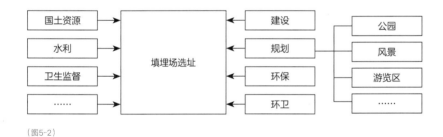

（图5-2）

除了填埋场选址涉及风景园林专业相关内容外，"填埋场建设封场"中亦有所涉及。现行《生活垃圾卫生填埋技术规范》中规定：

"10.0.1填埋场封场设计应考虑地表水径流、排水防渗、填埋气体的收集、植被类型、填埋场的稳定性及土地利用等因素。"

"10.0.2填埋场最终覆盖系统应符合下列规定：

1.黏土覆盖结构：排气层应采用粗粒或多孔材料，厚度应大于或等于30cm；防渗黏土层的渗透系数不应大于1.0×10^{-7}cm/s，厚度应为20～30cm；排水层宜采用粗粒或多孔材料，厚度应为20～30cm，应与填埋库区四周的排水沟相连；植被层应采用营养土，厚度应根据种植植物的根系深浅确定，厚度不应小于15cm。

2.人工材料覆盖结构：排气层应采用粗粒或多孔材料，厚度大于30cm；膜下保护层的黏土厚度宜为20～30cm；HDPE土工膜，厚度不应小于1mm；膜上保护层、排水层宜采用粗粒或多孔材料，厚度宜为20～30cm；植被层应采用营养土，厚度应根据种植植物的根系深浅确定……"

填埋场封场建设的最后阶段是封场绿化的建设，与其他场地绿化不同的是填埋场封场的绿化建设具有严格的功能性，它处于覆盖整个堆体的密封隔离层之上，是覆盖整个垃圾填埋堆体的最外层结构。一般认为，在垃圾填埋场封场项目中，封场覆盖的绿化工作属于风景园林的特长范围，包括选择和种植植物材料、根据植物的根系确定植被层覆土厚度等工作内容（图5-3）。

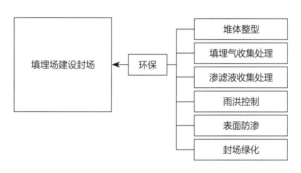

（图5-3）

由以上两方面可见，标准卫生填埋场的建设在填埋场选址和封场改造两个阶段都需要风景园林专业的贡献。在现行的规范标准和技术规程导则中，这种贡献主要指填埋场封场改造中的绿化工作。填埋场的"景观改造"尚未成为卫生填埋场建设过程中要求和控制的内容。而在非正规垃圾填埋场的治理中，采取原位卫生填埋处理的大型非正规垃圾填埋场与标准卫生填埋场的建设一样，具有进行封场改造的要求，因此也需要建设封场覆盖绿化层。与卫生填埋场的封场改造一样，场地的景观改造也尚未成为非正规填埋场改造进程需考虑的因素。而在为数众多的采取异位搬迁方法治理的小型非正规垃圾填埋场治理改造进程中，对景观改造的要求和规定更是处于完全缺失的状态。

2．城市垃圾管理和环境保护框架

我国现有的城市垃圾管理框架分为纵横两套体系，纵向上按"国家级""省级""市级"的等级体系各自分工制定管理政策执行管理措施。横向上则按照垃圾类型由不同管理部门分别加以管理。垃圾类型主要涉及可制肥有机垃圾，可填埋生活垃圾、可焚烧生活垃圾、可回收废品及危险废物。所涉及的部门有建设系统、环境保护系统、经贸系统和农业系统。它们的关系可由表5-1所示：

表5-1 城市生活垃圾横向管理职责分工表

垃圾类型	建设系统	环保系统	经贸系统	农业系统
可制肥有机垃圾	1. 收集； 2. 处理； 3. 内部污染控制	二次污染监控		1. 堆肥产品质量控制； 2. 销售使用
可填埋生活垃圾	1. 收集； 2. 处理； 3. 内部污染控制	二次污染监控	1. 沼气余热利用； 2. 沼气发电	
可焚烧生活垃圾	1. 收集； 2. 处理； 3. 内部污染控制	二次污染监控	1. 余热利用； 2. 发电上网	
可回收废品	1. 收集； 2. 打包贮存	二次污染监控	1. 回收，运输； 2. 销售	
其中的危险废物	1. 运输监管； 2. 排放监管 （严禁混入生活垃圾系统）	1. 收集； 2. 运输； 3. 处理； 4. 二次污染监控		

资料来源：根据《中国城市生活垃圾管理机构和法律法规框架》绘制。

　　本书所探讨的填埋场主要是可填埋生活垃圾的产物，以及建筑渣土，与其相关的是负责垃圾收集、处理，并控制内部污染的建设系统，即城市环境卫生部门，还有负责二次污染监控的环境保护系统，另外还包括负责沼气余热利用和沼气发电的经贸系统。标准垃圾卫生填埋场的建设运行框架如图5-4所示，由环卫部门负责垃圾收集、转运并进行填埋。环保系统在填埋场的建设和运行过程中进行二次污染的控制和监测。填埋场运行产生的填埋气体被收集利用，其发电和余热利用由经贸系统负责。在此框架下，环保系统对环境质量进行监测和控制，但对环境品质和景观并没有考虑。可见填埋场景观的改造和重塑在现有的城市生活垃圾管理和环境保护框架中有所缺失。

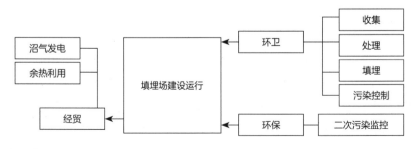

（图5-4）

非正规垃圾填埋场的形成和发展处于城市垃圾管理和环境保护框架之外，缺少法律法规和规范规程的限定，但是针对非正规垃圾填埋场的治理工作却能从该框架中延伸，归于环保系统"二次污染控制"的范畴。环保系统针对垃圾填埋场治理和污染控制的现行规范和技术规程导则中，有关填埋场封场的规定可部分适用于非正规垃圾填埋场的治理。其中涉及封场绿化部分的内容就与景观改造相关。然而景观改造在非正规垃圾填埋场中发挥的作用主要取决于场地再利用的情况。场地再开发和场地复绿的不同要求将直接影响景观改造在治理进程中的定位和作用。

本小节对垃圾填埋场治理的现行标准规范、技术规程和技术导则，以及目前的城市垃圾管理和环境保护框架进行了分析。通过分析可以发现，从环境保护的角度出发，在填埋场治理中，风景园林专业做出贡献的阶段主要在于填埋场选址阶段和填埋场无害化改造中的封场绿化阶段。其中可以发挥风景园林设计的专业特长、对填埋场景观进行改造的阶段主要在于封场绿化阶段。此外，在更为系统的城市垃圾管理和环境保护框架中，景观改造的要求和控制是缺失的。至于非正规垃圾填埋场，如果以场地复绿为再利用目标，那么与卫生填埋场无害化改造的过程类似，在封场绿化阶段有景观改造的需求。

3. 填埋场场地再利用

非正规垃圾填埋场的景观改造直接与治理目的和治理措施相关。非正规垃圾场造成的主要问题是土地资源的浪费和生态环境的破坏，因此场地再利用和环境危害因素的控制、清除是治理的主要目标。

概括场地再利用的策略，主要归纳为场地再开发和场地复绿两种模式。再开发模式下非正规垃圾填埋场在场地上留下的包括污染物在内的所有痕迹被全部清除，通过环境评价后，作为与一般地块无二的场地重新用作工业用地、商业用地或居住用地等重新开发建设，一般与之对应的无害化治理手段为垃圾填埋场的异地搬迁。与此相对是场地再利用的复绿模式，一般应用填埋场原位无害化治理的措施和技术。再利用方式主要与植被的种植和应用相关，例如风景园林化的再利用、作为林业用地的再利用或作为农业用地的再利用。其中林业和农业的再利用主要关注林木和农作物的经济效应，而风景园林化的再利用可以贡献更为综合的多方面效应。可见填埋场的景观改造的主要作用发挥在场地的风景园林化复绿方面（图5-5）。

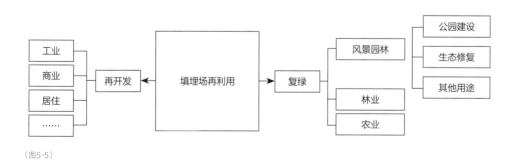

（图5-5）

图5-4 填埋场建设运行阶段各相关专业的作用
图5-5 风景园林相关专业在填埋场再利用阶段的作用

为了进一步探讨填埋场景观改造的丰富内涵，可以根据具体项目的内容侧重将风景园林化的场地复绿进一步归纳为公园建设、生态修复和其他用途三个方面。公园建设指的是以服务人民群众、提供室外休闲娱乐空间为目的的场地再利用。根据公园的类型以及场地改造后的特点，可以将公园建设细分为城市公园、郊野公园、风景名胜公园以及大地艺术作品。生态修复指的是以生态平衡和生物多样性为目的的本地生态系统重建。其他用途是指其他绿色服务设施，例如高尔夫球场、各类运动场地、露天表演场地等。

4．填埋场治理的总体框架

　　综上所述，可以将填埋场建设、运行及治理的总体框架以图5-6的形式加以总结。

　　填埋场治理的总体框架为案例研究和经验归纳提供了参照框架，也提供了更为精确的案例范围。如第1章所述，填埋场景观改造所指的内容主要指框架中包括封场绿化与风景园林化复绿的部分（图5-6）。因此，对相关案例研究和设计经验的总结主要从包括城市公园、郊野公园、风景区公园，以及大地艺术等在内的"公园建设"，以及以生态恢复为目的的"生态修复"两个方面开展。

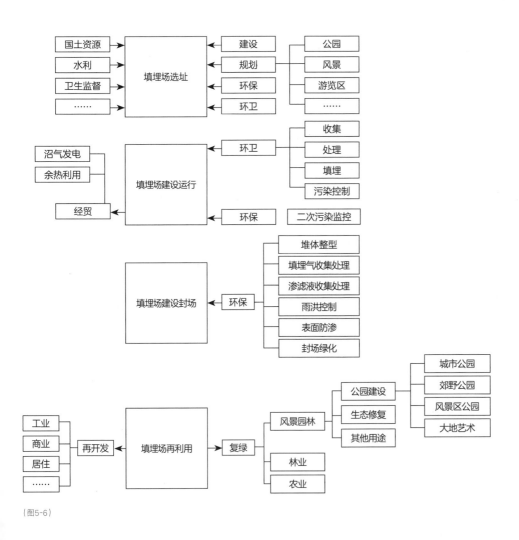

(图5-6)

5.3.2 与框架结构相对应的国外经验

1. 景观改造与公园建设

根据现有的国外成熟案例，垃圾填埋场改造形成的公园主要表现为四种类型：城市公园、郊野公园、风景名胜公园和大地艺术作品。

（1）城市公园

慕尼黑奥林匹克公园中的奥林匹克山由垃圾填埋场改造而来。如今的奥林匹克公园所在地最早是巴伐利亚皇家阅兵场，炮兵训练基地以及军事演习场。1909年起这里被用作飞机场，1931年飞机场用作民用，至1939年慕尼黑里姆国际机场启用，这座老机场就被废弃了。20世纪30年代，第三帝国时期这里计划建设大型屠宰场、室内农贸市场、货物转运站等，但是这些规划内容在第二次世界大战期间没有实现，这里却成为周围居民的生活垃圾堆放场。第二次世界大战期间，慕尼黑成为盟军重点空袭目标，战争中连遭71次轰炸，慕尼黑市内超过80%的区域都遭受过空袭，很多地方被夷为平地。第二次世界大战之后大量的建筑残骸被统一堆积起来形成了"废墟山"（Schuttberg）。其中最为主要的一座正是这座在1947—1958年间，在原有的生活垃圾填埋场基础上接纳大量建筑残骸而形成的废墟山，它的高度达到50m，最长时绵延1.3km。

20世纪60年代，战后的慕尼黑迎来了废墟山改造的契机。1963年通过的城市发展战略规划中就已经提出利用奥运会发展新城、振兴城市北部边界地区的决定，确定了利用废墟山所在的地区建设未来城市绿地的策略。1966年奥运会申办成功，这一策略开始付诸实际。奥运组委会举办赛会场馆的规划设计竞赛，提出结合奥运公园改造废墟山的设计要求。最终贝尼施事务所（Behnisch & Partner）赢得竞赛。贝尼施的方案巧妙地将奥运场馆设施镶嵌在废墟山为骨架构成的人工山水环境中，经过改造的废墟山从垃圾场转变为优美的风景。在改造废墟山的时候所采用的封场材料和植物种植层的土壤来自建设地铁奥运线产生的土方，以及开挖人工湖产生的土方，这些土壤加盖在原废墟山的山体上，不仅节约了场地平整和土方外运的成本，而且满足了填埋场封场的要求，并且在废墟山原地形基础上重新塑造了更加园林化的地形（图5-7、图5-8）。

（图5-7）　　　　　　　　　　　　　　　（图5-8）

图5-6　填埋场建设、运行及治理框架示意图
图5-7　慕尼黑奥林匹克公园
图5-8　慕尼黑奥林匹克山

改造废墟山时，设计师在原地形基础上动用最小的土方量，结合垃圾逐层堆填形成的工程地形，利用封场层和植被层的土壤对地形进行调整，然后在当地具有区域景观特征的草原群落中采集了大量草本地被、野菊花和毛蕊花等野生地被种子，将它们混播在场地上，形成了物种丰富、可自我更新繁衍的地被。同时设计者以自然风景园的种植手法疏密有致地在场地上种植了椴树、柞木、红松等地方乡土树种，并配以蔷薇科的灌木和低矮的松树，构成了与区域自然景观相差无几的优美景观。这种立足废墟山原有工程地形，模拟区域自然环境的景观改造措施，与人工湖和奥运场馆配合，形成了虽工程痕迹明显，却与自然风景一样宜人的景观环境。奥运会之后40年里，奥林匹克公园一直是一座市民喜爱的城市公园，曾经的填埋场经过景观改造成为最受欢迎的城市休闲绿地之一（图5-9、图5-10）。

（图5-9） （图5-10）

慕尼黑奥林匹克公园在20世纪60年代完成建设，它提出的绿色奥运理念，以及垃圾填埋场的园林化再利用经验为填埋场作为城市公园重新利用提供了一种成功的范式。

（2）郊野公园

柏林北部的鲁巴斯休闲公园（Freizeitpark Lübars）是一个由生活垃圾填埋场改造而成的郊野公园。它紧邻麦克申（Märkischen）社区的北部，面积39.6hm²，1957~1981年，这里都是消纳周围社区生活垃圾的填埋场。1982年鲁巴斯填埋场关闭时，生活垃圾储量已经达到2900万m³，长期积累的垃圾形成了一个高达85.3m的垃圾山，此后"垃圾山"便成为此地的地名，直至2010年垃圾山才被重新命名为"鲁巴斯高地"（Lübars Höhe）。1975~1993年间，为解决麦克申高密度居住区周围缺乏可供人们休闲娱乐的开放空间的问题，当地政府逐渐对垃圾山进行景观改造，将其开辟为一处四季都适合开展户外活动的郊野公园（图5-11）。

之所以称鲁巴斯公园为郊野公园，主要因为它具有以下特点：首先公园处于城郊地区，位于柏林北部边缘，接近勃兰登堡州的大片农田和森林；其次公园在空间组织和景观营造上有意以垃圾山为主体，配合垃圾山自身需长时间沉降才能达到最终稳定性的特点，利用地形和植被营造空间，尽量减少建筑物和构筑物，景观模仿周围的自然丘陵，与视野开阔的乡村景色如出一辙；第三，在公园的活动内容上，突出当地的农业传统，除设置大面积的草地、密林，以及长达300m的滑雪道等适合开展户外健身和休闲娱乐活动的设施外，还设有独具特色的儿童农场，在此开展农业科普活动和生产体验活动，贴近农场生活（图5-12～图5-14）。

生活垃圾填埋场的改造由于受到内部生物降解反应的影响，不得不应对渗滤液和垃圾填埋气等反应产物，以及堆体稳定性等隐患。鲁巴斯填埋场封场后，当地政府部门于1985在山脚处设置了填埋气收集站，开始从填埋堆体中主动抽取填埋气并加以燃烧，以防止甲烷不均匀聚集造成爆炸。2009年，为检验堆体中填埋气体的剩余量和迁移情况，柏林市政府又在接近山顶的位置设置了两处新的集气井，从填埋体中更深的位置收集填埋气并加以燃烧。这种对垃圾降解反应的长期监测是填埋场再利用形成的郊野公园与一般郊野公园之间在管理方面存在的显著区别。

（图5-11）

（图5-12）

（图5-13）

（图5-14）

图5-9　可自我繁衍的多样性地被
图5-10　公园受到市民欢迎
图5-11　从鲁巴斯高地远眺麦克申社区
图5-12　鲁巴斯高地的田园风光
图5-13　长达300m的冬季滑雪道
图5-14　鲁巴斯儿童农场

鲁巴斯休闲公园是一个典型的生活垃圾填埋场以景观改造的方式重新建设为郊野公园的案例，它的封场技术、景观设计、服务内容、管理措施等方面的经验为此类填埋场土地再利用项目提供了范例。

（3）风景名胜公园

与慕尼黑废墟山类似的战后废墟、建筑垃圾堆体在柏林也有很多，其中最高的一座是柏林西南"绿森林"（Grunewald）中的"魔鬼山"（Teufelsberg）。绿森林位于柏林的西南近郊，坐落在勃兰登堡平原上（图5-15、图5-16）。柏林和波茨坦之间的平原地带地势平坦，遍布湖泊和森林，鲜有丘陵或高山，高达115m的魔鬼山成为周边区域的制高点。这里曾是纳粹军事技术学院，建筑由阿尔伯特·施佩尔（Albert Speer）设计。盟军占领柏林后试图炸毁这个目标，但是异常坚固的建筑给破坏工作带来了难度，致使盟军放弃了破坏建筑的计划，开始用建筑垃圾将无法炸毁的建筑物掩埋。

从1950年至1972年，柏林人民在重建家园的过程中用战争遗留的2600万m³建筑垃圾，逐渐在此地堆填起一座人工山体。1972年垃圾山完成了封场，并开始进行绿化建设和景观改造，1976年绿化完成。绿化过程中魔鬼山曾被用作葡萄酒酿造厂的葡萄园，生产了当地著名品牌的葡萄酒。绿化种植后山体植被完全不受人工干预，自然发育的森林群落已经使魔鬼山与四周的绿森林融为一体，完全分辨不出人工堆积的痕迹（图5-17、图5-18）。

（图5-15）

（图5-16）

（图5-17）

（图5-18）

魔鬼山的山顶是一座美军在冷战时期修建的雷达监听站（图5-19），1992年废弃。在短暂地被用作民航指挥塔之后，监听站被投资者收购，计划利用这组建筑开发旅游度假设施。这一规划意味着对魔鬼山现有环境的大范围改造，也意味着当地居民将失去一个公共开放的绿色休闲区域，这遭到环保主义者和当地居民的强烈反对，他们通过抗议活动，促使议会终止了开发项目。

不同于城市公园和郊野公园，魔鬼山这座曾经的垃圾堆通过绿化改造已经成为自然环境的一部分，在人们的心目中与周围的森林、湖泊一样是应该保护的自然资源和绿色开放空间。如今的魔鬼山已经成为承载历史文化、自然生态和市民休闲的柏林风景名胜（图5-20）。它的历史让我们看到，大型的建筑垃圾堆通过景观改造和绿化种植不仅可以建设城市公园，也可以成为自然风景，不仅可以成为自然生态环境的组成部分，还可以承载社会文化生活。

（4）大地艺术作品

除了形成供人们参观游览休闲娱乐的服务型公园绿地以外，通过景观改造，重新利用的填埋场还可以成为大地艺术的媒介。

（图5-19）

（图5-20）

图5-15　柏林魔鬼山区位图
（图片来源：http://www.berlin.de/orte/sehenswuerdigkeiten/teufelsberg/）
图5-16　柏林魔鬼山被绿森林包围
（图片来源：google earth）
图5-17　战后建筑垃圾清理
（图片来源：图5-17～图5-20均引自http://www.berlin.de/ba-charlottenburg-wilmersdorf/bezirk/lexikon/teufelsberg.html）
图5-18　魔鬼山上的葡萄种植园
图5-19　魔鬼山上的废弃监听站
图5-20　魔鬼山是市民喜爱的开放空间

这种类型的填埋场景观改造项目最为著名的案例是美国加利福尼亚州的拜斯比公园（Byxbee Park）。拜斯比公园位于旧金山海湾之畔，是帕洛阿图城市生活垃圾填埋场（Palo Alto city dump）提前完成封场的一小块区域（图5-21）。帕洛阿图生活垃圾填埋场从20世纪30年代开始启用，直到2012年2月1日才停止消纳垃圾，其中临近海湾的一块面积约12hm²的区域在20世纪80年代末提前完成了封场。20世纪50年代起这个填埋场就开始运用卫生填埋技术处理垃圾，因此在20世纪80年代封场时，就已经具备了完善的填埋气导排设施和渗滤液收集处理系统。然而这座堆高达18m的填埋场采用的是黏土隔离层外加表土种植层的简易封场结构，其中黏土隔离层的厚度约为0.3m，表土平均厚度约为0.6m。这种封场结构缺少高密度聚乙烯膜的防护强度且表层土壤很薄，乔木和深根性灌木植物无法生长。

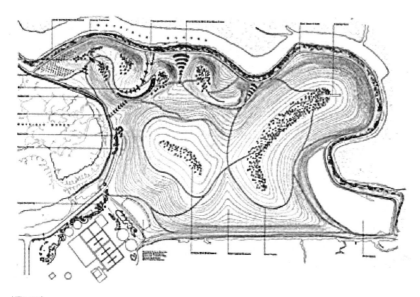

（图5-21）

　　在这样的场地条件下，负责该场地景观改造的设计师乔治·哈格里夫斯（George Hargreaves）与艺术家彼得·理查兹（Peter Richards）及迈克尔·奥本海姆（Michael Oppenheimer）运用大地艺术的手法，通过微妙的地形、低矮的当地草本植被和简朴的现场装置，将填埋场上的自然要素及过程呈现在人们面前，使填埋场这个人类行为的最终产物与自然环境产生了紧密的互动（图5-22），例如公园中最为著名的一组艺术装置——遍布山坡的杆阵。艺术家在拜斯比公园内空旷的草地上用垂直的废旧电线杆整齐划一地排列成阵列，这些电线杆的顶端被仔细地置于统一高度组成一个看不见的平面（图5-23、图5-24）。由于填埋堆体的沉降，杆阵所在地区的地表会随着时间推移而发生不均匀地沉降，若干年后这些电线杆仍在原地保持直立，但是原来电杆顶部形成的看不见的平面已经被地表沉降的力量扭曲打破。艺术家结合艺术的形式与填埋场自身的变化，隐喻了人工与自然的对立与统一。

〔图5-22〕

〔图5-23〕

〔图5-24〕

图5-21 美国拜斯比公园平原图
（图片来源：图5-21～图5-25均引自：http://www.hargreaves.com/projects/
PublicParks/Byxbee/）
图5-22 拜斯比公园内的填埋场景观特征：工程地形与填埋气火炬
图5-23 遍布山坡的杆阵
图5-24 电线杆顶部形成看不见的平面

此外，设计师运用富于雕塑感的地形塑造的名为"大地之门"的景观，也是一种特定场地条件限制下的艺术性创作。场地表层覆土很薄，没有高大的乔木甚至也几乎没有低矮的灌木，只有均质的草地覆盖，这个特点使拜斯比公园的地形能够保持垃圾填埋运行形成的平缓规整的工程地形特点。设计师在此背景之上，运用雕塑感强烈的艺术地形，在场地上形成了强烈的对比。此外，由大型机械长期运行形成的垃圾填埋场顶端，设计师模拟历史上当地印第安土著的贝壳堆塑造了一系列小土丘，仿佛场地上被垃圾填埋的历史又重新浮出地面。设计师运用大地艺术的手法最大限度上发挥了场地的特点，将生活垃圾填埋场转变为艺术的媒介，并用它赋予了场地历史和文化的内涵（图5-25）。

（图5-25）

拜斯比公园在功能上与前述公园案例存在一定区别，它在整个约12hm²的范围内几乎没有安置专门的休闲娱乐设施或者服务设施，甚至没有种植树木，由此可见，提供市民日常休闲游乐的室外公共空间并不是公园的主要目标，相反，它的着眼点更在于创造一个能让人们反思和感悟的艺术性景观。设计师发掘了场地上由工程运行而形成的艺术性，以大地艺术的手法达到了这样的目标。

这些公园都是成功的填埋场改造案例，它们应用的环境保护技术并不特殊，却形成了特殊的结果。让场地与众不同的其实不是填埋场治理技术，而是景观改造工作。景观改造与填埋场治理相结合，可以通过精心的风景园林规划设计贡献于城市的发展更新；可以模拟区域自然地形，与周围环境融为一体；可以放任自然进程自我发展，通过自然生态系统自身的力量淡化人工痕迹；可以尊重并利用工程的痕迹，用大地艺术的手法创造新的景观。

2．景观改造与生态修复

如前文所述，非正规垃圾填埋场再利用的风景园林化复绿由于具体项目目的和内容的侧重不同，除了公园建设外，还有一类再利用模式是生态修复。此处生态修复指的是将人类所破坏的生态系统恢复成具有生物多样性和动态平衡的本地生态系统。以此为目标的垃圾填埋场景观改造案例，最为著名的当属纽约清泉溪垃圾填埋场的治理改造。

清泉溪（Fresh Kill）垃圾填埋场位于纽约市史坦登岛（Staten Island），新泽西州纽瓦克机场（Newark）附近。清泉溪垃圾场是世界上最大的生活垃圾填埋场，占地面积达1200hm²[2][1]。据估计，它的重量高达1亿t，体积有8200万m³，填埋高度超过50m。在北起缅因州，南至佛罗里达州，长达2400km的大西洋沿岸，清泉溪是高度最高的地标物。它的体积是埃及吉萨胡夫大金字塔的25倍，是墨西哥特奥蒂瓦坎城太阳神金字塔的40倍。据测算，它的体积接近万里长城，称得上是人类最为雄伟的构筑物之一。

然而这个雄伟的构筑物事实上是一个没有基底防渗层的非正规垃圾填埋场。在成为填埋场之前，清泉溪是一大片沼泽地，水位随潮水定期涨落。1948年，罗伯特·莫西斯（RobertMoses）提出计划，利用城市生活垃圾将沼泽地填埋，以便于开发利用，而且还制定规划，计划在此地加盖房屋发展居住区，并预留空地作为公共开放空间。自1948年以来，这里每天接纳从布鲁克林、布隆克或曼哈顿由驳船和专用火车运送来的数千吨垃圾。2001年3月22日，在美国环保局和当地居民的倡导下，清泉溪正式停止消纳垃圾。然而"9·11"事件后，清泉溪又经历了一次临时性地开放，并接受了灾难现场1/3的建筑残骸，以及4000多具遇难者遗骸。

至2001年3月填埋场停止运行时，1200hm²场地范围的一半仍为4座大型的垃圾填埋体所占据，它们的高度从50m到70m不等。这4座大型垃圾填埋体中已经有两座彻底封场关闭，另外两座计划于2011年前完成封场。场地的另外一半面积是从未堆填过垃圾或早在20年以前有过垃圾堆填历史的水面和较为平坦的区域（图5-26）。包括填埋堆体在内的整个场地范围内始终在潮汐等自然生态过程的影响下，且由于场地独特的地理位置、地质水文条件，以及动植物栖息环境，虽然这里被作为垃圾填埋场，但是清泉溪对周围动植物和人类的栖居始终发挥着重要的生态作用（图5-27）。

---

① 西尔吉. 人类与垃圾的历史［M］. 刘跃进，魏红荣译. 天津：百花文艺出版社，2005:35.

图5-25 大地之门与印第安土丘

第5章
研究框架构建：贯穿多个项目的体系化设计求知

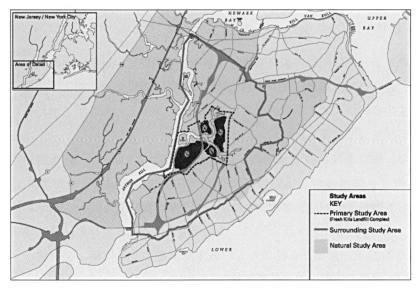

（图5-26）

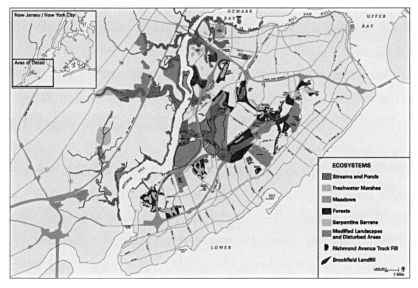

（图5-27）

　　2001年12月，纽约州政府通过举办竞赛确定了清泉溪的未来规划方案。最终获胜的方案是詹姆斯·科纳（James Corner）领导的Field Operations公司提出的方案。詹姆斯·科纳的方案核心概念为"生命景观（lifescape）"，将清泉溪地区规划为一个面积相当于纽约中央公园3倍的公共开放绿地。这个方案不仅把清泉溪看作一个亟待改造的垃圾填埋场，更将它作为整个区域生态环境恢复和改善的发动机。从先前垃圾填埋场留下的景观中，设计团队不仅看到了垃圾堆填对生态环境的破坏和影响，更发现了填埋场这种壮观的人工构筑为生态环境所提供的独特空间构架，以及在其中抚育自然生态过程的巨大潜力。

关于这种潜力，设计者阐释道："从月球上看，清泉溪那些高大如山的垃圾堆仍是人类迄今所尝试建造的最为复杂的土方工程。简洁到毫无隐晦的人工地形形成了一种独一无二的景观体验。它让场地展现出了公共-生态景观的一种新形式，一种靠时间和过程而非空间和形式来鼓舞和关怀生命的人类创造力的新颖范式。"[①]

根据规划，清泉溪的四座填埋场在完成封场后将不做土方上的改动，保留填埋场的空间和形式，作为限制游人入内的生态恢复和保护区，通过时间的积累和生态过程的发展逐渐恢复自然生态。规划范围内填埋场以外的区域将逐步发展各种内容的文化体育和休闲活动，其中包括修建一座纪念"9·11"事件的纪念场地。在设计者的观念中，填埋场的封场绿化绝非仅是保障垃圾填埋生物反应器发挥功能的一个覆盖层，而是改变区域景观的发生器。作者在阐释设计理念时解释道，以往清泉溪所在的小岛被看作是"自然"抵御城市扩张的象征，如今他希望通过规划设计实现的是：通过这个岛的景观改造和生态恢复形成自然环境向城市的扩张。通过填埋场封场形成的生态保护地带，设计者希望最终形成一个"延展到无限远的地平线并且与各种生态系统建立新联系的绿色基体"[②]（图5-28、图5-29）。

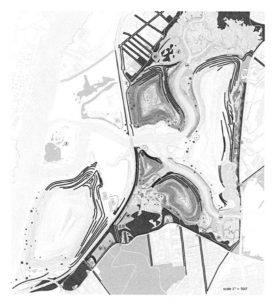

（图5-28）

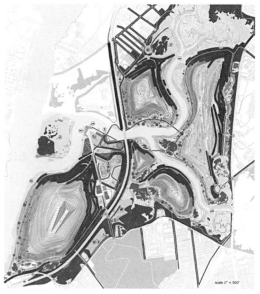

（图5-29）

---

① "Visible from the moon, with mounds of waste the size of mountains, Fresh Kills remains the most complex land mass human beings have attempted to manipulate. Starkly elegant, the artificial topography offers a unique landscape experience. As such, the site presents an opportunity to develop a new form of public-ecological landscape, an alternative paradigm of human creativity, biologically informed, guided more by time and process than by space and form." 引自Field Operation提交的参赛文件。
② "an expansive green matrix of infinite horizons and newly connected ecosystems" 引自参赛文件.

图5-26　清泉溪垃圾填埋场改造项目研究范围示意图
（图片来源：http://www.nycgovpark.org）
图5-27　清泉溪生态系统示意图
（图片来源：http://www.nycgovpark.org）
图5-28　"生命景观"一期总平面图
（图片来源：www.nycgovpark.org）
图5-29　"生命景观"规划总平面图
（图片来源：www.nycgovpark.org）

这样一个绿色基体的形成和扩展源自人类用垃圾堆建的巨大填埋场，这个事实不仅赋予清泉溪环境保护的意义和生态恢复意义，同时也赋予了它文化上的意义。其文化上的意义在于，清泉溪公园形成后将证明人类有能力成功恢复由自己亲手破坏的生态环境，并在此基础上发展一种新的城市公园的类型。这种公园类型与纽约中央公园类似：虽然完全由人工设计，但是却可以在今后几百年的时间内抚育自然生态过程的形成和发展。所不同的是，它建立在对遭受破坏的环境进行修复的基础上，而且其广大的面积可以形成区域性的生态影响，对自然生态和城市发展的结构都具有重要意义。

自2004年始，纽约州政府就已经开始修建通往未来清泉溪公园的道路，以便增强城市居民的可达性。2008年起，清泉溪公园的建设正式开始实施，最终的封场工程启动，各个分区的深化设计继续深入，一些生态区域保护措施的实验性建设陆续开展。即使目前仍在建设过程中，公园也已经成为人们休闲娱乐和接受环境教育的场所（图5-30）。

（图5-30）

曾经是世界最大规模的美国纽约清泉溪垃圾填埋场的封场改造，在一个大型城市公园规划设计的框架下最终完成。通过这一案例，人们可以至少收获以下三方面的经验：第一，按卫生填埋的技术标准长期运行后最终形成的垃圾堆体，是一种具有美学价值的大型人工构筑物。第二，垃圾填埋场封场绿化层不仅是保障生物反应器功能的必要组件，也是改善景观环境和修复自然生态的载体。第三，垃圾填埋场的治理改造不应仅重视改造结果，还应该重视改造的过程，尤其是蕴含在景观改造过程中的生态过程。

5.3.3 框架外的国外经验

景观改造的概念是在我国现行非正规垃圾填埋场治理技术规范和垃圾管理框架的受限条件下提出的，在这种框架条件下，景观改造只能主要在填埋场封场改造和场地再利用阶段发挥作用。然而国外成功的案例经验中确实存在不受此框架限制，以景观改造主导填埋场建设运行和封场治理全过程的案例。这种情况值得仔细研究，能为我国的现实情况提供突破限制、转变思路彻底解决问题的有益参考。德国慕尼黑北部的浮略特马宁垃圾山（Die Müllberge München-Fröttmaning）就是这样一个将景观改造目标贯穿垃圾填埋场整个运行过程的案例。

1．场地概述

浮略特马宁垃圾山位于慕尼黑城市建成区北部边界，它的范围北至伽尔兴乡（Gemeinde Garching）的农业用地①，南至格罗斯拉盆（Grosslappen）和福来曼（Freimann）两个居住区的北界。垃圾山西望是一片疏林草原，向东是从伊萨河两岸宽阔的洪泛区上发育起来的针阔叶混交林（图5-31）。东西向的A99号高速公路和南北向的A9号高速公路在垃圾山所在的区域十字相交，多条上下高速公路的匝道在这里盘绕，形成了一个高速公路的立交十字路口（图5-32）。这个十字路口将垃圾山分成位于四个象限内的大小不等的四个部分。西北、东北、东南象限内坐落着三座垃圾填埋场，其中东南象限内的一座已经完成了封场改造，它的南面紧挨着格罗斯拉盆污水处理厂，另外两座垃圾填埋场仍在运行中。西南象限内坐落着新的安联竞技球场（der Bau der Alianz-Arena），周边密集地布置着机动车停车场、火车站、地铁车站、城铁车站等交通设施。浮略特马宁垃圾山形成了自北向南沿公路和铁路进入慕尼黑市的门户，是非常突出的地标性景观（图5-33）。

（图5-31）

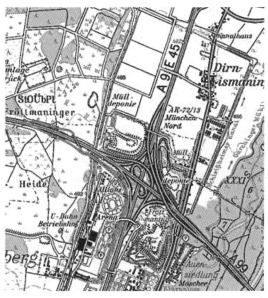

（图5-32）

---

① 德意志联邦共和国划分为16个"联邦州"（Bundesland），下辖36个"行政区"（Regierungsbezirke）和438个"县"（Kreise）。"乡"（Gemeinde）是"县"以下最基础的行政区划。
② 图3-31、图3-32、图3-45引用自慕尼黑工业大学建筑学院风景园林与开放空间系2009年的设计课题"Wasteland"所使用的课程介绍材料。该课题由Regine Keller教授主持。

图5-30　清泉溪填埋场现状
（图片来源：http://www.nycgovpark.org）
图5-31　1816年的伊萨尔河谷平面图②
图5-32　伊萨尔河谷与慕尼黑北部交通枢纽平面图

（图5-33）

位于东南象限内已经完成封场改造的垃圾填埋场是浮略特马宁格垃圾山（Fröttmaninger Berg），它是慕尼黑第一座官方垃圾填埋场，于1954年与格罗斯拉盆大型垃圾分拣厂配套建成。成为垃圾填埋场之前，这里坐落着浮略特马宁村（Fröttmanin Dorf），有几户农庄和一个绵羊牧场。为了垃圾填埋场的建设他们都进行了搬迁。时至今日，填埋场内仍然保留着老浮略特马宁村的小教堂——圣十字教堂，以纪念村民出让土地的事迹。起初填埋场的范围很小，仅在格罗斯拉盆污水处理厂的北缘有所分布，后来逐渐向圣十字教堂方向不断扩展。

1961年，慕尼黑市议会发现格罗斯拉盆垃圾分拣厂的处理能力无法应对慕尼黑城市垃圾的增长，于是通过了建立垃圾焚烧厂的议案。1964年，慕尼黑第一座垃圾焚烧厂——慕尼黑北发电厂建成，而此处至今仍在处理来自慕尼黑的生活垃圾和其他垃圾。1965年格罗斯拉盆垃圾分拣厂遭火灾焚毁，从此便再没有复建。此后2/3的垃圾送入慕尼黑北发电厂消纳，其余的进入浮略特马宁格垃圾山填埋。填入浮略特马宁格垃圾山的不仅有生活垃圾，还有出自发电厂的焚烧剩余物，甚至还有危险废弃物。在垃圾山上还出现过液态危险废弃物溢出地表在坑洼地中形成"毒塘"（Gifitsee）的现象（图5-34、图5-35）。经过20世纪70年代，在对毒塘内的有毒物质进行一系列实验后，人们最终选择利用垃圾将其进行了填埋。由于没有其他垃圾填埋场可以替代，浮略特马宁格垃圾山不得不突破最初的设计容量，又额外消纳了原设计储量两倍的垃圾

（图5-34）

（图5-35）

量。垃圾场扩容的代价是不得不移除很多本已经在场地上生长多年的树木。1987年4月，浮略特马宁格垃圾山才正式关闭。

2．景观改造理念主导下的填埋场运行

早在1973年，慕尼黑议会就通过法案将浮略特马宁格垃圾山规划为远期的公共休闲绿地，并于1974年委任景观设计师迪特·鲁傲夫（Dieter Ruoff）的事务所对包括垃圾山在内的39hm²区域进行了景观设计。

鲁傲夫的规划基于该地区的基本地质条件和植物群落的结构。浮略特马宁格垃圾山坐落在慕尼黑砾石平原上，垃圾山的西侧是浮略特马宁格草原，东侧有自南向北贯穿慕尼黑市的伊萨河（Isar）流过。

垃圾山西侧的慕尼黑砾石平原上生长着面积超过580hm²的草原，称作浮略特马宁格草原（Fröttmaninger Heide）。砾石平原是第四纪大冰期内从阿尔卑斯山倾斜而下的冰川遗迹，数米深的石灰石砾石之上只有很薄的表土，土壤干燥瘠薄。在这样的地质土壤条件下，只有抗干旱耐瘠薄的草原和松林可以适应（图5-36）。然而在慕尼黑北部的这片砾石平原上却生长着超过200种植物，其中大约40种属于非常珍贵的物种，它们形成了物种丰富的植物群落。此处物种的多样性得益于几个世纪以来的放牧活动，如今畜牧业退出后，为了保护生物多样性和珍稀植物物种，这里一直保持着定期的修剪和管理。

垃圾山的东侧，在伊萨河河道两侧宽阔而肥沃的洪泛平原上则生长着景观明显不同的针阔叶混交林（图5-37、图5-38）。从主河道向外特征分明地分布着不同的区域，距离主河道最近的是定期泛滥的洪泛区，这里主要生长的是杨柳科植物。然后是桤木属为主的湿润区域，与

（图5-36）

（图5-37）

图5-33　从安联竞技球场方向望向浮略特马宁垃圾山
（图片来源：刘彦廷 摄）
图5-34　20世纪80年代出现的"毒塘"
图5-35　20世纪80年代出现的填埋气体外逸
（图片来源：图5-34、图5-35引自Greither, Hans, Fröttmaning‐ein Berg entsteht"[Film], Bayrischer Rundfunk, 1985）
图5-36　慕尼黑砾石平原上的典型景观
图5-37　伊萨尔河沿岸的典型景观

| 防洪坝 | 硬木草地
（橡木混交林） | 松树群落
（干燥） | 桤木草地
（湿润） | 柳树草地 | 伊萨尔河
（规律性泛滥） | 碎石河岸 |

（图5-38）

其相邻的是偶尔会被淹没的外围橡树林，两者之间间或分布着干燥高温的空地。这些不同区域的丰富物种使伊萨河洪泛区森林成为欧洲生物多样性最丰富的森林。

垃圾山所在的位置正处在浮略特马宁格草原和伊萨河洪泛区森林之间的地段，在这两个特征明显的自然生态系统的夹持下，垃圾山兀自突立成为一个与当地自然地质和生态背景毫无联系的异质斑块。鲁傲夫的设计概念试图达到的目标就是将这个异质斑块重新融入自然的背景中。所以在垃圾山堆填的过程中有意识地进行了地形的控制和营造，以形成模仿阿尔卑斯山余脉的自然有机形态。除此之外，伊萨河畔特有的森林群落也被复制到垃圾山上。鲁傲夫突破垃圾填埋场只种植草本植物或为数不多的整齐划一的人工林的惯常做法，在垃圾填埋场封场之前的运行过程中就开始从面向河谷的东南侧山脚向山顶持续不断地进行树木种植。所种植的树木有意识地模仿伊萨河畔森林的群落结构，采取与其相同的树种，组成密集的针阔叶混交林组团，并在不同组团之间保留空地，形成有利于发展草本植物多样性的生境。这种设计策略形成的结果是，今天的浮略特马宁格垃圾山呈现出一派自然山体的景观，浓密的树林将山体层层包裹。这些树林仿佛是从河谷中顺着山势蔓延到山坡上的自然群落。浮略特马宁格垃圾山已经融入周围的自然环境之中（图5-39）。

（图5-39）

为了实现1973年慕尼黑议会制定的将浮略特马宁格垃圾山发展为休闲绿地的规划目标，鲁傲夫还在垃圾山的地形中设计了适合开展滑雪运动的山坡，计划为酷爱登山和滑雪运动的慕尼黑市民就近开辟一块方便的滑雪场。然而由于垃圾山内部的生活垃圾始终处于活跃的生物降解反应中，不断有大量的反应热释放出来，致使浮略特马宁格垃圾山的表面在冬季根本没有积雪，滑雪场的计划不得不放弃。事实上，反应热并不是垃圾山带来的阻碍发展休闲绿地的唯一难题。垃圾卫生填埋技术到20世纪80年代中后期才发展完善，此前的垃圾填埋技术无法完全应对渗滤液、填埋气、堆体不均匀沉降等危险隐患，人们对地下水的污染和保护也缺乏意识。浮略特马宁格垃圾山的封场覆盖层采用的材料是黏土，不是现在常用的高密度聚乙烯防渗膜，垃圾山底部也从未设置过基底防渗层，更没有导排和采集填埋气的设备，因此各种危险和隐患频现。从1954年开始，堆填的垃圾山经过30多年的运行之后，在20世纪80年代不断出现局部填埋气体爆炸、渗滤液外涌、地下水和空气质量检测严重超标等一系列危险隐患。

3．环境保护措施的加强

针对环境污染危害突出的情况，拜仁州环境局在1984年首次对垃圾山进行了环境保护治理。他们围绕垃圾山设置了一圈20m深的膨润土帷幕，帷幕与地下11～14m深处的天然黏土隔水层结合形成了一个封闭的容器，阻断了在地下积累近30年的渗滤液向周围环境的扩散途径。同时环保局在垃圾山的西南和东北设置了两个水泵，从地下将渗滤液抽出，并送入污水处理场加以处理。紧接着，至20世纪80年代末，为了控制垃圾山中积聚的甲烷，环保局又在山体上设置了火焰电离检测器以检测甲烷气体的扩散和溢出情况。由于填埋气中甲烷含量仅有29%，无法达到发电所需的含量，因此环保局在山脚设置了抽气站，运用动力形成真空、主动抽取山体中的填埋气，然后通过火炬燃烧将其消耗。这样可以降低甲烷气体不均匀积聚造成爆炸的概率。当甲烷的量持续降低达到一定程度不再适宜用明火燃烧的时候，消耗甲烷的设备将更换为低温催化设备。同时为了减少自然降水渗透地表进入垃圾堆体促进甲烷的产生，环保局还对部分地面重新进行了防渗处理。1997年，浮略特马宁格垃圾山顶竖起了一座风力发电机组。该机组的竖立从建设成本和发电效率上看都是不经济的，但是从景观改造的角度看，发电机组的竖立给垃圾山增添了突出的可识别性和动态的特征，使它成为慕尼黑北部门户最为突出的地标，而且围绕发电机组形成的展览展示空间，成为向游人介绍垃圾山历史和提供科普教育的场所，展现了场地的文化性（图5-40、图5-41）。

图5-38　伊萨尔河河道剖面图

（图片来源：图5-36～图5-38均引自http://lbv-muenchen.de/Arbeitskreise/Schmetterlinge/froetman.heide/froett.heide.foto.htm）

图5-39　浮略特马宁垃圾山周围用地现状卫星影像图

（来源：google earth）

（图5-40）　　　　　　　　　　　（图5-41）

20世纪80年代中后期，拜仁州环保局对浮略特马宁格垃圾山采取的环保治理措施运用了当时针对固废处理场地的先进环保技术，旨在消除环境安全隐患，尽早实现将垃圾山改造成休闲绿地的目标。浮略特马宁格垃圾山从1974年以后的垃圾堆填运行和环境保护治理，以及风力发电设施的建设无不以景观改造为目标。与现在大多数垃圾填埋场不同的是，浮略特马宁格垃圾山的运行和治理不仅是一座垃圾填埋场处理城市生活垃圾的过程，它本身也是一个塑造"自然景观"的过程。

4．景观改造理念的延续

如果说浮略特马宁格垃圾山的景观规划设计建立在并不成熟的垃圾填埋技术基础上，可能不适应当今技术条件下的填埋场建设和治理情况。那么浮略特马宁格垃圾山北部紧邻的北填埋场（Deponie Nord）不仅采用了成熟的垃圾卫生填埋技术，而且仍然坚持了鲁傲夫的设计理念，延续了自然有机的堆体形式和模拟自然的植被种植（图5-42）。北填埋场从1984年开始运行，它的底部铺设了沥青防渗层以收集渗滤液保护地下水。鲁傲夫的设计理念在这种技术条件下仍然得以延续，填埋场在运行的过程中就考虑了景观的建设，一边进行垃圾分层填埋，一边从山脚开始种植树木。现在北填埋场的顶部虽然仍在进行封场工程，但是堆体已经呈现出自然山体般的形态，而且从山脚到山腰都已经被蔚然成林的植被所覆盖，与浮略特马宁格垃圾山一样呈现出一派自然山体的景观，并且植被与伊萨河谷浑然一体（图5-43）。

（图5-43）

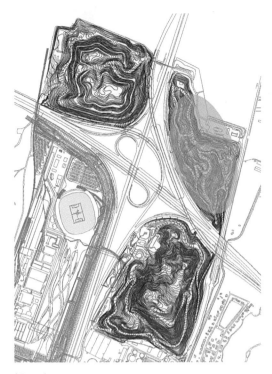

（图5-42）

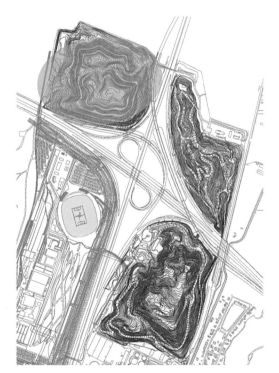

（图5-44）

　　慕尼黑北垃圾山中最晚开始运行的一座是西北填埋场（Deponie Nord-West）（图5-44）。它在1987年浮略特马宁格垃圾山停止运行后开始启用，起初消纳不加分类的混合垃圾，从1994年以后，开始只接受完成了预处理的垃圾。西北垃圾填埋场的填埋技术更为先进，不仅有完备的基底防渗层和其他卫生填埋设备，而且还是一个更加宏大的垃圾处理系统的组成部分。首先，随着慕尼黑城市垃圾减量化成果的显现，每年入场的垃圾量从20世纪90年代末的60万t锐减至如今的6800t。其次，它只接受经过焚烧处理后的剩余废物。第三，它在消纳垃圾的同时也进行垃圾的再生利用，是一个石棉材料生产基地。可以说西北垃圾填埋场体现的是当今最为先进的生活垃圾处理技术。就是在如此先进的技术下，鲁傲夫的景观设计理念依然指导着垃圾填埋场的运行。与前两座填埋场的传统一样，西北填埋场也同样在一边消纳垃圾一边塑造自然景观。目前堆体仍在发展，但是山脚部分的树林已经开始渐渐成形。可以预计，当西北填埋场完成封场后，三座垃圾山将共同组成犹如阿尔卑斯山余脉的"自然"山体（图5-45）。

图5-40　作为景观标志的风力发电机组
图5-41　作为教育展示空间的风力发电机组
图5-42　北填埋场位置示意图
图5-43　北填埋场现状
图5-44　西北填埋场位置示意图

（图5-45）

　　将垃圾堆体塑造成模拟自然山体的有机形态并不是填埋技术的必要
条件。在填埋运行期间就有意识地培植树木，使之与河谷森林相衔接，
也不是垃圾场封场改造对绿化种植的要求。慕尼黑北部垃圾山与其说是
一个艺术化了的垃圾场，不如说垃圾堆填的过程本身就是塑造自然景观
的艺术过程。如果说纽约清泉溪的案例说明填埋过程形成的人工工程地
形可以作为抚育自然生态过程的空间基础，那么慕尼黑北部垃圾山的案
例则说明，垃圾填埋的工程操作未必只能形成工程地形，生活垃圾的堆
填也可以模拟自然山体，也可以创造模拟自然的景观。

　　德国慕尼黑北部浮略特马宁垃圾山的案例提供了非常宝贵的经验，
展现了将垃圾填埋场消纳垃圾的运行过程转化为堆筑人工山体模拟自然
景观的过程（图5-46）。通过鲁傲夫的景观设计理念在场地上近40年的
作用结果，可以总结出以下经验：

　　（1）景观改造的设计理念不仅可以在填埋场封场阶段发挥作用，
还可以影响填埋场运行的全过程。

（图5-46）

设计思维下的设计研究：
理论探索与案例实证

（2）风景园林中筑山、堆山、叠石而模拟自然山势、塑造空间的设计理论也同样可以在垃圾填埋场的实践中发挥作用。

（3）现有的垃圾填埋技术可以有效地支持从造景需要出发对填埋场进行的景观改造。

（4）作为生物反应器组件的填埋场封场覆盖层有可能支持林地的生长而且可以成为当地自然植物群落健康发展的生境基础。

5.3.4　观察与反思

通过对国外填埋场景观改造案例的研究，可以对景观改造的内涵有所了解。在我国现有的填埋场建设、运行和封场改造及土地再利用框架中，景观改造的作用主要体现在填埋场生命周期的末端，即封场改造和土地再利用的阶段，尤其是在场地再利用阶段。景观改造不仅是完善填埋场结构、保证填埋场功能的覆盖层辅助绿化，还可以起到引导生态系统发育、启动生态环境改造进程的作用。国外利用垃圾场进行公园建设的相关案例显示，工程化的垃圾堆体是具有美学价值的大型人工构筑物，垃圾填埋场的治理改造不仅要重视改造结果，还应重视改造的过程，尤其是蕴含在景观改造过程中的生态过程。

德国慕尼黑北部垃圾山的案例提供了一个与本书不同的填埋场治理框架，可以称其为垃圾填埋场景观改造的"慕尼黑模式"（图5-47）。在这种框架下，垃圾填埋场的景观改造在填埋场运行过程中，甚至在填埋场建设之前就已经被设定为重要的目标，整个填埋场建设运行过程就是逐渐实现景观改造目标的过程。这种经验在现有的规划技术，以及环境卫生和环保技术条件下并非不可复制，然而比重复该方法更为重要的是理解和学习设计师对垃圾、工程技术和自然环境三者关系的基本认识和观点，即垃圾不仅是废弃物也可以作为人工山体的构筑材料；填埋技术形成的工程结果有多种可能性，其中也包括模拟自然山体形态的人工山体；自然生态环境的保护和再造是垃圾填埋治理的最终目的。

图5-45　西北填埋场现状
图5-46　浮略特马宁格垃圾山现状
（图片来源：刘彦廷 摄）

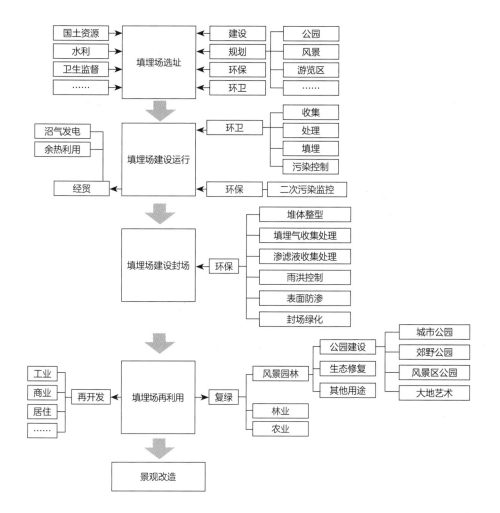

（图5-47）

以上部分是对既有设计经验的归纳，属于设计师式认知周期的归纳半圈。对国外相关经验的分析和总结形成了本书认识北京市周边非正规垃圾填埋场景观改造设计的知识背景和观念态度。通过对以上案例的研究本书认为，垃圾填埋场的景观改造不仅是环境保护工程的终点，更是场地生态恢复和景观重塑的起点，景观改造对场地环境的未来发展具有重要意义，填埋场的运行治理应该将景观改造作为重要目标之一。在景观改造的生态过程中，填埋场自身的工程特点与生态过程并不矛盾，相反可以成为承载生态过程的物质载体，从而体现美学价值。在对北京市周边非正规垃圾填埋场景观改造的问题进行判断时，以上认识将作为重要的参照及比较的标准。

5.4 认知周期的演绎过程：设计方法的理论假设

5.4.1 设计问题：北京市非正规垃圾填埋场的治理

为了进一步界定北京市周边非正规垃圾填埋场景观改造的具体问题，本书将集中考察北京市非正规垃圾填埋场治理的现状，并结合案例研究形成的结论，提出景观改造的理论假设。对北京市非正规垃圾填埋场现状的研究主要从类型与规模、治理措施，以及主要治理技术等方面分别说明。

1．非正规垃圾填埋场的类型与规模

按照城市周边自然地理特征选择，堆放场址一般分为海岸、河流滩涂，封闭山谷，采石取土（砂）坑等。北京市周边的非正规垃圾填埋场根据垃圾堆放场址的类型据此可以大致分为水系岸边型，沟谷型和平原型。

平原型非正规垃圾填埋场是北京市周边最为主要的非正规垃圾填埋场类型。这主要由北京市自然地理特点决定。北京地处平原，西、北、东三面环山，东南开敞面向渤海。城市集中发展的区域主要处于平原地带。因此紧密围绕城市发展而出现的非正规垃圾填埋场也主要位于平原地带。其次得益于水资源保护措施。北京境内的水系周围由于管理措施的作用而较少出现非正规垃圾填埋场，因此水系岸边型非正规垃圾填埋场数量相对平原型的较少。另外，由于山地区域城市发展较平原区域相对落后，加上交通转运条件不利，山地沟谷型非正规垃圾填埋场的数量也较少。

不同自然环境下的垃圾堆场产生的污染特征和污染程度有所不同。平原型堆场多在原有的采石矿坑和采砂取土坑的基础上形成，由于缺乏防渗措施和封场覆盖措施，垃圾堆体产生的渗滤液和填埋气体等有害物质会在周边土壤及地下水中扩散，对地表农作物和地下水源造成污染。而岸边型非正规垃圾填埋场则主要通过地表水体对水源、水产，以及航道造成威胁。由于堆体与地下水及临近的河道直接接触，其产生的渗滤液往往造成更加严重的危害。沟谷型非正规垃圾填埋场由于所处环境相对而言更为封闭，其污染物扩散范围和危害程度较前两类非正规垃圾填埋场都更为有限，因此对环境的威胁较轻。

本书第1章已对北京市非正规垃圾填埋场的分布，以及其对环境造成的污染威胁进行了论述。一般非正规垃圾填埋场的填埋时间越短，填埋容量越大，渗滤液、填埋气体等有害物的危害就越严重。因此填埋场个体的规模，即占地面积和填埋容量决定了填埋场对周围环境的影响程度，也直接关系到治理措施的选择和实施。

根据2009年对北运河沿线区域分布的非正规垃圾填埋场进行的不完全统计，北京市各区非正规垃圾填埋场的规模情况略有差别。顺义区存在非正规垃圾填埋场95处，占地面积共计约50.2万m^2，垃圾储量共计约74.6万m^3，填埋场个体平均占地面积0.5万m^2，储量0.8万m^3。垃圾存量最大的非正规垃圾填埋场位于顺义区赵全营镇赵全营村，占地面积7.5万m^2，存量11.37万m^3，平均埋深1.5m。

通州区存在非正规垃圾填埋场51处，占地面积共计约20.4万m²，垃圾存量约77.9万m³。非正规垃圾填埋场单体平均占地0.9万m²，存量6万m³。其中规模最大的是爽埠头村北垃圾填埋场，该地点占地约3万m²，埋深达6.8m，垃圾存量20.5万m³。

昌平区存在非正规垃圾填埋场55处，共占地35.2万m²，垃圾存量131.3万m³。单体平均占地0.6万m²，垃圾存量2.4万m³。丰台区存有29处，共计占地512.5万m²，垃圾存量1374.3万m³。单体平均占地20.2万m²，垃圾存量68.2万m³。大兴区存有46处，占地面积共约198.7万m²，垃圾存量466.5万m³。单体平均占地面积4.3万m²，垃圾存量10.6万m³。朝阳区存有72处，共占地162.8万m²，垃圾存量526.5万m³，个体平均占地面积为2.2万m²，平均垃圾存量为10.3万m³。海淀区存有非正规垃圾填埋场63处，共占地59.4万m²，垃圾存量共计442.8万m³，单体平均占地面积1.3万m²，平均垃圾存量为5.7万m³。

以上数据虽不能全面覆盖现存的所有非正规垃圾填埋场，但是通过它们所反映的信息，人们可以对北京非正规垃圾填埋场规模的大致情况有所了解。将以上各区数据汇总加以平均，可以得到非正规垃圾填埋场的单体平均规模，面积为4.3万m²，垃圾存量14.9万m³。参考垃圾填埋场建设规模分类标准，I类总容量为1200万m³以上，II类总容量为500万～1200万m³，III类总容量为200万～500万m³，IV类总容量为100万～200万m³。非正规垃圾填埋场的规模都较小，一般在IV类以下。这一数据的获得可以为选取典型场地开展实例研究提供参考。

2. 治理措施概述

针对非正规垃圾填埋场，按照治理目的的不同，可以分为修复治理和环保治理。在美国及其他发达国家，采取卫生填埋技术处理垃圾已经有数十年的历史，近几十年来建设的都是卫生填埋场，而数十年前的非正规垃圾填埋场很大一部分已经基本完成了稳定化。对这样的非正规垃圾填埋场，主要是针对未实现稳定化的部分进行搬迁治理，而对已经实现稳定化的部分进行生态恢复和植被修复，以及其他的土地利用。这种旨在恢复生态环境，对土地资源重新加以利用的治理措施属于修复治理。

而在发展中国家，卫生填埋技术尚未完全普及，存在的主要是大量的非正规垃圾填埋场。以北京为例，卫生填埋场的引入和建设从20世纪90年代中后期才普遍展开，最长时间还不到20年。城市生活垃圾的消纳很大程度上仍在依赖非正规垃圾填埋场。大量非正规垃圾填埋场给城市环境造成了危害，因此需要尽快展开治理。这种旨在清除污染源，消除污染危害，防止污染扩散的抢救性治理措施属于环保治理。

对于非正规垃圾填埋场的环境保护治理而言，主要的治理策略根据采取的技术方法可以分为两类：一类是垃圾异地搬迁，一类是填埋场原位处理。采取异地搬迁措施需要满足的条件是，首先非正规垃圾填埋场规模较小，一般要求规模在50万～80万t以下；第二，有符合标准的处置场，可以接收消纳搬迁的垃圾；第三，有距离较短且合理的运输路线，可以有效防止或最大限度减少搬运过程中的二次污染。北京市非正规垃圾填埋场单体规模不大，根据前述数据，其平均垃圾容量在15万m³左右，符合垃圾搬迁处理的规模要求。而且随着大型卫生填埋场的建设和运行管理的成熟，也具备了消纳搬迁垃圾的处置条件。最为重要的是，现有非正规垃圾填埋场造成的环境危害已经越来越明显地体现出来，亟待尽早处理。目前北京针对非正规垃圾填埋场所采取的措施主要是进行异地搬迁，然而搬迁处置并非处理非正规垃圾填埋场的唯一方法，也不是最佳的方法。采取异地搬迁的方法而不是垃圾稳定化的方式，往往治理不彻底，仍留有隐患。由于缺乏搬迁之后对原场地的长期监测制度和技术措施，搬迁处置之后未能彻底清除的污染物由于不为人所知，甚至比搬迁之前造成的危害更大。

与异地搬迁相对应的是原位处理措施。目前原位处理的对象主要针对规模超过50万～80万t，符合现行标准规定、适合作为垃圾填埋场选址的，或环境敏感、不适宜进行搬迁的非正规垃圾填埋场。

由于非正规垃圾填埋场的垃圾不具备提取甲烷进行能源化利用的条件，因此只能加速其稳定化，争取在最短时间内实现生物降解和堆体稳定化，从而降低环境污染，使得土地资源得以重新利用。实现此治理目标须采用生物反应器填埋技术。非正规垃圾填埋场的生物反应器治理技术是在正规的垃圾卫生填埋场生物反应器技术的基础上发展起来的。生活垃圾生物反应器填埋技术根据不同的填埋工艺可以分为三种技术：好氧型、厌氧型，以及准好氧型。

3．主要治理技术介绍

针对非正规垃圾填埋场所进行的垃圾异位搬迁处理技术、原位搬迁处理技术，以及好氧型垃圾填埋技术、厌氧型垃圾填埋技术和准好氧型垃圾填埋等技术，在北京市针对非正规垃圾填埋场所进行的治理行动中都有所运用。以下就相关治理技术的原理进行概述，并对北京市的相关案例进行研究。

（1）垃圾异位搬迁治理技术

根据是否对非正规垃圾填埋场中垃圾物料进行处理，可以将非正规垃圾填埋场的搬迁方式分为整体搬迁和处理后搬迁两种类型。

整体搬迁不考虑非正规垃圾填埋场的垃圾成分和利用等因素，只是将其中的垃圾全部开挖，然后由专用运输工具，运输到新的垃圾卫生填埋场进行填埋。整体搬迁的优点是方便、快捷、工期短、投资额较低。其缺点是未考虑已经填埋垃圾的综合利用，较大地增加了受纳场的负荷，浪费了其中的部分有用资源，综合经济成本较高。

处理后搬迁是根据垃圾的实际情况，对其采取相应处理措施，如进行筛分处理，其中粒度较大且热值较高的垃圾可用于垃圾焚烧发电，粒度较小、有机质较高部分可用作堆肥，无利用价值部分送至卫生填埋场填埋。处理后搬迁的优点是考虑了垃圾的资源可利用性，充分对可利用部分进行分选利用，提高了垃圾的经济价值，减轻了受纳场的负荷。其缺点是工程量较大，投资额较高，在处理过程中可能对环境产生不利影响，需加以控制。

异地搬迁的优点是有用垃圾成分得到了充分的资源化利用，运输到垃圾卫生填埋场的垃圾数量大大降低，减轻了其受纳负荷，原场地经过评估后，可经简单治理后用作商业用途，真正发挥了土地的资源利用价值。其缺点是加大了运输成本，全部垃圾搬迁结束后，还可能需要对其土地进一步治理。

在北京市非正规垃圾填埋场的治理中，异地搬迁是最为普遍的治理技术方法。例如在

2000年，通州区梨园镇大稿村集中清理一座占地10hm²、堆高13m、存放垃圾总量达65万t的非正规垃圾填埋场。这次治理采取的就是对65万t生活垃圾实施异地搬迁的方法，所清理垃圾迁至北神树卫生垃圾填埋场，重新实施无害化卫生填埋。这种清理方法对原垃圾堆放场地周围居民而言见效最快，消除可见影响最为迅速，因而获得了周围居民的大力支持。

（2）垃圾填埋场原位搬迁处理技术

原地搬迁也可称之为原场搬迁。即非正规垃圾填埋场中的垃圾，经过筛分或其他方式处理后，无直接利用价值的垃圾成分仍在原垃圾填埋场进行填埋处理。此时原垃圾填埋场需改造成垃圾卫生填埋场，垃圾重新填埋应符合垃圾卫生填埋场的填埋标准。原地搬迁的优点是大大缩短运输距离，降低运输成本，减少了垃圾的重新填埋量，有用垃圾成分得到了充分的资源利用，改造后的垃圾卫生填埋场还可以接纳更多的生活垃圾。其缺点是需要对原非正规垃圾填埋场进行改造，增加了垃圾填埋场的建设成本。

在北京市垃圾非正规垃圾填埋场的治理中，原位搬迁的办法适用于规模较大、填埋时间较长且填埋场地的地址水文条件和周边环境符合卫生填埋场建设标准的大型非正规垃圾填埋场，如北天堂垃圾填埋场。

北天堂非正规垃圾填埋场位于北京市丰台区永定河床以东1500m，北天堂村以东150～1200m的铁道圈附近（图5-48）。该地区地理位置敏感，紧邻南水北调工程及铁道沿线，实施南水北调进京后，北京市地下水资源将得到涵养，地下水的水位将逐步回升。地下水水位回升后，非正规垃圾填埋场会受到地下水不同程度的浸泡，从而产生大量的浸出液体，浸出液体中的污染物质进入含水层后，会对附近的地下水造成污染，同时在大气降水入渗作用下，没有任何防护措施的非正规垃圾填埋场淋沥渗出液体，将加大对地下水污染的可能性（刘竞，2009）。

（图5-48）

北天堂非正规垃圾填埋场由3个填埋区组成，陈腐垃圾总量约460万m³，将分三期治理，一期将处理垃圾填埋场一区陈腐垃圾172.59万m³。填埋一区占地约17hm²，填埋服务年限从1988年3月至1997年10月。

北天堂非正规垃圾填埋场一区陈腐垃圾综合治理工程中治理陈腐垃圾172.59万m³，治理过程中采用筛分技术。在筛分过程中，陈腐垃圾按物料利用类别分类，其中可燃物用于焚烧发电，腐殖土用于绿化种植，砖瓦类垃圾经回收再利用处理后用于制砖，仅剩5%不宜利用的物料最终填埋。治理后，陈腐垃圾无害化率达100%，减量化率达95%以上，再利用率达95%，资源化率达90%以上（图5-49）。

北天堂非正规垃圾填埋场经过现场搬迁处理后，陈腐垃圾得以分拣再利用，垃圾减量率达到95%。经过场地处理后填埋场形成了足够的容量，被改造为北天堂垃圾卫生填埋场（图5-50、图5-51）。

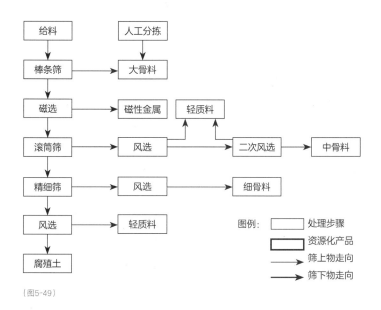

（图5-49）

（图5-50）

（图5-51）

图5-48　北天堂垃圾填埋场平面示意图
图5-49　北天堂非正规垃圾填埋场陈腐垃圾综合治理工程工艺流程图
图5-50　天堂垃圾场分选设备安装
图5-51　北天堂垃圾场陈腐垃圾资源化产品

（3）好氧型生物反应器填埋技术

好氧型生物反应器填埋技术的主要特点是可以提供优化的好氧菌反应条件，并加速生活垃圾的降解。好氧菌是需要氧气进行细胞呼吸的有机体。垃圾降解过程中的好氧反应需要消耗大量的氧气以及水，会产生二氧化碳和大量的代谢热。在条件适宜的情况下，好氧反应的速度比较快。好氧生物反应器填埋技术旨在通过可控的方式向填埋场输入渗滤液、其他液体，以及空气等场内垃圾生物降解所需的条件，从而为好氧反应创造适宜的条件。研究表明，采用好氧生物反应填埋器技术的填埋场，生活垃圾达到稳定的时间在2~4年，温室气体可以减少50%~90%。由于需要强制通风供氧、渗滤液回灌，以及其他内容的控制，因而设备条件和管理要求比一般填埋场高，而且单位时间内运行费用很高。但是采用好氧填埋技术后，生物降解反应速度加快，运行维护时间缩短，所以总的运行维护费用与传统卫生填埋技术相比相差并不大。

在北京市非正规垃圾填埋场改造项目中，已经完成的石景山区黑石头垃圾消纳场改造工程采用的便是原位好氧生物反应器填埋技术。黑石头垃圾消纳场形成于1989年，位于石景山区五里坨北部，潭峪公路东侧山谷中，属于山谷型垃圾填埋场。其占地面积约14万m^2,填埋年限为14年，填埋物主要是生活垃圾，局部为建筑渣土。填埋深度10m，填埋量约140万m^3,200万t。由于历史原因，整个填埋区没有设置填埋气导出系统，也没有建设垃圾渗滤液收集处理系统，垃圾表层没有隔水层，由此给当地的大气环境和地下水、地表水都造成了污染，也给当地居民的生活和人身财产安全，以及黑陈公路、附近林区也构成了严重隐患。

经过可行性论证和规划设计方案审批，为了有效控制有害气体的产生并防止进一步污染地下水，同时考虑形成良好的社会效益，大大缩短土地恢复使用所需的时间，黑石头垃圾消纳场最终采取了好氧型垃圾填埋治理技术，成为此技术在非正规垃圾填埋场治理中的示范项目。黑石头垃圾消纳场环保治理工程于2006年12月26日开工建设，共建有用于氧气输送、渗滤液回灌等功能的回灌井219口，铺设安装管道近2万米。从2009年12月开始正式治理运行，经过近两年的运行便取得了明显的治理效果，约200万吨陈腐垃圾降解完毕。2011年8月，经专家组一致同意验收合格。

抽气/送气（SVE/AI）系统是黑石头垃圾消纳场环保治理工程的关键设备。该系统由SVE抽气风机、AI注气风机和控制系统等主要设备及多功能换向阀、气水分离器等辅助设备组成（图5-52、图53）。SVE抽气风机通过与之连接的管路系统通过抽气井将填埋气体经气水分离器、生物过滤器分离过滤后排出。运行过程中，抽气井根据实际情况转换功能，即抽气井可以用作注气井，注气井也可以用作抽气井。功能的转换由多功能换向阀组完成。系统的运行由控制系统完成。场地上安装的压力、湿度、温度、气体检测等感应装置向控制系统提供各项参数，控制系统可以根据进出口压力、温度、湿度、气体含量等参数进行抽气和注气的控制调节（图5-54）。可见，好氧型生物反应器填埋技术的应用需要更加多样和复杂的设备支持。不仅如此，由于填埋场中蕴含爆炸性气体和腐蚀性气体，所以各个设备和整个系统都有防爆和防腐蚀的要求。如风机采用的就是铝合金叶轮，具有防爆、耐酸、适合野外连续工作等特点。

（图5-52）

（图5-53）

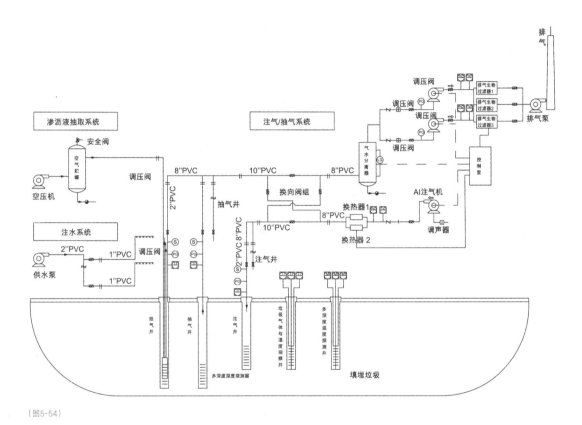
（图5-54）

（4）厌氧型生物反应器填埋技术

厌氧生物反应器填埋技术的主要作用是提供优化的厌氧菌反应条件，以加速生活垃圾的降解。生活垃圾降解时发生的厌氧反应过程中，厌氧菌将垃圾中的有机物质转化为有机酸，最终生成甲烷和二氧化碳。厌氧反应是生活垃圾降解的基本反应过程，几乎发生于所有的垃圾填埋

图5-52 黑石头填埋场填埋气燃烧设备
图5-53 黑石头填埋场注气/抽气系统
图5-54 黑石头垃圾消纳场环保治理工程系统工艺图

场中。水分在厌氧生物反应器填埋场中是影响反应速度的重要因素。通过控制填埋体中的水分含量，可以控制降解过程的反应速度和反应过程产生的填埋气的成分。

传统的厌氧型生物反应器填埋技术仅有简单的工程设施，没有防渗和卫生措施，不符合卫生填埋标准，因而是早期比较原始的填埋方式。为了加速填埋垃圾降解和稳定，减轻渗滤液有机污染强度，厌氧生物反应器填埋技术逐渐发展，形成了向垃圾填埋体内部回灌渗滤液，并注入其他液体的技术，这样可以保持填埋场内发生厌氧反应的最佳湿度条件。为了避免由降雨对垃圾堆体的淋溶而造成渗滤液增加，厌氧生物反应器的治理往往特别强调对垃圾堆体的封场覆盖。

北京非正规垃圾填埋场治理早期，对为数不少的小型非正规填埋场采用了就地掩埋的清理措施。这些清理措施所依据的便是厌氧生物反应器技术作用下有机垃圾降解的原理。然而这种治理虽操作简单、经济、见效快，但并不能保证完全消除非正规垃圾填埋场造成的污染隐患。此后，厌氧生物反应器填埋技术经过发展具备了加速填埋垃圾降解和稳定，减轻渗滤液有机污染强度，运行维护简便、费用低廉的优点。尽管如此，作为非正规垃圾填埋场的治理措施，采用厌氧生物反应器填埋技术仍然必须面对一些不利方面，例如垃圾达到稳定化时间较长，一般为4～10年，甲烷气体产生量较高，而且渗滤液氨氮浓度长期偏高，不利于渗滤液生物处理等。

（5）准好氧型生物反应器填埋技术

准好氧型生物反应器填埋技术利用垃圾填埋体内部发生有机物降解反应而形成高温环境的条件，通过填埋体内外温差产生热对流而造成的空气流动动力将堆体外空气引入堆体内，并在堆体内部形成优化的准好氧反应环境（图5-55）。在准好氧型生物反应器中，上层较新填埋的垃圾发生好氧反应可以减少厌氧条件下有机酸对垃圾气体甲烷化的不利影响，下层垃圾仍按厌氧方式运行。

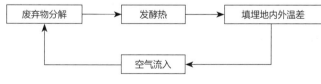

（图5-55）

图5-55 准好氧填埋技术原理示意图

采用准好氧生物反应器填埋技术垃圾填埋堆体达到稳定所需的时间介于好氧型生物反应器填埋技术和厌氧型生物反应器填埋技术之间。如果采用与厌氧型生物反应器技术相同的渗滤液收集回灌技术，则可以加速填埋体的稳定，缩短稳定化所需的时间。引入渗滤液回灌技术的准好氧型生物反应器填埋技术即循环式准好氧填埋技术。通过循环回灌，渗滤液反复经过好氧和厌氧区，可以发生硝化反应使渗滤液中的氨转化成硝酸盐。含有兼氧菌的微生物可以在缺氧条件下通过硝酸盐呼吸，该过程称为反硝化过程，能导致氮气产生，从而有效地从系统中除氮。这样可促进硝化反硝化的脱氮反应，也就是说在去除有机成分的同时，氮成分也能得到很好的消除。因此采取循环式准好氧填埋技术，不仅可以最大限度地利用废弃物层原有的净化能力，在填埋场内部净化渗滤液，还可以通过渗滤液的循环回灌促进硝化反硝化的脱氮反应，在去除有机成分的同时，也能很好的消除氮成分。

循环式准好氧填埋方法对机械和设备方面的技术要求不高，可以促进填埋堆体内有机物的分解，降低垃圾渗滤液COD浓度，同时抑制沼气的产生，有利于减少温室气体排放，而且可以加速垃圾堆体的稳定，使垃圾堆体所占据的场地尽早达到再利用的条件。另外，该方法成本低廉、施工简单，且选料范围广，可以因地制宜采用各种材料。最后，它的建设和维护管理方便，对渗滤液水质长期监控的操作也易于实施。

北京市非正规垃圾填埋场治理采用准好氧填埋技术的案例尚且不多，现已完成的案例中，南海子公园的建设就采用了这种技术。南海子公园选址所在地区原有干涸的坑塘，多年非正规垃圾填埋过后，这些干涸的坑塘已经被垃圾填平，积累的垃圾污染了土壤和地下水水质。为确保公园建设过程不造成二次污染，并做到垃圾处理不出园，治理工程采取了"挖掘垃圾筛分+准好氧填埋+景观化封场"的工艺路线。

这项工艺路线的核心是准好氧填埋。准好氧填埋技术可将堆体外空气引入堆体内，并在内部形成准好氧环境，从而大幅降低甲烷等可燃气体的含量，同时加速有机质生化反应速率，缩短垃圾稳定化时间。

在进行准好氧填埋之前，工程首先开挖陈腐垃圾对其进行了分选预处理，经鉴别确认重金属未超出标准后，分选产物中的50mm筛下物用作植被种植所需的营养土。筛上物由于颗粒大可增加孔隙率，加强堆体内空气流通效果，而被送入填埋区做填埋处置。

此项填埋场改造工程在采用准好氧填埋技术时，首先采取隔离措施将开挖的陈腐垃圾与周围环境隔绝，并将受污染土壤作为堆体顶部覆盖用土，置于隔离层之上，彻底控制了垃圾对土壤和地下水的进一步污染。此外，工程改良了填埋场底部渗滤液导排系统的设计。设计人员在填埋场底部设置由石块和带孔的管子组成的渗滤液收集导排管，并且使排气管与渗滤液收集管相通，这样可以减少垃圾渗滤液排出填埋场场区所需的时间，使排气、进气形成循环，在填埋场地表层、集水管和排气设施附近形成好氧状态。管道系统在防止渗滤液渗透到填埋场地基的同时，通过自然换气，可以使空气由集排水管进入填埋场内部，从而促进垃圾的好氧分解，尽可能在集水过程中净化渗滤液（图5-56）。同时，GCL（膨润土垫）为主的防渗结构被用于填埋堆体表面的覆盖层。这种结构可以控制降水大量深入堆体内部，既保证了填埋物的适宜反应湿度，又避免了渗滤液的积累。工程完成后采用无动力的自然通风实现堆体供氧，无须专业人员维护管理。

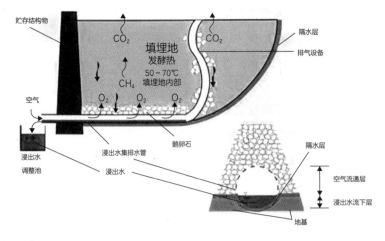

贮存结构物

填埋地
发酵热
50～70℃
填埋地内部

CO_2

CO_2

隔水层

排气设备

空气

CH_4

O_2 O_2 O_2

浸出水
调整池

浸出水集水排水管

鹅卵石

浸出水

隔水层

空气流通层

浸出水流下层

地基

（图5-56）

　　北京南海子公园非正规垃圾填埋场环保治理工程是北京市近来应用准好氧填埋技术实现非正规垃圾填埋场无害化和资源化治理的典型案例，其采用的准好氧填埋技术可以大规模地应用于非正规垃圾填埋场改造实践，具有典型的示范意义。

　　三种生物反应器技术对北京非正规垃圾填埋场的改造而言各有优缺点。好氧型生物反应器填埋技术具有污染物产生量低、降解反应速度快、堆体稳定所需时间短、有利于场地再利用等特点。但同时也具有所需的一次性治理投入较高、设施装备复杂、运行管理要求高等特点，这些特点用于数量庞大、规模较小的非正规垃圾填埋场则显得经济性不足。厌氧型生物反应器填埋技术所需的投入，设备和管理条件相对较低，但形成的渗滤液和沼气量较大，堆体稳定所需的时间长，最终治理效果见效较慢。准好氧型生物反应器填埋技术的应用一次性投入较少，设施装备和运行管理的成本较低，治理效果理想，适合在经济条件相对落后的地区应用。如果提升建设成本，结合渗滤液回灌技术形成循环式准好氧填埋技术，则可以大大加快堆体稳定化的速度，缩短治理时间。

5.4.2　反思：北京市周边非正规垃圾填埋场治理的不足

1．异地搬迁与长期监测

　　北京市针对市区周边的非正规垃圾填埋场的清理整治工作以高强度、大投入式的集中行动为主，缺少长期监测管理体制。针对北京市周边的非正规垃圾场，北京市政府分别在20世纪80年代末和2005年左右，数次采取集中清理整治工作。这些清理工作都是对非常严重的环境

图5-56　准好氧填埋场底部渗滤液导排系统结构示意图

卫生威胁做出的应急反应。在以往的清理整治工作中，由于环境保护技术发展水平和管理观念的限制，为数不少的治理工作采取的是地表垃圾简易填埋的方法。简易填埋的垃圾虽然可以被看作受控的垃圾填埋场，但是仍然难以完全达到环境保护的标准，尤其缺少针对污染物积累和扩散的长期检测，难以准确掌握治理的实际效果。

北京市政府多次开展集中清理行动，说明一次集中清理无法彻底解决非正规垃圾场反复出现的问题。这种环境威胁反复出现的现象一方面由监督管理体制的漏洞所造成，另一方面也由生活垃圾卫生填埋场处理能力的缺口所造成。由于市政设施无法完全消纳城市垃圾产生量，市场条件便催生了非正规垃圾收储、转运、消纳体系的自发形成。这种非正规的垃圾处理渠道虽然弥补了正规市政环卫设施处理能力的不足，但是由于缺少有效的监督管理体系，它们也对城市周边的卫生和生态环境造成了严重的破坏和威胁。市政部门组织的集中清理整治工作，只能处理这种非正规垃圾处理渠道产生的最终结果，却未能建立起防止非正规垃圾场出现的有效监督和管理体系，因而不能从根本上斩断非正规垃圾场产生的内在机制。

对北京市非正规垃圾填埋场平均规模的不完全统计显示，非正规垃圾填埋场一般为IV级以下的较小规模，符合异地搬迁的条件。因此近年来，非正规垃圾填埋场治理采用异地搬迁为主要治理手段。然而一般的异地搬迁治理工程在进行非正规垃圾填埋场的治理时过度强调治理的状态效果，以场地上垃圾堆放痕迹的最终消灭为目标，忽视治理过后场地上的土壤、空气、水分所需要的长期恢复过程，通常只针对工程结束当时的治理结果进行环境评价，并将评价结果作为评判治理效果的最终依据，而缺乏对场地动态的长期定点监测。这种治理措施可以带来立竿见影的治理效果，但是难以使当地群众意识到场地上可能长期存在的未知隐患。在对场地潜在隐患不知情的情况下开展的再利用，例如粮食、瓜果的种植，可能带来更为严重的危害。

此外，非正规垃圾场异地搬迁的前后强烈反差有可能给当地群众带来"随意处理垃圾造成环境破坏的影响可以被轻易消除"这样的错误意识，不利于环境保护意识的树立，也无益于有序消纳生活垃圾、保护自然生态环境习惯的形成。错误的意识还可能阻碍将来有可能推行的收缴垃圾费等垃圾减量化管理政策。

可见，填埋场异地搬迁是可以迅速改善卫生环境，形成满意治理结果的方法，但需要补充场地环境影响的长期定点监测，也有必要向当地群众加强治理过程的宣传和介绍，或在治理过程中鼓励群众参与。

2．场地改造与场地再利用

前文述及填埋场改造后土地再利用的两种方式：一种是场地的再开发，一种是场地的复绿，它们事实上对应着不同的受污染土地开发利用模式。

模式一是政府出让土地前进行污染治理，然后由开发商进行开发建设。在这种模式下，土地局收储受污染土地并将其移交用地中心。土地局出资对污染进行治理，污染治理的成本计入土地成本，造成土地价格一定程度的上升。开发商获得用地权利之后进行开发建设，形成商品房。最终治理污染的成本反映在商品房的房价上。

模式二是政府以较低价格出让土地，开发商根据行政要求负责污染治理。在这种模式下，土地局收储土地后会委托相关资质单位对土地进行评估，评估内容中包括土地污染治理匡算。评估报告交环保局批复后，土地局不进行治理，而是附上评估报告、环保局批复和匡算结果直接挂牌交易。认购者根据土地情况和以上内容进行权衡并决定是否购买。这种情况下，事实上土地治理的成本最终也体现在开发产品的价格上。

模式三是政府通过成立项目管理委员会成为项目的业主和开发方，自行投入资金对污染土地进行治理。一般这种项目都是服务于市民福祉的公共项目。

模式一和模式二都是通过土地收储和交易的过程消化污染治理成本的方法。在这种方法下，开发商必须负责承担土地污染的治理成本。这就导致在该模式下，土地治理成本的快速回收成为影响具体治理措施相关决策的关键因素。

快速回收成本的最有效策略就是缩短土地治理周期。这一事实导致了污染治理过程与土地再利用过程的割裂。也就是说，土地治理的过程往往不考虑再利用的规划设计目标，以快速彻底消灭污染影响为首要目标。完成污染清理工作后的土地被视为完全正常的土地，采取与其他开发项目完全没有差别的方法加以开发建设，土地污染治理与开发建设事实上成为互不发生关系的两个过程。这种土地污染治理与开发建设相割裂的模式，一方面会造成治理成本的大幅度提高，另一方面则会形成如上文所述的长期环境影响监测的缺失。除此之外，这种治理开发模式之所以可以不顾成本，实施高强度、大投入的集中治理，是因为治理的成本最终都转嫁到开发产品的消费者身上，实施污染治理的开发商并不需要担心治理成本的问题。这样的模式虽然可以提高政府的财政收入，实现开发商的商业目的，但是有违"谁污染谁治理"的公平原则，无益于养成环境保护的公众参与意识，也不利于杜绝非正规垃圾填埋场的不断产生。

模式三是由政府主导，以公众的健康与环境卫生安全为主要目标的治理，治理的根本动因受经济利益驱使较少，能够最大限度地保障群众的公共利益。从非正规垃圾填埋场自身特点和治理成本、社会效益等因素考虑，它都是更有力的治理模式。在北京市非正规垃圾填埋场改造中，这种模式的污染治理在数次大型集中治理进程中都发挥了重要作用。然而该模式下，在具体的治理措施与场地再利用方法上，仍然存在治理过程与再利用过程脱节的现象，这主要是由管理意识和部门协调的问题造成的。其形成的不利方面与模式一和模式二中治理与再利用分裂造成的不利后果是一样的。但是在模式三下，由于不存在快速回收成本的要求，这种矛盾更容易得到解决。

3．场地再利用与景观改造

非正规垃圾填埋场改造之后的复绿场地多通过上述"模式三"形成。从现有的复绿成果看，场地的最终形态出现两个极端：一种是保持填埋场封场形态与市民隔离，另一种是完全消除填埋场原有的形态向公众开放的公园绿地。

第一种情况多出现于新封场的垃圾填埋场，填埋体内部仍然存在比较激烈的生化反应进程，或是缺少填埋气、渗滤液等危害物质的有效控制，容易出现安全隐患，不适合作为公园或其他公共开放空间利用。决定这种场地景观的主导因素是场地的填埋体地形和表面隔离层的绿化。表面绿化种植以保证填埋体垃圾处理的功能性为首要目标，很少考虑游憩需求或园林美感，这种改造的场地虽对控制场地污染影响贡献很大，但在改善环境的景观效果上贡献有限（图5-57、图5-58）。

另一种情况则更为普遍，那就是马上将完成改造的填埋场加以园林化的装饰，以展示优美景观的公园面貌，向公众开放。这种做法虽然以最快的速度向公众展示了场地治理改造前后剧烈的反差效果，对改善环境景观贡献突出，但是却一方面在污染影响的控制效果上令人担忧。另一方面，没有留给场地足够的时间来形成生态恢复的有机过程。改造之后的快速园林化与之前的场地环保控制工程形成了两个彼此割裂的过程。园林建设与地产开发一样缺乏与环保治理进程必要的联系，在环保治理工程完成垃圾污染控制之后，场地马上被当作一般的用地加以设计利用，而且通常被以一种装饰意义远胜过生态恢复意义的设计手法进行控制。无论是地形的处理、园林设施的设计和安装，还是植被的选择和种植，都缺少与垃圾填埋场前身的联系和反应，也缺少对受污染土地生态修复过程现状的尊重和辅助（图5-59、图5-60）。

（图5-57）

（图5-58）

（图5-59）

（图5-60）

图5-57　完成封场改造的北天堂垃圾天埋场填埋一区景观1
图5-58　完成封场改造的北天堂垃圾天埋场填埋一区景观2
图5-59　南海子公园——曾经的垃圾场已经融为公园的一部分
图5-60　南海子公园景观的装饰性意义大于生态修复的意义

（图片来源：图5-59、图5-60均引自http://www.mafengwo.cn/i/741597.html）

这种急于展示改造后优美景观的策略一方面忽视了环境治理和生态修复需要长期时间过程的客观规律；另一方面忽视了居民及使用者所面对的潜在环境威胁。本应让人愉悦和放松心情的优美景观，由于存在难以被察觉的潜在环境威胁，其自身的内在美学价值也同样受到了破坏。

无论是填埋场封场层的简易辅助绿化，还是突出优美风景的装饰性的园林设计方案，都反映出风景园林设计缺少应对此类场地的专门策略。

综上所述，从风景园林学的立场出发进行批判，北京市非正规垃圾填埋场的改造目前主要存在三个方面的问题：第一，陈腐垃圾异地搬迁之后缺少对场地污染隐患的长期定点监测；第二，非正规垃圾填埋场的治理工程与此后的土地再利用过程缺少必要的联系；第三，风景园林设计缺少应对填埋场景观改造的专门策略。

5.4.3 理论设想：模式的变迁与风格的转换

针对上述问题，从风景园林设计的角度出发，可以从理论上提出问题的解决方法。关于应对问题的理论设想主要包括两个方面：第一，将景观改造的目标列入填埋场改造的总体目标，从非正规垃圾填埋场环境治理工程的流程上增强治理工程与场地景观改造的联系。第二，认识环境治理工程内含的特殊技术美学审美价值，接受、利用，并发挥填埋治理工程给场地留下的特殊性状，将景观改造与环境治理相整合。若能通过相关的规划设计实践验证这两个方面的理论设想，就可在此基础上总结风景园林设计应对填埋场景观改造的专门设计策略，并为非正规垃圾填埋场环境治理效果的改善做出贡献。

1. 景观改造的目标列入填埋场改造的总体目标

此项设想的前提是非正规垃圾填埋场改造再利用以场地复绿为目标，以原位修复为手段，而不是为了再开发建设而进行垃圾异地搬迁处理。

从填埋场自身的生化反应规律和稳定性规律看，治理改造后的场地更适宜用于场地复绿，以抚育生态修复过程和提供公共游憩空间。

填埋场在封场改造之后，虽终结了消纳垃圾的功能，但内部的生物降解反应仍需要持续很长时间。自然条件下需要经过二三十年生物降解反应才能最终完成。在这期间需要持续地对降解反应形成的渗滤液、填埋气等产物进行控制，并且定期对地下水、土壤、空气等进行监测。通过应用环境保护工程技术，降解反应产物可以被有效控制，并保证安全。因此对土地再利用而言，影响最大的因素是垃圾堆体的不均匀沉降。

目前，由于管理水平和设施条件等因素的限制，大多数垃圾填埋场消纳的生活垃圾都未进行诸如焚烧、堆肥、高压打包等预处理过程。然而，城市生活垃圾成分复杂，结构稳定性很差，具有非常高的压缩性，因此填埋场在运行期间和封场之后都会产生大幅度的沉降。填埋体的沉降会随着降解过程持续二三十年，甚至更长的时间，其总沉降量为垃圾初始填埋高度的25% ~ 50%。作为一种特殊的介质，垃圾填埋体不同于一般的土壤，其沉降机理非常复杂，主要包括在外力和垃圾填埋物逐层填埋的自重作用下，填埋物的骨架结构重新调整，细小的颗粒被挤入较大的孔隙，孔隙体积被压缩。填埋体内部发生的物理、化学变化及生物降解反应，如腐蚀、发酵以及有机物的厌氧和好氧分解等，引起填埋物中固相物质体积缩减。在这种机理下，填埋体会发生不同阶段的沉降，首先是发生在填埋期的瞬时沉降阶段，然后是起始于施工期开始，载荷稳定后仍将持续，随着孔隙水压力的消散而增长的主固结沉降阶段，最后是包括物理蠕变和生化降解在内的长期沉降阶段（孙洪军，2009）。沉淀总量的一半会在封场后一年左右产生。沉降造成的变化不仅剧烈而且不均匀，也难以预测。因此封场改造后，在填埋堆体的沉降彻底完成之前，无法在曾经的堆体上建设永久性建筑。

填埋堆体的这种沉降稳定性特点决定了以植物和地形为主要因素的场地复绿措施更适合用来主导场地的再利用。场地复绿可以作用于主要服务当地群众的公园，也可以作用于主要面向自然生态系统的生态修复场或生态保护场地。根据前述国外成功经验，作为公园的复绿垃圾场可以建设为城市公园、郊野公园、景观地标和大地艺术作品等。而作为生态修复的场地，则更强调为自然生态系统提供空间构架，依靠自然的恢复能力，发展具有自我更新能力的本地生态系统。

无论是哪一种场地复绿措施，都是以填埋场改造之后形成的空间构架为基础。因此，填埋场改造治理工程的过程可以看作场地复绿过程的一部分。如果在填埋场改造治理之初，便将场地复绿的目标纳入工程整体的目标，就可将改造治理工程与场地复绿过程更加紧密地结合。从这个意义上说，非正规垃圾填埋场的改造治理的意义将不仅是去除污染源，控制污染影响的环境保护工程，更应该被看作改造和重新利用受污染场地，建设绿色空间和恢复生态环境的过程。

因此，本书在此提出填埋场景观改造的理论设想，主张改变非正规填埋场环境改造治理工程的操作流程，并在其框架中增加由风景园林学等其他学科共同参与的景观改造内容。

2．认识并发挥环境治理工程内在的技术美学审美价值

非正规填埋场的改造治理是环境保护技术在地块上的综合应用，技术措施在场地上形成了特殊的景观特征。现有的北京市非正规垃圾填埋场改造治理所采取的技术措施主要有垃圾异位搬迁和原位封场改造两类。

异位搬迁措施的开展所依靠主要技术工具是运输车辆，场地治理后除了施工道路和地磅、车辆养护及洗消设备等与垃圾转运车辆相关的元素外，一般很少留有改造治理的痕迹或是后期的监测检验系统和设备。也就是说，通过异地搬迁技术治理的非正规垃圾填埋场在场地治理改造之后，不管是消纳垃圾形成的环境景观，还是治理场地造成的环境景观都难以再觅其踪。

与此相对的是，采用原位治理技术进行治理的非正规垃圾填埋场，往往由于卫生填埋的规范要求、技术特点和运行条件，而形成特点突出的环境景观。首先无论是哪一种原位治理技术，最终目的都是在场地上建设符合卫生填埋标准的生物反应器，形成这种生物反应器的垃圾堆体自身要满足稳定性的要求，必须符合规范规定的边坡、台地等地形形式。第二，填埋场治理的共同目标是在尽量短的时间内完成有机体降解反应，使堆体达到稳定化的状态，同时尽量避免反应过程中产生的液态和气态污染物向周围环境扩散。为实现这一目标必须在生物反应器上加装一系列分别控制不同过程的系统，如渗滤液导排收集系统、渗滤液处理回灌系统、填埋

气收集利用系统、雨洪排放系统、地下水检测系统等。这些系统的布置安装、运行管理都需要相应的工程技术手段，也必须符合相应的规范要求，因此在规范要求限制下实行的特定工程技术手段也对填埋场改造之后的环境景观造成关键影响，使景观呈现由填埋场技术条件塑造而成的典型特征。第三，原位治理不仅是一项短时间内完成的工程，而且是一个需要至少两年运行时间的持续过程。如果原场地作为新的卫生填埋场消纳更多的生活垃圾，这个过程将更长。继续消纳生活垃圾或加速现有垃圾堆体的稳定化，需要通过管理手段和工程手段等措施对场地进行运行管理，管理的过程和各种手段的介入也是形成垃圾填埋场环境景观特点的过程。

　　垃圾填埋场的特殊景观特点，具有技术美学价值，无异于其他人工构筑物内在的美学价值。当技术美的特点通过地形与植被等要素与环境发生联系，会产生独特的景观效果，甚至生态效果。例如美国清泉溪填埋场曾经是世界上最大的填埋场。在半个多世纪里，人工用垃圾堆筑了巨型构筑体。在没做任何专门整形改造的情况下，巨型构筑体已经成为生态恢复的物质空间基础。再如西班牙曾经最大的垃圾填埋场，拉维琼填埋场（La Vall d'en Joan Landfill）（图5-61）。风景园林师在对它进行封场改造的景观设计时，保留了其山谷型垃圾填埋场的地形特点，以及按照封场技术规范形成的坡度特征，发挥这种工程地形的特点，不仅营造了独具特色的人工山谷台地景观，而且承载了生态恢复的过程。这项改造工程于2008年完成，至今已呈现出明显的生态恢复效果（图5-62～图5-65）。

（图5-61）

（图5-62）

（图5-63）

（图5-64）

（图5-65）

现有经验证明，既然垃圾填埋场治理改造后形成的工程地形可以承载生态恢复的自然过程，那么理论上在北京市非正规垃圾填埋场的改造治理中，也可以从填埋场的功能出发形成工程地形，并在此基础上发挥景观改造的作用，形成独具技术美学特征并支持生态恢复过程的绿色空间。

基于工程地形和环境保护技术基础的景观改造首先具有经济性的优势，填埋场改造治理之后地形和整体空间结构就顺势形成，不必再大规模地为了"模拟自然"的形式而进行大规模的土方工程，节约了工程成本。其次具有安全性的优势，这种形式的景观改造可以避免景观改造设计、建设过程中由于跨专业团队合作交流的不足而造成的污染隐患，即使在目前的改造治理与土地再利用相割裂的现实条件下，也有机会最大限度地实现景观效果，同时保证场地的安全。最后可以丰富场地的文化内涵，场地的历史受到尊重，场地环境变化有迹可循，这种历史和过程可以增强景观设计的寓意，并增强其社会教育的意义。

以上两方面是在分析北京市非正规垃圾填埋场改造治理的现行措施和存在问题的基础上，综合国外成熟经验提出的应对现有问题的理论设想。

图5-61 拉维琼填埋场现状
（图片来源：图5-61～图5-65均引自 http://www.landezine.com/
index.php/2011/01/landscape-restoration-of-landfill-in-vall-
den-joan-by-batlle-i-roig/）
图5-62 地形保留山谷型垃圾填埋场特点
图5-63 景观塑造依托工程地形
图5-64 景观形式反映工程技术要求
图5-65 生态恢复效果显著

10 9 8 7 6

第6章

温州杨府山生活垃圾填埋场景观改造

6.1 研究思路：填埋场景观改造模式变化探索

根据设计师式研究框架，本书对北京市周边非正规垃圾填埋场景观改造理论假设的验证，需要通过设计过程以及对设计过程和设计结果的反思来完成。

为了对本书所提出的改变填埋场景观改造模式加强多专业合作，将景观改造设计作为填埋场治理总体目标的理论假设进行验证，本书选取温州杨府山生活垃圾填埋场封场处置与生态修复工程作为设计研究的载体，通过具体的设计过程和设计结果，研究填埋场景观改造的模式变化。

研究北京市周边非正规垃圾填埋场景观改造的问题却选取温州杨府山生活垃圾填埋场封场处置与生态修复工程作为设计研究的载体是由于该项目具有其他类似项目难以具备的三方面重要条件，将会对北京市周边非正规垃圾填埋场景观改造提供有益参考。

第一，该项改造工程明确以公共绿地的建设为最终目标。对于大型非正规垃圾填埋场而言，在改造之前便确定了公共绿地的未来土地利用性质，无疑为风景园林领域的设计研究提供了有利条件，同时也符合本书提出的将景观改造目标纳入填埋场总体改造目标的理论设想。

第二，该项目为填埋场景观改造设计研究提供了难能可贵的跨专业合作平台。在以往的大多数填埋场环境改造工程中，很少有机会实现环卫工程、环保工程与风景园林的全程深入合作，风景园林的专业贡献通常与环境改造工程相脱节。而此次工程以公园绿地的建设为最终目标，在填埋场封场处置的环境保护要求之外强调了生态恢复的要求，客观上要求多个专业间的共同合作。

第三，该工程距今已有足够长的时间间隔，这一条件为观察和反思设计成果、完善设计研究框架提供了有利条件。对于设计而言，由于填埋堆体自身的特殊性质，填埋场的景观改造需要较长的时间过程才能逐渐完成。对于设计研究而言，观察和反思填埋场景观改造的成果，并从中获得相应的设计知识，无法一蹴而就、需要一定时间的反馈。该项工程从2007年启动至今，已经历了4年的时间，现场的建设已经完成了封场阶段和公园初步建设阶段，最初的设计效果已经初步显现，可满足作为研究对象的条件。

由于以上三个方面条件的存在，温州杨府山生活垃圾填埋场封场改造的设计过程与本书设计研究的总体框架相吻合，可作为北京市非正规垃圾填埋场景观改造设计研究的组成部分。

6.2 项目概况：城市化背景下的填埋场园林化再利用

6.2.1 场地概述

1. 区位及自然条件

杨府山垃圾生活垃圾填埋场位于温州市沿江路东段，在鹿城区杨府山与龙湾区蒲州街道交界处。该垃圾堆埋场东南侧与温州市中心片污水处理厂相邻，东北侧靠近瓯江，西北侧为杨府山涂田工业区和温州22中学，西南侧隔沿江路为杨府山住宅区，距温州市会展中心直线距离2km。

温州市属亚热带海洋性季风气候，温暖湿润、雨量充沛、四季分明。降水量集中在春夏季，以春雨、梅雨、台风雨为主。年平均相对湿度81%，年最小相对湿度3%。填埋场所在区域紧邻瓯江，场地东北方向20m就是江岸，场地西北有河道通向瓯江。瓯江受潮汐影响，洪汛受梅汛、天文潮和台风等控制，如在暴雨、台风和天文大潮三者同时出现时会发生特大高潮位，破坏江岸。但是填埋场所在位置从未受淹，遭遇洪灾的可能性较小。

根据工程勘察资料可知，填埋体所在地区岩土体可主要划分为7个工程地质层：1-1生活垃圾或建筑垃圾、1-2杂填土、2淤泥质黏土、3粉砂、4淤泥质黏土、5含黏性土粉砂、6黏土。其中"4淤泥质黏土"层处于埋深约18m的位置，成为阻隔填埋堆体渗滤液浸入地下水的天然隔水层（图6-1）。

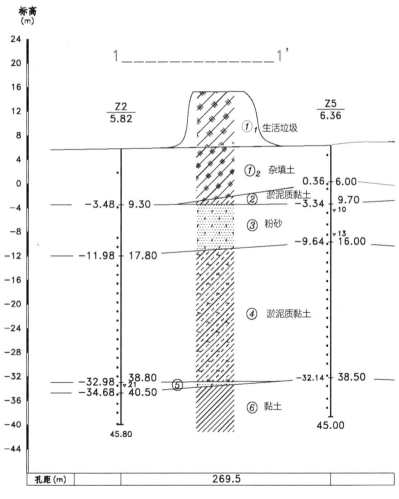

（图6-1）

图6-1　地质勘察剖面图
（图片来源：温州市杨府山垃圾填埋场终场处置和生态恢复工程地质灾害危险性评估报告）

填埋场所在地的地下水主要为孔隙浅水和卵石层内的孔隙承压水。孔隙潜水主要存在于埋深在1~1.5m的孔隙度很高的浅层黏土和淤泥中，水量较少，主要受大气降水和地表水补给，并呈季节性地与场地西北侧河道互补。孔隙承压水主要赋存于埋深6m左右的平原区深部卵石层孔隙中。地下水以侧向补给为主，也接受上部弱透水层的少量补给，承压水位较稳定，动态变化不大。

2．填埋堆体概况

杨府山垃圾填埋场原为地形低洼的滨河滩涂，1994年开始在此堆填垃圾，2005年停止消纳垃圾，填埋堆体占地约11.7hm^2。据温州市勘察测绘研究院测算，至2007年封场改造前堆填的生活垃圾总量已达1354869m^3，建筑垃圾169686m^3，达到容量极限。其中生活垃圾既包含陈腐垃圾也包含新鲜垃圾，垃圾成分较为复杂。根据温州市城市经济规划院提供的现场垃圾成分分析（表6-1），该填埋体中有机物的降解比例比较高，填埋场中的灰土基本可作为营养土使用。

表6-1 垃圾填埋场成分分析

区域	渣砾（%）	灰土（%）	塑料（%）	金属（%）	玻璃（%）	竹木（%）	布、橡胶（%）
1区	17.16~36.67	52.27~53.50	5.77~7.00	0.57~2.94	1.03~3.38	1.45~2.52	6.04~8.53
2区	30.00~38.22	50.97~53.47	5.80~8.30	0.62~0.82	0.88~1.02	0.97~2.37	1.11~5.00
3区	36.44~39.20	51.72~54.42	4.85~7.55	0.68~0.84	1.55~2.48	0.95~1.95	0.45~1.00
4区	36.51~40.04	52.70~53.47	5.80~6.57	0.71~0.92	0.81~1.17	0.76~1.91	0.88~1.92
典型值	31.32	52.90	6.37	0.94	1.44	1.52	2.52

资料来源：温州市城市经济规划院。

杨府山生活垃圾填埋场容量巨大，但属于滩涂简易填埋场，建场初期未考虑填埋场场底防渗，未考虑填埋场雨污分流和填埋场内垃圾渗滤液的收集与处理，也未考虑填埋气体的导排和利用，因此现填埋场周围环境卫生条件恶劣，蚊蝇滋生，恶臭刺鼻，地面四处可见黑色的垃圾渗滤液（图6-2）。渗滤液中所含有机物和N、P等反映耗氧有机物和水体富营养化的指标浓度很高，超过《污水综合排放标准》GB 8978—1996一级排放标准几十倍甚至几百倍，严重威胁了周围水体和地下水。从区域大气环境监测结果看，垃圾填埋场已明显造成周围大气环境恶化，其下风向H$_2$S、NH$_3$的地面浓度出现一定程度的超标，特别在春夏季节，因高温、高湿促使垃圾腐烂后有毒有害气体的大量挥发，污染程度加重。根据勘测结果显示，由于填埋堆体以下6m左右深度黏土天然隔水层的作用，杨府山垃圾场多年的垃圾填埋引起地下潜水水质总体上超标程度不很严重，只有个别水质指标（CO$_{DMn}$和NO$_3^-$）超地下水Ⅲ类标准，且超标倍数小于3倍。地下水基本没有受到重金属的污染，这与垃圾渗滤液中重金属浓度不高有关。

(图6-2)

3．规划条件

根据《温州市城市总体规划（2000～2020）》，温州城市形态及发展方向为"背倚大罗山、吹台山等绵延青山，面向瓯江和东海，形成'负山面水的半环形'的城市形态，由'沿江城市'向'滨海城市'拓展"。在城市范围的拓展上采取"东拓、西优、南连、北接"的策略。杨府山垃圾填埋场位于鹿城区与龙湾区的交界处，原本是中心城区外的滨江荒滩。随着城市范围大举"东拓"，该地段逐步成为城市发展的核心区域。

根据填埋场所在区域的《温州市桃花岛地段控制性详细规划》，该地段规划定位为"依托杨府山特有的区域发展背景和杨府山中心商务区的辐射带动，以生活居住为主导，综合商业服务、文化娱乐、教育办公等城市功能的多元城市滨江空间。"紧邻瓯江的杨府山垃圾填埋场被规划为公共绿地，北侧紧邻的地块划做二类居住用地，西侧大面积区域也是居住用地，南侧为污水处理场。

该地块位于规划中的城市中心区，紧邻中心商务区，周围区域的功能被规划为综合商业服务、文化娱乐、教育办公等城市功能。从地段控制性详细规划中对该区域的高度控制看，其总体原则是重点考虑城市门户空间的塑造，重要节点的公共建筑，建筑高度约在50~70m，最高100m；居住生活区高度在35~60m；沿江的商住综合楼高度约75m；其他居住建筑在24~35m，部分居住建筑可以控制在60m。可见，该区域未来的城市形态为高密度的城市化空间。

从规划条件上看，与其他被动改造的大多数生活垃圾填埋场有所不同，温州杨府山生活垃圾填埋场在进行改造之前，其未来的使用功能就已经被确定为公共绿地。场地周围区域未来将发展为高密度城市空间，填埋场的改造根据未来城市用地的变化，将城市公园绿地的土地利用性质主动纳入填埋场封场治理的目标。由此，《温州市杨府山垃圾填埋场

图6-2　封场前堆体照片

第 6 章
温州杨府山生活垃圾填埋场景观改造

封场处置和生态恢复工程项目建议书》对改造设计提出了比较详细的园林造景设计构思。首先，填埋场封场处置、生态恢复和园林绿化被看作三个彼此独立的过程，方案的设计实际上被分解为封场处置、简易绿化和园林绿化三个互相独立的阶段。第二，对封场处置的技术要求有相对清晰的指标化控制，而对生态恢复的概念则比较模糊。第三，工程组织方对最终景观效果的预期是园林化的山林景观，既要求有大规模林地的生态效益，又要求有艺术化的理想植物景观效果。

6.2.2　封场改造工程介绍

杨府山生活垃圾填埋场封场处置和生态恢复工程于2003年下半年启动，温州市政府首先进行了前期论证工作，包括工程地质勘探、地质灾害评估、水土保持方案论证、环境影响评价等。在前期工程进行的过程中，温州市一直在持续高速发展，市区范围不断拓展，填埋场所在区域人口不断集聚，各项城市设施的建设逐步完成。在城市化的高速进程中，杨府山生活垃圾填埋场影响当地市容环境和生态环境的矛盾越发突出。在此背景下，2006年9月，由温州市市政园林局牵头协调组织有关部门最终做出决策，决定对杨府山生活垃圾填埋场进行就地封场改造。

2007年下半年，温州市城市道路桥梁建设处组织了杨府山生活垃圾填埋场封场处置与生态恢复工程的公开招标。本书的设计方案在竞标中获得二等奖。该工程于2007年12月28日正式启动，经过两年的实施，于2009年底完成封场处理。2010年12月20日，一期生态修复工程收尾，初步建成"桃花岛公园"后，又开始二期园林绿化建设。在2011年5月当地又进行了杨府山垃圾填埋场沼气净化站的建设，同年12月开始，利用填埋场产生的填埋气转化为天然气向周围居民供气。目前该工程的二期园林化建设仍在继续。

6.3　设计过程：风景园林与环境保护的跨专业实践

6.3.1　重塑设计问题：作为整体过程的景观改造

本书的设计过程首先是从对项目建议书的要求进行质疑和重新思考开始。第一，封场处置与生态恢复的过程不是割裂而是紧密联系的，封场处置是生态恢复的基础，既提供了生态恢复的物质空间基础，又为生态恢复设定了严格的限制条件。杨府山垃圾填埋场封场处置后高度超过20m，形成了占地面积约11hm²的人工山体。为了满足稳定性的要求，其边坡和台地的形式都将控制在相关规范的规定范围之内。这些条件使封场处置之后的杨府山垃圾填埋场形成了一座形态特殊的人工山体。其表面生态恢复的过程就是在该物质基础上进行的。另一方面，由于其表层覆盖着终场覆盖隔离层，需要防止植物根系刺穿，而且表层的种植土覆土厚度有限，无法满足高大乔木的种植，这些严格的限制条件决定了填埋堆体之上的绿化种植具有特殊性，从植物种类选择到植物群落的形态，都需要进行与之相适应的谨慎设计。可见，填埋场封场处置与生态恢复过程彼此紧密联系。

第二，生态恢复的过程与园林美化的过程也不是割裂的，而是彼此关联的，而且生态恢复的目标与园林美化的目标不是必然统一的，有时彼此互相矛盾。生态恢复的过程是一个加以人工抚育的自然过程，需要经历一定时间的演替，需要符合从先锋物种到顶级群落的自然发展规律，以特定景观效果为目标的园林美化工作只有在场地生态环境自然发展到适宜阶段再加以实施，才能促进生态恢复的效果。项目建议书中主张的四季景观和花卉效果对园林艺术效果的展现甚于对生态恢复过程的抚育，如果为了达到这样的效果而采取建议书中提到的大量大规格苗木的移植和大型孤赏树的种植，非但因无法适应场地条件的限制而无益于场地生态发展，甚至因涉及大树移植而采用违背生态原则的措施。

第三，建议书提出的景观设想与场地周围的自然环境和城市环境存在矛盾。项目建议书主张将填埋堆体最终改造为一处山林，并强调扩大林地的叶面积系数。然而填埋堆体表层覆土厚度最高难以超过1m，紧邻瓯江岸边的位置时常受到台风和强降雨的干扰，这种自然条件下难以保证造林苗木的稳定和存活。形成大面积林地的目标与自然环境之间存在一定矛盾。另外，作为未来高密度城市环境下的一处城市公园，场地的山体形态所能提供的有限游憩面积本就与公园的使用要求存在一定矛盾，如果采取大量砌筑种植穴池保证造林效果的方法，有可能进一步缩小有限的场地有效面积，不利于公园提供游憩功能。

第四，场地特殊发展过程的社会价值和文化价值没有得到足够体现。方案建设书中涉及公园内开展的游憩活动时，提出建设生态康体游憩区和植物专类园，这些提议都是围绕场地改造后形成的自然山林景观和园林植物景观出发的，忽略了场地从垃圾填埋场转变为城市公园的特殊历史过程。其提议的公园活动无法帮助参与者了解场地历史、获得场地上的特殊体验，场地改造的结果和生态恢复过程原本可以发挥的社会效益和教育效果没有得到重视。

项目建议书内容的主要问题在于生态修复目标不明确，建议内容在实现生态效益与园林效果之间摇摆不定。虽然项目建议书对方案设计的建议引发诸多不同意见，但是对于设计过程而言，项目建议书引发的这些非议，却是理解工程目的和客户实际需求、重新思考设计问题、形成设计概念的有益参考。

除了对设计要求质疑外，有助于方案概念生成的还有来自设计师自身经验先入为主的理念。风景园林设计具有综合性的特点，非常强调多学科的交融。在设计实践中，强调吸收和应用来自不同实践领域和研究领域的成就，在风景园林的建设项目中，不同领域的成果都可以被用作实现户外境域营造的手段，这其中同样包括环卫工程和环境保护学科的技术和方法。另外，风景园林设计是一个习惯于将动态和不确定性纳入设计方案的领域，对生态系统和植物材料的理解和重视，使得它比其他设计领域更尊重"过程"，甚至设计的全部内容都是为了过程的实现。基于上述背景思考杨府山填埋场封场处置、生态恢复和园林绿化的过程，本书对该项目的理解便与项目建议书提出的理解产生了不同。

从本书的观点出发，项目的设计问题并不是如何分别实现三个阶段的目标，而是如何整合三个阶段，在统一过程下经过相当长的时间，最终将垃圾填埋场改造为城市公园。

对设计问题的认识与工程组织者的要求之间的主要区别在于：高密度城市环境下的城市公园成为该项目的最终目的，填埋场封场处置和生态恢复的过程都是为了最终实现这一地块在规划中作为公共绿地的用地性质。在此总体目标指导下，封场处置不仅是治理垃圾填埋堆体的必须技术措施，也是建设城市公园的必要步骤之一。生态恢复的目标可以是以公园的需求为原则，加以确认和清晰化，其过程可以与公园景点及游憩场所的形成相结合。总之，在项目建议书中被划分为三个阶段的杨府山垃圾填埋场封场处置和生态恢复工程，从本书的观点出发，被理解为一个过程统一的未来城市公园建设工程。随之而来的新设计问题是，如何通过填埋场封场和生态恢复建设城市公园？

6.3.2　确定设计目标：填埋场封场改造原理下的景观设计

杨府山垃圾填埋场封场处置和生态恢复工程的方案设计首先要明晰的是封场处置的技术是否支持其成为未来公园绿地建设整体进程的一部分。为此，设计过程首先进行了跨专业团队的交流和研究，就填埋场封场设计原理及其对园林设计的限制条件进行了总结、分析和归纳。

1. 填埋场封场设计原理

填埋场封场的目的是为了保证在封场期间，以及封场后相当长时间内，填埋场周围的环境质量得到有效的控制，其主要应对的问题是甲烷气、渗滤液的产生，以及填埋体的不均匀沉降。甲烷气和渗滤液的产量会在封场阶段达到填埋场整个生命周期中的最高值，而且由垃圾降解产生的不均匀沉降也会随之产生，在封场单元上铺设很厚的覆盖土层或建造大型混凝土建筑都会加剧不均匀沉降，甚至导致覆盖系统的失效。

因此需要从"封场后土地再利用""最终覆盖层设计""地表水导排控制系统""填埋气控制与利用""渗滤液控制与处理""环境监测系统"等方面进行设计，保证最终覆盖系统的功能。最终填埋系统自上而下由表土层、保护层、排水层、屏障层、基础层组成。它的基本功能和作用包括：①减少雨水和其他外来水渗入垃圾堆体内，达到减少垃圾渗滤液的目的；②控制填埋场恶臭散发和有组织地从填埋场上部释放并收集可燃气体，达到控制污染和综合利用的目的；③抑制病原菌及其传播媒体蚊蝇的繁殖和扩散；④防止地表径流被污染，避免垃圾的扩散及其与人和动物的直接接触；⑤防止水土流失；⑥促进垃圾堆体尽快稳定化；⑦提供一个可以进行景观美化的表面，为植被的生长提供土壤，便于填埋土地的再利用等。

温州杨府山垃圾填埋场垃圾属于滩涂简易填埋场，根据《生活垃圾卫生填埋场无害化评价等级》，该填埋场属于严重污染环境的Ⅳ级填埋场。为了消除环境污染，本项目针对填埋场具体情况计划采取以下措施实施封场工程：

（1）堆体整形与场地平整。整形原则遵照《城市生活垃圾卫生填埋场技术规范》要求，边坡10%时宜采用多级台阶进行封场，台阶间边坡坡度不宜大于1：3，台阶宽度不宜小于

2m，同时填埋场封场顶面坡度不应小于5%；在符合上述两项要求时，填方和挖方工程两方面基本平衡，利于导水及导气。

（2）封场覆盖。封场覆盖的原则即保证前文所述的功能，谨慎设计防渗层，在确保屏障层的防渗效果前提下选择取材便利施工方便的材料。

（3）防渗处理。防渗处理包括水平防渗和垂直防渗。根据杨府山垃圾填埋场的现场特点，依托场地下方埋深18~20m处的自然黏土层作为杨府山垃圾填埋场水平防渗基底。另外采用高压喷射注浆方法，沿填埋场堆体外围形成深入地下自然黏土层的垂直防渗帷幕，隔断污染物的地下扩散途径。

（4）渗滤液收集导排和回灌系统。对渗滤液进行有控制的收集导排后集中统一处理并达标排放。为了增加堆体内的含水率加大微生物厌氧生化反应速率，加速堆体稳定化进程，本项目计划采用渗滤液回灌系统，将处理过后的渗滤液重新输入堆体循环利用。

（5）填埋气体收集导排和处理。为防止含有甲烷、二氧化碳、硫化氢、甲苯等有害气体的垃圾场填埋气而造成温室效应、散发恶臭、毒害健康、引发爆炸，需要建设填埋气主动收集系统和填埋气体处理系统。

（6）辅助工程。包括电气工程、自动控制工程、建筑工程等。

对于环境保护工程设计团队而言，需要完成的设计内容就是如何将这些技术措施针对场地具体情况加以应用。这种情况反映了工程设计面对清晰的问题，应用成熟技术的特点。

完成以上工程内容后，杨府山垃圾填埋场将实现无害化目标，达到I级垃圾卫生填埋场的标准。以上填埋场封场工程内容的目标是本项目整体目标得以实现的基础，同时工程标准的要求也为园林设计限定了条件、提供了依据。

2．园林设计的限制条件

总结填埋场封场工程的各项内容可以看出，填埋堆体整形、表层覆盖等工程内容对园林设计的影响最为直接，主要从地形、使用方法及植物种植等方面对公园的设计建造产生影响。

就地形而言，填埋堆体内部的主要作用是存储垃圾，提供垃圾发生生化反应的场所，其外部形态必须适应垃圾存储及生化反应的要求。因此堆体的稳定性和安全性是地形设计需要考虑的首要条件。所以地形设计不能脱离相关技术规范所要求的高度、坡度和形式等限制。具体规定为《生活垃圾卫生填埋技术规范》中所规定的"填埋场封场顶面坡度不应小于5%。边坡大于10%时宜采用多级台阶进行封场，台阶间边坡坡度不宜大于1：3，台阶宽度不宜小于2m。"其次，填埋堆体的容量必须得到保证。也就是说，封场景观改造过程中的地形设计不仅是表层设计，而且是体积设计，必须在追求地表起伏变化形成园林效果的同时，考虑填埋堆体整体的容量。这点是填埋场景观改造与一般的园林设计存在的重要区别之一。

就场地使用方法而言，场地功能布置主要受到填埋场封场后堆体的不均匀自然沉降和监测管理过程的影响。堆体的稳定性随封场改造之后的时间变化而改变，场地适宜开展的活动内容和场地的适宜利用形式也随之变化。具体而言，根据以色列学者阿亚拉·米斯加夫（Ayala Misgav）的研究成果，生活垃圾填埋场封场后土地利用的途径可以归纳为四个阶段，多种不同的可能性:①封场0～5年,由于垃圾正处于加速降解阶段,会释放填埋气,并存在表面沉降和堆体边坡不稳定的情况,这个时段的填埋场可用作乒乓球场、人行休闲便道、露天剧场、草场、赛马场、农场、草原等。②封场6～10年,垃圾降解已基本结束,场地趋向稳定,此时适宜用作公园、公园道路、高尔夫球场、田径运动场、野营、野炊场、园林种植、植物园、特殊林区、娱乐区等。③封场时间10～20年,场地已基本稳固,适合建园区行车道路、网球场、足球场、自行车训练场等。④封场时间在20年以上的填埋场,场地基础已稳固,适合作各种体育运动场、各种球类的比赛场地、溜冰场、滑雪场、各种有舞台表演的场地等。

此外,在填埋场内的生化反应彻底稳定之前,必须持续对其进行定点监测,以防止封场措施失效而造成环境污染。对填埋场的检测管理需要相应的设施设备和场地区域,这部分功能性区域的长期存在也会影响填埋场作为公园的封场后利用。因此,在以城市公园建设为目标的填埋场封场再利用中,需要谨慎规划场地的具体利用方式,将填埋场自身沉降稳定的动态过程纳入考虑的范围。

就植物种植而言,填埋场终场覆盖层的土壤、水分和气体条件形成了限制植物生长的因素,终场覆盖层表层种植土的覆土厚度,以及隔离层防根刺穿的特殊要求,也成为植物生长的限制因素。

填埋场封场覆盖层特殊的土壤水分条件,以及填埋气体和温度等条件造成的限制植被生长的因素首先包括由于填埋气体逸出而对植物根系造成的毒害。填埋气中95%为甲烷和二氧化碳,5%为硫化氢、氨气、氢气、硫醇和乙烯等。对植物根系最直接的毒性来自二氧化碳。二氧化碳能够取代土壤中的氧气,从而导致植物处于厌氧环境中难以存活。其次包括表层覆盖土土壤性状的不利因素。例如重型机械压实造成土壤压实过密,土壤结构破坏和土壤孔隙压缩从而导致土壤携氧水平低、持水能力低、含水率低,以及土壤有机质含量低、阳离子交换容量低[1]、营养水平低等。此外还包括填埋场内生化反应热对植物生长带来的不利影响。封场后填埋场的土壤最高有超过38℃的纪录。过高的土壤温度会给植物的生存带来很大的困难。

由于填埋场封场覆盖层表层土壤和小环境的特殊限制,在对封场绿化植物,尤其是木本植物的选择时,需要考虑树木的生长速率、规格大小、根的深度、耐涝能力、菌根真菌和抗病能力等因素。目前,针对适宜封场环境的植物种类选择所做的专门检验和研究还非常有限,但是选择封场植物的大致原则已经有所总结:慢生树种需要的水分一般比速生树种少,更容易适应填埋场的环境;规格较小的树种要求的种植土层厚度较薄,更容易适应填埋场的环境;没有主根,根系较浅的树种更适合填埋场环境,不过需要频繁灌溉并防止强风吹倒;适应性强,耐旱、耐涝、耐瘠薄的树种,以及根系与菌根真菌有共生关系的植物更适宜填埋场的环境;易受病虫害的植物不应选作填埋场封场绿化植物等。

垃圾填埋场特殊场地条件,地形、使用方式及植物种植等方面对公园设计建造的限制条件构成了园林设计方案必须考虑的前提性条件,为进一步明晰设计问题,提出设计目标和概念提供了依据。

3．设计目标

综合封场工程措施和园林设计限制，以及对设计问题的最初判断和构思，本项工程的设计目标可以归纳为三个方面：第一，满足杨府山垃圾填埋场封场处置要求，清除环境污染、保证环境安全。第二，创造生态修复的环境基础，依托封场改造进程、抚育生态修复过程。第三，建设具有地标性景观特色的城市公园，传达场地特点、展示改造成就。景观改造的最终目标是通过封场改造工程，建设具有生态可持续性的城市公园。

6.3.3　景观改造的关键：填埋堆体整形设计

设计问题随着设计概念、设计目标的发展被重新定义并逐渐清晰。在方案设计阶段随着设计过程的进展，设计问题被进一步细化，设计的研究性也随着对设计问题答案的探索而逐渐体现出来。

具体而言，填埋场景观改造与普通公园设计的一个显著区别在于，在竖向设计上，填埋场景观改造关注的不是表层的"地形"，而是作为整体的"垃圾堆体"。垃圾堆体作为垃圾生化反应器所需满足的空间形态要求与提供游憩功能的公园所需满足的空间形态要求之间存在突出的矛盾，如何调节这对矛盾，既保证填埋堆体容纳垃圾、提供降解反应空间载体的基本功能，又在其表面形成适宜游人游览的园林空间？这个问题成为设计寻求答案的关键点，也是研究开展的着手点。

1．堆体分析

解答设计问题首先需要对垃圾堆体进行分析。针对填埋堆体的现状，本项目首先从高程、坡度、垃圾成分分区等方面对填埋堆体本身的性状进行了分析；随后将填埋堆体作为一种景观资源和观景平台，就其与周围环境的空间视域关系进行了分析。

对填埋堆体空间形态的分析采用的是地理信息系统（GIS）对场地的建模和分析运算与场地现场踏勘相结合的方法。通过利用三维数字模型对场地的模拟再现，场地的坡度、坡向和阴影情况清晰地反映出垃圾堆体空间形态的特点。填埋堆体自西向东形成三个高程的台地，西侧台地高度最低，高度约10m，主要为建筑垃圾和杂填土，东侧台地面积最大，高度约20m，为主要的新鲜生活垃圾消纳场，南侧台地高度最高约22m，主要为陈腐生活垃圾，它最早形成的表面已经被自然生长的植被所覆盖。约12m宽的工作通道将三个台地联系在一起，它从场地西南角出发通向顶部平台（图6-3、图6-4）。

---

① 阳离子交换容量（CEC）和土壤吸附和保持营养物质的能力有关。胶体状有机物和黏土是土壤中阳离子交换位的主要来源。阳离子被熄妇在土壤胶体带负电荷的表面位置，被吸附的阳离子不会从阳离子交换位上被淋洗掉，但是可以被其他阳离子交换。许多必需的营养物都必须依赖土壤的阳离子交换容量来获得。

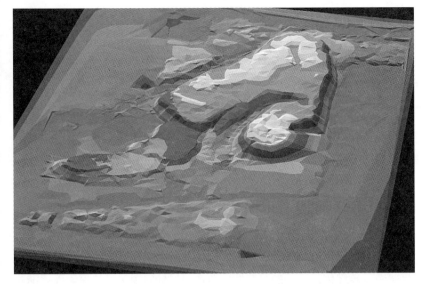

（图6-3）

　　工作通道的坡度约12°，内嵌于堆体中。在工作通道的北侧，形成一个与其平行的高坎，坡度与通道大致相同。除此之外，堆体四周的坡度均在1：1~1：1.5的范围内，非常陡峭，无法通过外围边坡登上堆体。

　　如果将整个堆体看作一种可供利用的景观资源，从景观的角度看，高度超过20m，占地11hm²的山体与其周边平坦的河滩形成了非常强烈的对比，沿瓯江沿岸的公路行进，垃圾山迎向瓯江的界面形象非常突出。另外，通过模拟视域分析，沿着工作通道从垃圾山脚向山顶的路径，可以将填埋场内部大部分区域纳入观赏范围（图6-5）。从观景的角度看，垃圾山顶部平台外围接近边坡的区域具有比较开阔的视野，尤其在其东部视域范围内包括了瓯江航道、七都岛和远处的山脉。突出地面的高度和紧靠瓯江的位置，使垃圾堆体成为理想的观景点。

　　封场处置工程需要在现有堆体条件下进行堆体的整形，使其满足安全性和稳定性的条件。由于不必进行堆体的整体搬迁和场内垃圾的筛分，虽然堆体的高度和边坡在改造后会产生较大变化，但这种变化并非颠覆性的，因此垃圾堆体现状条件的分析结果对改造后的堆体而言仍具

（图6-4）

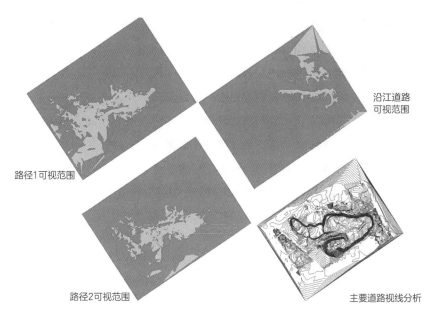

沿江道路
可视范围

路径1可视范围

路径2可视范围

主要道路视线分析

(图6-5)

有很强的参考价值。此外最为重要的是，工作路径作为进出填埋堆体顶部最为便捷的道路，在改造工程的过程中将会被保留，即使它最终会被填埋，在改造工程的前期和中期仍将发挥重要作用。因此场地上便存在一种贯穿填埋工程的空间要素，有可能成为场地改造前后效果的实体联系。而且通过视域分析，这条通道可以满足对填埋场范围内部进行观赏的要求。因此可以考虑在堆体整型设计时，保留这条工作通道形成的空间结构，并作为堆体最终形态的生发要素。

2．设计方案的概念生成

如前文所述，垃圾堆体的整形首先要保证安全性，即必须遵照《生活垃圾填埋技术规范》中规定形成台阶式堆体，边坡坡度不大于1：3，台层间布置宽度不小于2m的平台，顶部平台坡度不小于5%的要求。这些要求是填埋堆体整形的第一层要求。

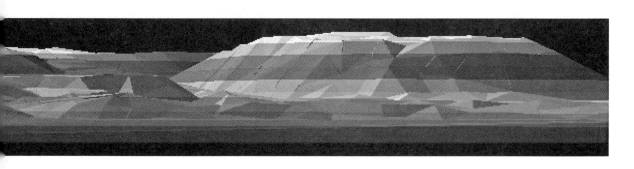

图6-3　现状堆体高程分析图1
图6-4　现状堆体高程分析图2
图6-5　主要视线与可视范围分析

第二层要求是保证整形后填埋堆体的容量，尽量在原地现场消纳原有垃圾，避免由于填埋堆体容量整形后缩小而造成垃圾外运。为此，项目设计过程借助搭建工作模型的方法首先按比例塑造了垃圾山的现状模型，然后按照场地红线的范围切除超出范围的堆体，再切除按照计划准备搬迁的建筑垃圾堆体，最后将切除的堆体转移至红线范围之内，由此得到填埋堆体的总体积。然后在不增减模型材料的条件下，利用红线范围内的定量材料按规范要求塑造新的堆体体型。以此保证在方案推敲过程中原堆体与新堆体的体积相等（图6-6）。

堆体整形设计的第三层要求不同于以上两个必须满足的技术性要求，是设计师置入的设计概念，即尽可能在现场保留原工作通道。此概念的置入是设计问题逐渐在设计过程中清晰和具体化的表现，它使设计有了展开和深入的基点。然而，场地的实际情况是，这条工作路径的一部分落在需要搬迁的堆体部分，不可能完全原位保留。

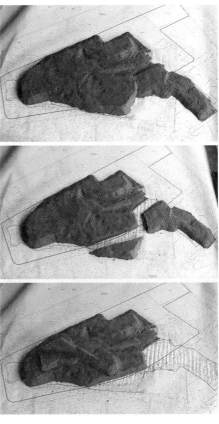

（图6-6）

在设计概念的驱动下，设计师必须面对越发具体的场地设计问题：如何在新堆体上塑造原有的交通联系和空间结构？这种交通联系应该既能满足封场工程运行的需要，又能成为未来公园的交通游线。这个新的设计问题带动了堆体地形设计和其他辅助系统设计的展开。探讨此概念的草图成为形成最终设计方案的起点，也确定了整个设计范围的空间构架。此后的方案推敲始终围绕这个构架深入展开。

从概念草图中可以看到，从场地西侧出发一直通到堆体顶部的路径得到保留和强化，形成了一条从场地西侧主入口直达山顶的通路。为了满足这条道路连续的适宜坡度，道路的长度通过两次大转折得以加长。堆体西侧的形式也随之产生了变化，其中道路西侧大致呈三角形的部分向外略为拓展，地形的底盘充满了场地红线划定的范围（图6-7）。

3. 设计方案的深化完成

概念草图是设计思考的综合体现，虽然围绕保留原工作通道的空间结构，但并非仅是这一方面的思考结果。草图中的地形东部大致呈圆台，其底部没有超出堆体现状的东部边缘。这样的设计是为了防止堆体东扩造成二次污染。保持现状范围，可以将垃圾堆相对集中到红线范围和原垃圾堆体相叠交的区域，最大限度地减少垃圾堆体的覆盖面积。同时，堆体南侧紧邻污水处理场的部分形式规整，北侧面向居住区的部分地形变化较多。这种设计是为了在游览性较弱的一侧尽量减少对堆腐年限较长的南侧堆体进行干扰，以尽量增大消纳垃圾的容量，并减少施工难度。北侧面对居住区的部分被设计为主要的游人入口之一，主要考虑堆体的景观效果，根据园林堆山设计遵循的传统美学原则"中臁破腹，莫为两翼"，而开辟两处"山谷"，从空间上增加了堆体的层次感，为游人提供更为有趣的游览体验。两处山谷内分别设有步道，一条以平

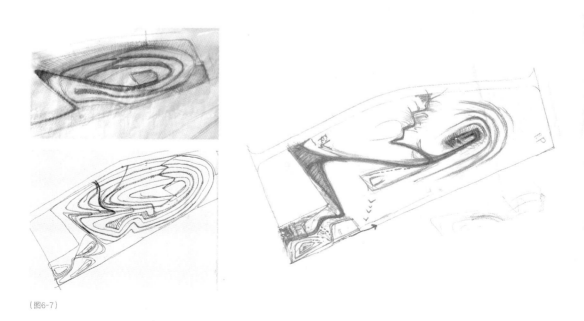

(图6-7)

图6-6 在等体积条件下重新塑造地形的工作模型
图6-7 保留原有的交通联系与空间结构条件下塑造新地形的工作草图

缓坡度与主路相连，一条以登山道的形式，以稍陡的坡度和更多的转折直接与山顶观景平台相连。两处山谷周围的地形都配合游览路线进行了调整，形成了多样空间变化。设计过程中，道路的选线也随着地形的反馈而有所调整，除了道路与地形的互动外，设计还考虑了填埋堆体整形的实施过程中一次性建成地形的可操作性。这种考虑的结果是，虽然地形的设计原则应用了传统园林的筑山法则，但是形式上却很少曲折，造型比较规整、适合大型机械的施工特点，也比较适合垃圾这种堆筑材料难以形成精细地形的特点。此外，设计还利用规范中规定必须设置的平台，在10m和20m高度处分别设置了4m宽的平台，并将它们纳入内部交通体系，作为通场环路发挥作用。

按照以上思路逐项完成深入设计之后，就形成了填埋堆体整形的最终设计成果（图6-8）。封场处置工程总占地113907m²（征地红线），周长约为1645m，其中垃圾整形后的堆体占地约为86949m²，堆体最高处高度为25m，地上总体积约为120万m³，与垃圾堆体原有库容基本相当，基本实现物料平衡的要求。整形后的堆体所有边坡坡度均控制在1：3的范围以内，在相对标高10m、20m处设置最窄处宽度为4m的环场平台，防止连续坡面造成滑落。整形时对建筑垃圾、渣土和生活垃圾分类分置回填，简化封场后的运营维护工作，尽量减少挖填量，以降低工程投资（附图A-4）。

这项设计结果不仅是园林设计中的竖向设计成果，更是杨府山垃圾填埋场封场处置工程的堆体整形设计。封场处置工程中诸如总平面布局、渗滤液收集、导排与处理系统、填埋气收集与导排系统、雨洪管理系统、垂直防渗系统等子系统都以此为基础。

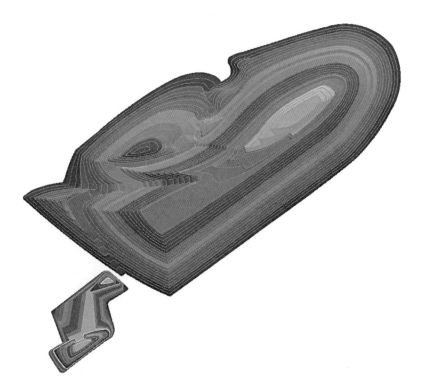

（图6-8）

堆体的整形是此类封场处置工程中最为基础的设计内容。本项目与其他填埋场封场处置项目的不同之处在于，风景园林师着眼于未来公园与当下填埋场封场功能的结合而推导出堆体整形的设计，填埋堆体既是垃圾生物降解的载体，也是提供游憩空间和生态修复的载体，而且填埋场封场工程的实施不仅被看作一项环境保护工程，同时被当作塑造园林地形的过程。

6.3.4 封场治理措施与景观改造设计的整合

统筹封场处置功能与景观改造要求的垃圾堆体整形结果主导了填埋场封场处置的各种功能性设施在空间中的分布，也影响了环境保护技术的选择和实施，为封场治理措施的实现提供了基础。

1．总平面布置

在总平面布置上，各系统在景观改造设计确定的总体空间结构下布局，既保证封场处置和环境保护的功能效果，又兼顾生态恢复过程与景观效果。总平面布置以垃圾堆体统领全局，交通系统、渗滤液导排处理系统、气体导排处理系统，以及表面排水系统等覆盖整个垃圾堆体相对集中布置，且形成各自相对独立的功能分区。平面布置充分考虑了周边城市环境和园林景观效果，以园林绿化和景观设计的手法使工程设施景观化，并在场地内安排充分集中的面积专门用来满足市民游憩的需要。场内交通结构及堆体造型与各个功能分区紧密结合，呈现"一主一辅，三环连通，五径入园"的总体结构（附图A-3）。

2．终场覆盖层结构

经过分析比较，本项目的终场覆盖结构确定为：导气层+防渗层+排水层+植被层。其中防渗层采用GCL+HDPE膜的符合防渗结构，符合温州地区缺少合格黏土土源的实际情况；植被层包括覆盖支持土层和营养植被层。为了配合景观改造设计抚育生态过程自我修复，营养植被层的厚度按照景观设计的要求在堆体朝向瓯江的坡面位置进行了加厚处理，形成位于终场覆盖结构之上的带状微地形，以起到积蓄表面径流，汇聚植物种子，促进形成植物自然萌发、增进生物多样性的效果。同时在堆体顶部等位置也进行了营养植被层的增厚设计，以支持乔木的健康生长（附图A-12）。

3．填埋场底部防渗

填埋场底部防渗结合初勘结果，设计采用防渗帷幕沿堆体整形后的坡脚线布置一周，依托不透水层作为水平防渗基底形成连续封闭体，实现堆体整体防渗要求。防渗帷幕周长约为1300m，帷幕平均深度约为20m，应进入不透水层以下2m，帷幕面积约为2600m^2。防渗帷幕采用单管法高压旋转喷射注浆，孔位布置成双排，按最经济设计孔距为1.73R、排距为1.5

图6-8 堆体整形方案　　　　　　　　　　　　　　　第6章
温州杨府山生活垃圾填埋场景观改造

R（R为喷柱半径，R =0.5m），施工前在场地附近做喷浆试验，确定注浆方式、注浆材料及附加剂、注浆压力、流量，注浆孔距、排距等参数。填埋堆体整形设计的结果决定了防渗帷幕的平面布局和连续封闭体的防护范围（附图A-9~附图A-11）。

4. 渗滤液处置方式

本项目紧邻城市污水厂，渗滤液满足直排污水厂的耐冲击负荷条件，是最理想的处置方法。若该方式不具备可实施性，本设计将采用回灌+独立处理站的方式对渗滤液进行处置，既实现了通过回灌加速堆体稳定化的目的，为项目土地再利用，即园林景观工程的尽快实施创造条件，又保证了渗滤液的达标排放，且水量调配管理更加灵活。本设计回灌工艺采用覆盖层表层回灌（横井），封场初期采用渗滤液原液回灌，中后期使用处理站出水或雨水回灌。渗滤液处理车间采用人员编制少、排泥量小、占地省、耐冲击负荷的A0+超滤（MBR）处理工艺，日处理规模50t/d，出水排放至滨江路市政管网。为了满足相关设施条件，使上述两种渗滤液处置方式都可以顺利实现，在总平面布局中，渗滤液处理车间的位置设置于垃圾堆体的东南方向地势较低处。该位置距市政管网排水口和污水厂的排水口同为130m，为灵活地选择处置方式提供了便利。

渗滤液处置方式所需的技术设备影响了场地入口区的景观设计。为了屏蔽渗滤液处理站造成的噪音影响、视觉影响、嗅觉影响等对游人的干扰，本设计为渗滤液处理站规划了独立的使用空间和交通流线，并利用乔木和灌木形成的隔离带与游人的游憩活动进行分离。同时渗滤液处理站在建筑设计和设备布局上与景观设计进行互动，形成了既能合理满足功能需要，又与游憩环境相协调的设计结果（附图A-32）。

5. 填埋气导排处理系统

填埋气导排处理系统采用主动导排系统+火炬燃烧方式，气体收集采用集气竖井与水平盲沟相结合导排，焚烧系统设计为安全性高、燃烧充分的封闭式火炬，计算平均年产气量为156m³/h，设计最大收集量500m³/h。

填埋气导排处理系统形成了垃圾堆体特殊的内部结构，导气井的出露也给场地增加了特殊的景观要素。在本项目中，设计没有试图掩饰这些设施的存在，相反却利用它们形成景观小品，在抚育场地生态恢复的过程中，增加了场地的趣味性。此外，填埋气的燃烧装置也被作为突出场地景观特色的景观要素。在填埋堆体的顶部，靠近主入口区一侧形成了相对独立的封闭区域，专门用以布局填埋气集气站和火炬。这样一方面避免游人近距离接触填埋气燃烧装置造成意外，保证了场地的安全性，另一方面也向周围环境展示了填埋场运行的状态，突出了场地的景观特点（附图A-23）。

6.4 填埋场景观改造设计结果

6.4.1 分期规划

根据填埋场堆体沉降稳定的规律，以及生态系统恢复的阶段性特点，填埋场景观改造的效果分两个阶段加以实现。第一阶段为填埋场场地稳定化阶段（图6-9）。主要特点为填埋堆体的沉降过程和堆体内部垃圾降解的生化反应过程。在通过渗滤液回灌技术加速堆体稳定化进程的条件下，该阶段历时3~4年。在此阶段，场地的主要功能表现为垃圾卫生填埋场的封场处置，场地的游憩功能将受到限制。植被种植和景观设施的安排主要集中在堆体外围和坡脚等沉降变化影响较小的位置，如主入口区等。堆体表面主要以混播草地为材料进行绿化覆盖，其中在覆土较深的位置栽植乔木小苗。在填埋场场地稳定化阶段，须对混播草地进行人工修剪，以人工干预防止单一物种的过度繁殖，促进物种的多样化。

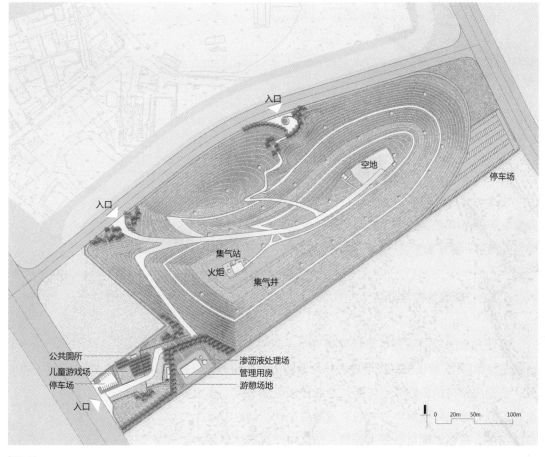

（图6-9）

图6-9　一期平面图

第 6 章
温州杨府山生活垃圾填埋场景观改造

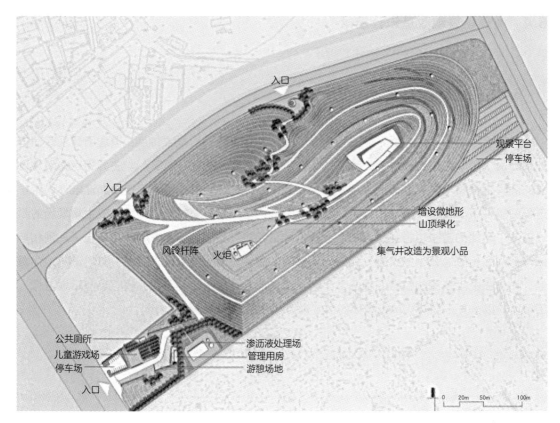

观景平台
停车场

增设微地形
山顶绿化

集气井改造为景观小品

入口

入口

风铃杆阵　火炬

公共厕所
儿童游戏场
停车场

渗沥液处理场
管理用房
游憩场地

入口

0　20m　50m　　100m

(图6-10)

第二阶段为场地园林化阶段（图6-10）。开始建设实施前应邀请环
卫、岩土、环保部门组织专家进行技术鉴定，在通过连续观测堆体沉
降度小于2cm/年的条件下，方可全面开展施工。二期建设主要内容为：
修整微地形，增加观赏性植物，改善游憩设施，增建景观构筑等。

6.4.2　景观结构与分区

设计方案的景观结果可概括为"两类分区分立，多出节点散布，
一条主径串联"。两类分区指填埋堆体之上的山地区和堆体以外的平地
区。公园内分布的多处节点包括景观节点和设施节点。景观节点包括
景观设施和绿化种植集中分布的主要游憩区域，设施节点为环境保护
设施集中分布的场地和处理车间等，串联各个节点的是园内的主要交
通路径（图6-11）。

根据功能和性质，作为城市公园场地可分为"主入口区""次入口
区""山顶观景游憩区""山间步行游览区"和"非游憩区"（图6-12）。

设计思维下的设计研究：
理论探索与案例实证

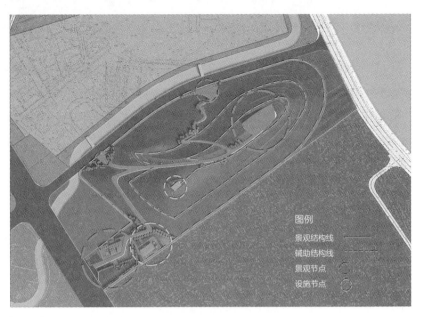

图例

景观结构线 ————
辅助结构线 - - - -
景观节点 ⊙
设施节点 ⊙

（图6-11）

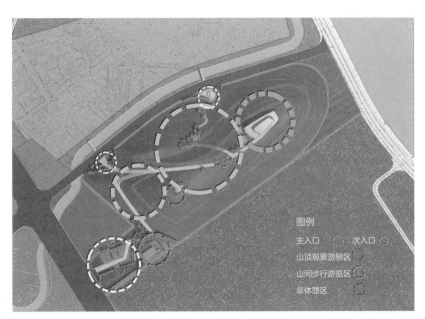

图例

主入口 ⬭　次入口 ⬭
山顶观景游憩区 ⬭
山间步行游览区 ⬭
非体憩区 ⬭

（图6-12）

图6-10　二期平面图
图6-11　景观结构分析图
图6-12　景观分区图

6.4.3　内部交通结构

　　园内交通道路分为三级，联系不同标高。从堆体坡脚直通顶部的主要园路为一级道路。围绕场地外围形成交通环路的功能性道路为二级道路。位于不同标高形成环绕堆体平台的道路为三级道路（图6-13）。这些园路可分为连通相同标高的水平道路和联系堆体上下不同标高的垂直道路（图6-14）。他们共同作用，编织成全园的交通网络。

（图6-13）

（图6-14）

6.4.4 竖向设计

公园的竖向设计与填埋堆体的整形设计紧密结合。场地最高点相对高程为27m，山体边坡按1：3的规范坡度进行整形，在山体北部面临居住区一侧及南部与主入口区相连的部分，边坡坡度略为放缓，以方便游人行走和车辆行驶。园路靠近边坡的内侧边缘都布置有排水明渠，一方面收集道路表面由于降雨形成的径流，另一方面作为堆体连续坡面表面排水的截洪沟。这些排水明渠与道路设计相结合，既丰富了景观效果，又起到辅助堆体覆盖结构层的排水功能，减小渗滤液生成量，并形成雨污分流的效果。这一措施不仅具有景观设计方面的竖向设计意义，也具有封场措施方面的环境保护意义。

6.4.5 种植设计

种植设计原则包括园林化种植与生态化抚育两个方面，分别作用于不同的场地分区和建设分期。

公园的总体结构包括平地区和山地区两类区域。平地区的种植设计采取的是园林化的种植原则，且贯穿景观改造的两个分期阶段。平地区主要包括主入口区和次入口区，以及停车场区域。在上述区域内，按"乔木为主、乔灌草相结合、突出观赏性"的种植原则，根据景观特点和游憩功能的需求，先于山地区进行园林化配置。山地区的种植设计则采取生态化抚育的种植原则，以植被自然恢复为主，在生态恢复的过程中进行适当的人工干预。在景观改造的一期阶段内，填埋堆体尚处于沉降稳定过程，无法种植大型乔木，因此种植设计主要以混播草地的培育和养护为主。同时在堆体面向居住区一侧的谷地和山顶预先增厚营养土层的位置栽植乔木小苗，抚育片林的自然生长。在景观改造的二期阶段，保持公园总体上"自然、朴野"的植物景观特点，根据游憩功能发展需要，在主要景观节点适当进行调整，增加观赏性植物，以及起遮荫作用的乔木植物等。

在植物种类的选择上，园林化种植区域主要选择常见的当地园林绿化树种，如香樟、杜英、枫香、海桐、红花檵木、含笑、珊瑚树等。生态抚育区域主要选择喜阳耐旱的当地乡土草本地被植物，如卤地菊、甘菊、滨海苔草、庐山石苇、佛甲草等。

图6-13 交通结构分析图
图6-14 园路类型示意图

第6章
温州杨府山生活垃圾填埋场景观改造

6.5 设计反思：设计方案与建成方案的对比

6.5.1 实际建成方案分析

上述方案在实际工程竞标中获得二等奖，未能成为实施方案。实际实施方案采用中国市政工程华北设计研究院的设计方案。该方案在封场工程方面采用的技术与本书的方案并无二致，主要区别在于堆体改形设计与生态恢复策略方面。

在堆体整形设计时，该方案认为，如果按照垃圾山封场规范做法满足库容要求会导致山体造型呆板，而追求峰峦起伏变化的景致又难以满足垃圾库容的需求，所以采取了折中的方法：堆体的基底和大部分山体以满足封场规范的方式堆筑，接近山顶的位置分别堆起三座山头，形成24m高的"主山"、22m高的"次山"和20m高的"配山"，这样面向规划路和沿江路一侧形成了山脊的一定变化。另外，在靠近污水处理厂一侧设置了挡土墙，局部点缀假山石（图6-15）。

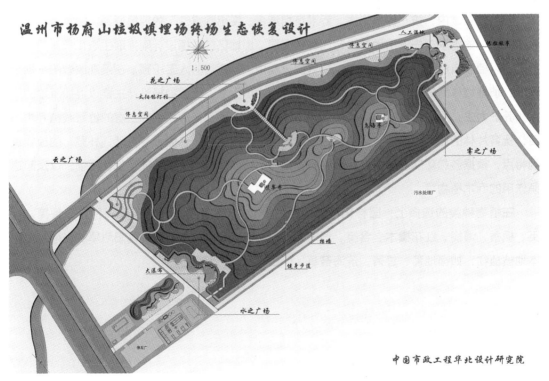

(图6-15)

在生态恢复策略方面，该方案采取了"植被重建"的策略。植被重建与本书采取的生态改良（reclamation）策略有所区别，从其描述的内容看比较接近生态再造（creation）的概念，即"对完全没有植被的退化生态系统进行重建，常用于陆生退化生态系统"。其基本内容是"生态恢复期间，栽植草坪、观赏植被及花灌木，同时考虑以后的群落配置定位，根据堆体稳定性监测，待垃圾完成稳定后，进行乔、灌、花、草等层次、色彩的种植设计"。场地设有喷灌系统，基本上依靠人工手段来设计和控制植被的生长。该方案在植被重建的基础上采取栽植乡土植物、引鸟和实施局部雨水回收用以灌溉的措施作为附近生态恢复的方法。

在公园的游憩组织方面，该方案将公园设计为8个区域，分别为入口区、大瀑布观赏区、康体健身区、儿童活动区、老人活动区、眺望区、引鸟区、园务管理区。其中值得注意的是大瀑布观赏区，根据方案说明，大瀑布的设计位于山体西侧山脚的位置，瀑布景石采用塑石材料，高6.5m，瀑布下水池与山体雨水回收系统相连。水池边栽植水葱、千屈菜等水生观赏植物。设置瀑布的目的是"利用动态的景观元素吸引游人，景观富有强烈的时代感，给人以强烈的震撼力"。总之，公园的游憩功能与普通公园没有显著区别，与填埋场的特殊空间形式和场地设施的联系也不紧密（图6-16）。

温州市杨府山垃圾填埋场治理和生态恢复工程

（图6-16）

图6-15 中标方案总平面图
（图片来源：http://doc.duk.cn/d-176595.html）
图6-16 中标方案效果图
（图片来源：http://doc.duk.cn/d-176595.html）

该方案同样提出了分期实施的计划，第一阶段为生态恢复，第二阶段为公园建设。封场后实施第一阶段的生态恢复，以低矮的花灌木、花卉、观赏植被栽植为主。第二阶段在原有形态基础上配置高大的灌木及乔木，打造丰富的植物群落。与本书设计方案在分期规划上的不同点在于，在该方案中生态恢复和公园建设事实上被分为两个相对独立的步骤，而本书的设计方案将两个阶段视为统一进程中前后连续的两个过程。植被的种植具有延续性，例如在生态恢复的前期种植规格较小的乔木小苗，通过自然生长，在堆体稳定后逐渐发育成高大的乔木。

工程按中标方案从2007年底开始施工建设。从已经建设完工的堆体来看，其形态符合大多数填埋堆体的共通形态，呈现出工程机械施工痕迹明显的规整地形，与中标方案设想的自由地形，以及主峰、次峰、配峰组成的多层次山体的形态差异较大（图6-17）。

在这种情况下即使待生态恢复阶段结束，进入园林建设阶段也很难再对地形进行大规模的调整，所以此方案设想的"自然"山体形态事实上已经无法实现。从建成堆体的卫星影像图与方案平面图的比较来看，方案中的公园道路系统与填埋堆体的地形实际上也颇有冲突。要最终实现设计的道路体系必须在堆体稳定后重新进行园林道路的施工建设，这便涉及地形的重新调整以及现有施工道路的拆除等问题。这一方面增加了成本和施工难度，另一方面干扰了场地上的生态恢复进程，不利于植物群落的自然发育和演替，甚至场地上的二次施工很有可能意外破坏封场覆盖层，造成环境安全隐患（图6-18）。

可见，不将填埋场堆体的自身特点和施工过程纳入计划的范围，理想的自然山体和园林植物景观效果将难以实现。相反，只有将这些特点和内容综合到生态修复过程的整体安排中，才有可能实现良好的景观效果，才能降低施工难度、节约建设成本，并保证生态恢复过程的连续性。如果能顺应填埋场堆体的特点，并加以发挥，还有可能形成独具艺术气质的特色景观。

〔图6-17〕

设计思维下的设计研究：
理论探索与案例实证

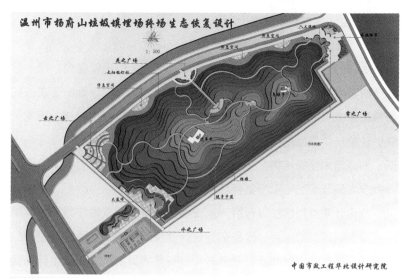

（图6-18）

　　此外，该设计方案提出的植物景观设计着重强调植物群落的层次搭配、花卉效果、季相色彩变化等，从效果图表达的意向看，是一种园林化的、装饰性很强的植物景观效果。本书认为这种装饰性的景观效果一方面需要特殊的表土层改造处理才有可能实现，增添了工程成本和施工难度。另一方面它们掩盖了场地曾经作为垃圾填埋场的痕迹，没有利用场地的特征，存在阻断场地文脉的问题；除此之外，填埋场达到最终安全稳定需要漫长的时间过程，装饰性的植物景观无助于人们意识到场地仍然存在的潜在隐患，不利于参与者的健康安全。因此，对此类场地的态度，需要重新思考和批判。

6.5.2 本书设计方案回顾

本书的设计思路是三个层面的要求在空间上的理性叠加。第一层面是填埋场封场工程技术规范的要求，如边坡形式等。第二层面是封场设计对场地的要求，如堆体容量等内容。第三层面是设计概念的要求。其中前两个层面的要求是工程性的技术要求，对于填埋场改造而言不可缺少。第三个层面是设计师置入的设计概念，如本书提出的在场地上保留垃圾填埋场的工作通道，形成场地空间结构，将改造工程所需的工作道路作为未来公园的主要游览路径，这样的设计概念为设计增加了紧密结合场地特点的特殊性。

从设计思维角度加以理解，第三层面的设计要求是作为抗解问题的设计问题在设计过程中被逐渐重新定义的结果，既是指导设计发展的要求，也是设计过程的结果。本方案最终设计问题的确立经历了解读和质疑任务书、分析技术要求、提出新设计问题、置入主观概念等一系列过程，是随着设计过程的发展逐渐清晰确立的。然而在一系列过程之上，本设计带着一个先入为主的设想，那就是视景观改造的目标为方案的总目标，其他各项工程技术措施、生态恢复过程等都围绕这个总目标综合成一个整体过程。这种先决性的指导思想有别于目前大多数填埋场改造项目中各部门先后入场、各有所司，彼此缺少交流和综合的现状。

从设计成果来看，以景观改造为总目标完成的堆体整形设计充分满足了填埋场封场工程的技术需要，并引导了总图设计、填埋气导排收集系统、渗滤液导排收集和回灌系统等在场地上的空间布局。整套填埋场封场设计完成后，本书设计方案证明了以景观改造为总目标完成的空间设计在填埋场封场和生态恢复的功能上是可行的。

此外，设计从景观美学的角度将填埋场整体作为大地艺术的载体，顺应并发挥封场工程的施工过程特点和填埋场堆体的空间形态特点，没有刻意追求人工模拟自然的园林植物景观，而是依靠场地生态系统自然恢复的过程，致力于营造符合场地特点的特色景观。虽然该设想最终没有在场地上落实，但是通过对比建成方案的实际效果，可以看出本书提出的思路确实具有合理性，以现有的技术条件在填埋场封场改造的场地上很难既满足封场工程要求，又形成模拟自然的有机山体形态。如果不将封场改造施工的技术特点和过程特点纳入景观改造的整体思考范围，将很难在短期内形成理想的园林景观。

本书之所以能够形成现有的设计成果，一方面离不开工程组织方提出了场地改造后作为公共绿地再利用的前提条件，使风景园林专业有机会在场地规划设计起始阶段就参与其中。另一方面得益于共同合作的环境保护工程团队所持的开放态度和跨学科合作的探索精神，这使得来自风景园林专业的贡献得以在高度专业化的环境工程领域发挥作用。第三，得益于有别于大多数同类工程项目的设计决策过程，在这个过程中，主导场地空间结构和时间过程规划的是来自风景园林专业的贡献，环境保护工程方面则提供了有力的技术支持和充分的交流合作。本书方案的形式具有一定的偶然性，离开以上任何一个条件，都不会形成，然而通过这个偶然的设计过程所获得的设计经验值得认真总结，并在此后的类似项目中推广，争取使之成为普遍的常规。

6.5.3　经验与不足

杨府山垃圾填埋场封场处置与生态恢复工程的设计过程中有以下设计经验值得总结:

（1）终场处置后,土地的再利用目标对填埋场的运行、改造和再利用规划设计都至关重要,因此在填埋场封场治理工程中应强调和突出封场规划的作用。

（2）土地再利用性质为公共绿地的填埋场,应尽早制订场地规划方案。

（3）场地规划方案的制定应将垃圾填埋技术规范的要求和封场处理的技术要求作为必须满足的前提条件。

（4）规划公共绿地的总体布局必须首先满足封场设施的功能要求;竖向设计应考虑填埋场对堆体整形的技术要求;园路布局应兼顾填埋场监测管理的功能需要。

（5）公园设计应分期规划,在填埋堆体沉降稳定之前,应避免大型建筑物的建设和大型树木的栽植,填埋气集气井和填埋气焚烧火炬等危险设施周围应设立醒目标志或划定禁入范围,防止发生意外事故;填埋堆体沉降稳定后,可进行一般建设。

（6）在填埋场运行或封场改造的施工过程中,可根据封场规划和场地再利用设计的具体情况组织施工,将环卫工程与园林竖向工程结合;填埋场运行过程中的工作通道和封场改造工程中的施工便道可考虑作为规划道路或园路使用。

（7）植被的种植和植物群落的培育应遵循生态恢复的自然规律,分为植被恢复先期野生先锋物种入侵,植被恢复初期耐受性强的本地物种生发,植被恢复的中后期和开发阶段可以进行较大规模的人工干预,根据规划进行景观配植或经济林种植。

（8）注意展示场地特征,宣传场地历史,起到一定的宣传教育作用。

（9）注意场地的长期监测观察,防止安全事故发生。

从该项目中获得的以上设计经验并不受温州的地域气候环境等限制,也可以适用于其他地区的此类项目。

除此有益设计经验外,本项目在设计中也同样存在诸多不足,可供其他同类项目借鉴。首先,在生态恢复策略方面,本方案主要关注场地植被的恢复情况,忽视了诸如昆虫、鸟类或小动物的生境营造。另外,在植物材料的选择方面所做的研究有所不足,未开展专门的现场实验或进行充足的案例研究,只概括性的提出了植物的大致选择范围,相关工作有待进一步深入细化。第三,对于场地利用废旧回收材料营造游憩设施的设计构想,在本设计中无论是图面表达还是具体的材料选择和建造技术都缺少足够深入的研究和探讨,有待进一步深化。第四,场地形态的设计主要考虑了填埋场运行过程和封场改造工程的施工过程,与具体的施工组织和现场工作的结合有所不足。例如本方案设计的主要施工进场方向为场地西侧,公园的主要游览道路也据此从场地西侧沿坡而上连接山体上下。但是根据填埋堆体的卫星影像图判断,实际施工是从场地东侧沿江路与规划路相交的位置进场。这种施工组织安排可以较大程度地避免对场地西侧城市干道的正常交通造成干扰,确有优势。如果根据这一实际施工情况,按照本方案主张的理论,园路应该从场地东侧沿现有施工道路规划。然而,施工组织也同样可以根据场地的规划设计目的进行安排,如果按照本方案实施,施工进场方向就会被安排在场地西侧,同样具有可能性。这正是本方案由于没有付诸实践而造成的相关设想无法验证的缺憾。

6.5.4　对理论假设的回应

在本项目中，景观改造的目标始终引导着设计过程，不仅主导了场地绿化和园林设计的内容，也影响了封场处置与环境保护的措施。以景观改造为目标进行的垃圾堆体整形设计成为环境保护措施的载体，既保证了封场处置的功能性要求，也为生态恢复提供了环境基础，同时也形成了满足游憩功能的条件。虽然设计方案并未建设实施，但是从本方案与实际建成结果的对比可以看出，实际建成的空间效果与本方案的设计基本一致。这说明本方案以景观改造为目标，整合封场改造工程与生态恢复过程的设计结果，符合此类工程的内在规律。

将景观改造的目标纳入填埋场治理的总体目标，有利于促进风景园林设计专业更全面地参与方案制定。风景园林设计师的设计师式认知思维与环境保护工程师以规范和标准为框架的思维方式相结合，有助于形成更具综合性的问题解决方案。相对目前填埋场治理过程中各个专业相脱离的治理模式，本书所提倡的以景观改造整合不同专业的综合治理模式显然更具优势。

10 9 8 **7** 章

第9届国际园林博览会锦绣谷景观设计

7.1 研究思路：填埋场景观改造风格转变的探索

在风景园林专业中，非正规垃圾填埋场景观改造仍属于非传统实践领域。面对此类问题，风景园林设计师往往缺乏专门的应对经验和设计知识。因此在应对填埋场景观改造的问题时，经常出现由于缺乏针对性的设计知识，而无法对特殊的场地性质形成全面认知的现象。尤其是在环境治理工程与景观改造设计相脱离的现实条件下，这种现象更为突出。在设计风格上，这种现象表现为景观设计缺乏对场地治理技术和治理过程的理解，也缺少与环境工程专业的配合，从而无法认识场地特殊的美学价值，只能以专业自身的标准进行风格的取舍。也正是这种原因才形成了前文所述的填埋场景观改造设计中存在强调"装饰性"甚于场地结构的设计现象。

本书通过对国外案例的研究，提出以环境治理工程内在的技术美学审美价值为导向进行填埋场景观改造设计的理论设想。在本章中，将通过第9届中国（北京）国际园林博览会"锦绣谷"方案设计，探讨非正规垃圾填埋场景观改造设计风格的转变，以期为风景园林设计领域积累填埋场景观改造的专门经验，并通过设计反思形成具有针对性的设计知识。

第9届中国（北京）国际园林博览会"锦绣谷"方案设计是构成本书设计研究框架的第二个工程项目。之所以选择此项目作为北京市非正规垃圾填埋场景观改造设计研究的载体，是因为三个方面的原因：第一，该项目的基础是北京市周边一处大型非正规垃圾填埋场，符合研究对象的一般特点。第二，场地治理和再利用的规划已经制定，该场地将建设成为国际园林博览会会址，明确的场地再利用规划目标有利于设计研究的开展。第三，在园林博览会的背景下有条件采取突破传统思路的设计方案，允许多种不同设计途径并存，这有利于研究思路的拓展。

作为设计研究项目，本项目与第4章的设计项目既有延续性，又有互补性，是完善设计研究整体框架的组成部分。温州杨府山垃圾填埋场封场处置和生态恢复工程提供了一个包含填埋场景观改造完整流程的典型工程案例，通过对该项目的设计反思，我们可以获得有关填埋场景观改造设计思路的相关设计知识。这部分设计知识的意义在于把握此类项目的思路和逻辑，具有超脱于具体场地的普适性。本章中的设计研究项目可以在自身场地条件上应用来自于前述工程的设计经验，因而具有延续性。同时，从场地具体条件看，本项目位于北京市，是北京市非正规垃圾填埋场具体问题的一个反映，本项目的设计研究结果具有更为具体的现实背景。另外，本项目试图证明的设计理论设想有关设计风格和设计概念，与前文所述的设计研究过程所关注的问题具有互补性。因此通过本项目获得的设计研究成果有助于克服单个设计项目的局限性，拓宽设计经验的积累范围，完善设计知识的组成。

7.2 项目概况：依赖环境治理工程的场地再利用

7.2.1 场地概述

1．区位及自然条件

"锦绣谷"是第9届国际园林博览会中的一个规划区域，基地是园博园规划选址范围内一座由于长期堆积建筑渣土而形成的面积约13hm²的大型砂土坑。此届园林博览会的规划选址范围位于丰台区永定河西岸，北至莲石西路，南到梅市口路西延长线，西至鹰山公园西界，东临永定河新右堤，西南接京周铁路新线，面积267hm²，与规划中的园博湖（246hm²）共占地513hm²（图7-1）。

本设计方案的场地"锦绣谷"位于园博园的中部，北部紧邻永定河新右堤，河堤路构成了场地的北部边界，东侧有新建高速铁路穿过，沿铁路规划线路已经建成高架铁路桥的桥基，场地南侧和西侧是由建筑渣土堆成的深度约30m的陡峭边坡。

（图7-1）

2．填埋堆体概况

如果由垃圾堆填形成的垃圾堆体是"正地形"，那么"锦绣谷"所在的大型砂土坑就是一个由于长期进行非正规垃圾填埋而形成的"负地形"。园博园所在地块处于丰台区、石景山区，以及门头沟区三区交界

图7-1　规划选址范围（图片来源：http://www.expo2013.net）

第7章
第9届国际园林博览会锦绣谷景观设计

地带，由于历史形成的管理问题，长期以来这里都是非正规垃圾填埋问题比较严重的地区。永定河西岸河堤路以西，射击场路以东区域出现大规模的垃圾填埋堆体。此处填埋的垃圾以建筑垃圾为主，混有生活垃圾。垃圾堆体的厚度不规则、填埋层深度变化大。根据地质勘察结果，该区域表层为第（1）层杂填土层，其下为第四系冲洪积层。第（1）层杂填土层最薄处为1.3m，主要位于场地西侧射击场路沿线；最厚处为30.8m，层顶标高约为72.8m，层底标高约为37~42m。其主要成分为砖块、水泥块、碎石等建筑垃圾；局部地区含有生活垃圾，生活垃圾已经腐化形成腐殖质，并且有填埋气体持续逸出。表面杂填土层之下为第（2）层卵石层，成分以沉积岩为主，混有火成岩，磨圆度较好，呈亚圆形，中风化，级配连续，卵石最大粒径10cm，一般粒径2~4cm，充填物为砂，约占全重的35%。

在填埋堆体中间临近永定河河堤位置，有一块面积约13hm²的区域未堆积建筑垃圾，其四周环绕的约30m高的垃圾堆体将其包围形成一处深坑。深坑的北侧坡度最陡，坡度在50°~65°，其他部位坡度稍缓，坡度不大于50°。坑底起伏不平，存在若干处高度超过10m的小丘。坑底靠近高铁线路的位置覆盖高铁桩基施工时产生的泥浆，已风干龟裂。除此之外，坑体边缘有挖取级配砂石遗留的大块漂石。地层主要覆盖原状卵石层，卵石层厚3~15m，其下为第三系砾岩。场地局部覆盖少量建筑垃圾，层厚不超过1m，主要覆盖在坑底的西侧靠南位置。坑底在局部较深处存在外渗地下水，形成水洼，水面标高约为海拔37m（图7-2）。

3．规划条件

本届园博会以"绿色交响、盛世园林"为核心概念，提出了园博会内容上的6个特色：园林文化百科、化腐朽为神奇、展示先进理念、多彩魅力体验、展现地域文化、促进地域发展。

（图7-2）

在此规划理念指导下，园博园的总体规划呈"一轴、两点、三带、五园"的空间结构。其中"一轴"指平行于永定河河堤、贯穿园区南北的"园博轴"，两点指园区中两个重要的节点：园林博物馆和"锦绣谷"，"三带"指园内联系园博园西南处中关村科技园丰台园西区与永定河的三条绿色景观走廊，"五园"指由园博馆和三条景观廊道划分出的具有不同特色的五个核心展示区：传统展园、现代展园、创意展园、生态展园和国际展园（图7-3）。

"锦绣谷"的立地条件在整个园博园中最为特殊，长期堆积的大量建筑垃圾在此围合成壮观的峡谷，展现出高度超过30m的填埋体。特殊的地形让锦绣谷的现状成为能够最为直接地反映场地历史的窗口。同样，锦绣谷的改造能够最为直观地反映场地的剧烈变化。为了强调和突出改造的突出效果，这个人工谷地在园博园的总体规划中被规划为尺度震撼的"锦绣花海"。景区的规划以"化腐朽为神奇"作为主要概念，力图运用模拟自然的地形，以自然有机的空间形式彻底改造现有的陡峭堆体边坡，消除场地上的人工堆筑痕迹，并营造规模宏大的花卉展示区域。规划意向效果图显示，改造后锦绣谷景区将从陡峭险峻尺度惊人的垃圾峡谷转变为一处溪流幽转、瀑布直落、繁花铺地、林木参天，

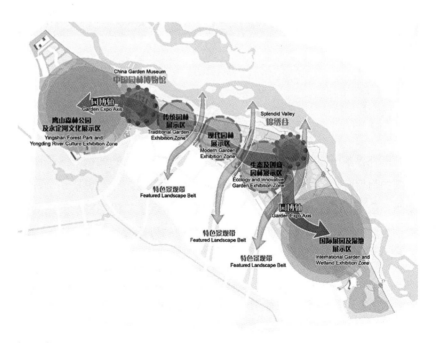

（图7-3）

图7-2　园博园内大沙坑改造前照片
图7-3　第九届中国国际园林博览会园博园总体规划结构（图片来源：http://www.expo2013.net）

第 7 章
第 9 届国际园林博览会锦绣谷景观设计

（图7-4）

（图7-5）

宛如室外桃源一般的园林谷地。锦绣谷以其独一无二的现状地形条件和
剧烈的前后变化效果被视为本期园博园的亮点工程之一，也是整个园区
中两个最为重要的节点之一。这些规划条件决定了"锦绣谷"的空间结
构、主要景观元素以及环境氛围等，为场地的具体设计限定了方向（图
7-4、图7-5）。

7.2.2　设计背景介绍

　　锦绣谷方案设计工作是第九届中国（北京）国际园林博览会规划
建设的组成部分。这届博览会将于2013年4月至10月举行。2009年

8月经北京市委、市政府批准，市园林绿化局和丰台区政府代表北京市开始申办第九届园博会。2010年1月20日住建部正式致函，由北京市政府和住建部共同主办第九届园博会。2010年2月开始园林博览会规划设计方案征集。总体规划和各部分的深化设计工作自此逐渐展开。2011年2月中国园林博物馆规划设计方案最终确定。2011年5月锦绣谷方案获得通过。2012年2月起各个展园的方案设计和施工工作逐渐展开，计划2012年秋完成工程建设，并于2013年春季开园。

在园博园总体规划方案制定和各部分方案逐渐深入的过程中，环境治理工程同步实施。环境治理工程主要针对的是场地内的表层建筑垃圾和杂填土。这些填埋物质结构疏松、承载力低、稳定性差，需要经过地基处理才能达到建设要求。场地地基处理可供选择的工程方法有：碾压法、强夯法和高压注浆法。综合比较施工效果、工期要求、施工成本，以及环境影响之后，园博园的建设选择了强夯法进行环境治理工程。经强夯法处理后的场地要求达到150kPa以上的地基承载力，并消除深度13m以内回填土在自重压力下的沉降变形及湿陷性。截至2012年2月，规划园区环境治理基本完成，市政工程开始施工，并计划于同年10月底竣工验收。

本书作者于2011年1~3月加入规划设计团队参与了锦绣谷景区的深化设计。在园博园规划建设的实际背景中，锦绣谷的环境氛围和景观要素，以及主要服务内容已经通过总体规划得以确定。锦绣花海、高崖飞瀑、谷底森林等景观意向成为指导深化设计的概念。但是设计方案仍然存在很大的不确定性和开放性：一方面填埋堆体改造的技术措施仍无定论；另一方面，虽然设计团队倾向于应用中国传统园林的形式语言，但是设计方案仍然允许设计师在空间塑造和具体景观形式方面进行发挥。在这样的现实背景下，本书作者根据以往设计研究的成果，利用园林博览会契机，从探索特殊场地空间形式和丰富此类场地的园林设计语言的角度出发，提出了紧密结合场地环境治理工程、利用工程地形塑造锦绣谷景区的设计理念。并以此为方向逐步深入发展了一套有别于设计团队先前所主张的传统园林风格的设计方案。

对于以建筑垃圾为主要填埋成分的非正规垃圾填埋场的景观改造的设计研究便通过本设计项目展开。

7.3 设计过程：特殊场地限制条件下的风格转换

7.3.1 重塑设计问题：受限条件下的概念表达

1. 设计问题的产生

设计目标与场地条件之间的矛盾是设计问题产生的原点。园博园的总体规划提出了6项指导规划设计的预期要求，它们是：园林文化百科，化腐朽为神奇，展示先进理念，多彩魅力体验，展现地域文化、促进地域发展。其中"化腐朽为神奇"的预期效果在空间上主要依托锦绣谷景区的改造来实现，另外"展示先进理念"的任务也部分地落实在锦绣谷景区的规划设计和施工建设上，最终锦绣谷景区的设计应服务于"促进地域发展"的目标。因此，锦绣谷景区的景观意向和服务内容在设计之初的规划阶段就已经确定，这些内容中主要包括：锦绣花海、悬崖飞瀑、谷底森林等。完成规划预期，实现上述景观构想便是设计的基本目标。

与设计基本目标相对的是场地自身的各种不利条件。这些不利条件主要来自场地四周由建筑垃圾和杂填土堆成的堆体：第一，建筑垃圾和杂填土形成的30m高的堆体密实度不均匀，堆体表面松散、地基承载力低。第二，堆体边缘开裂易塌陷，边坡过于陡峭，填埋堆体中常有大块漂石或混凝土弃块，易发生下坠滚落等意外。第三，堆体表面土层薄、土壤干燥瘠薄、扬尘现象严重，土壤条件无法支持植物健康生长。除此之外，场地周围的外部环境条件也带来诸多不利因素，例如直抵永定河新右堤的场地北侧标高低于河底标高约10m。在这种情况下为保证城市沿河地区的安全，河堤沿线的规划设计必须满足城市防洪规范要求，因此锦绣谷设计方案不得不受永定河新右堤防洪要求的掣肘。与此相似的是，东侧凌空而过的高速铁路对场地也造成了直接影响。高架铁路的桥基落在场地边缘，为了防止锦绣谷的建设对高铁地基造成干扰，桥基周围无法进行大规模的土方工程，这一情况又为场地的设计增添了一项限制条件。

因此如何在场地内困于恶劣环境条件、外患于苛刻限制条件的情况下完成场地面貌的转变，并实现规划提出的优美景观效果，成为设计方案需要面对的基本设计问题。

2．设计问题的定义

设计问题随着设计概念的导入而逐渐产生并清晰化。为解决设计目标与场地条件之间的矛盾，设计团队首先提出了以中国传统园林模拟自然的设计手法大规模改造现有地形，塑造理想山水结构的设计概念。在这一概念的指导下，自然山水园的设计和施工成为引领设计进展的主要动因。场地现状成为可以任意改变的次要因素。

在现实条件下，这种设计概念和对现状的态度具有合理性。这是因为园林博览会作为一项城市事件，不仅承载了风景园林规划设计展示和园林艺术、技术、产品博览等与园林自身内容密切相关的功能，还必须发挥治理城市环境、促进经济发展、服务周边居民等带动城市环境转变和改善人民生活的辐射作用。在举办园林博览会的背景下，治理和改善场地条件、重新塑造园林景观的规划意图是任何设计概念都无法挑战的首要要求。同时，场地自身的不利因素可以通过工程措施进行彻底地改造整治。在这样两方面条件作用下，设计方案可以较少地受场地条件限制，充分发挥设计的创造力来营造符合规划目标的优美园林效果。

采用中国传统园林形式语言的设计概念正是基于园博会总体规划将锦绣谷定位为"化腐朽为神奇"效果展示地，并致力于在条件恶劣的场地基础上创造优美园林环境的事实。显然为了在空间中落实"化腐朽为神奇"的效果，上述概念采用的策略是重点突出"神奇"意境，通过瀑布、森林、花海等令人激动的景观要素在场地上营造全新的园林环境。

3．设计问题的重新定义

以上设计概念的提出和问题的定义，为设计问题的进一步形成提供了基础。它明确了锦绣谷景区设计最为主要的设计目标，那就是在园博会的整体环境中突出展示本届展会"化腐朽为神奇"的效果。

然而，"化腐朽为神奇"的概念自身具有很强的歧义性，不同设计师根据自身不同的经验和观点进行解读，会产生不同的设计问题。本书作者在解读这一规划概念时，受自身经验的影响认识到：此类场地上的园林设计，环境整治工程是前提性的工作，它的实施会去除安全隐患、消除污染因素，对场地现状形成结构性的改变，因此场地上的"腐朽"必然不复存在，同时场地周围存在的一系列硬性限制条件为创造"神奇"的境界制造了重重困难，只有依靠高成本的投入克服限制条件的不利影响才有可能形成堪称"神奇"的园林环境，否则"腐朽"既灭"神奇"难现，"化腐朽为神奇"的规划目标将无从实现。

根据杨府山垃圾填埋场景观改造工程积累的设计知识，环境整治工程事实上决定了此类场地的空间结构和环境氛围，如果能够认识到这种通过环境工程技术形成的特殊景观形式所具有的美学价值，那么环境治理工程所决定的空间结构不失为一种营造别样园林景观的物质基础。再加上来自美国拜斯比公园的经验，如果能够将环境治理技术作用于场地的物质结果加以大地艺术化地表现，那么依赖环境治理技术对场地的影响不仅可以营造别样园林景观，还可以引起人们的特殊审美体验。更有来自美国清泉溪案例和西班牙拉维琼填埋场案例的经验，大尺度的人工地形同样可以抚育生态修复过程的发展。那么，同样是环境治理技术作用结果的锦绣谷场地，也将能够承担生态恢复的功能。将环境治理工程赋予场地的审美效果和场地承载生态恢复过程的生态效果结合，有可能形成一种与"世外桃源"的"神奇"境域截然不同的园林境域。如果能通过保留或利用环境治理工程在场地上的痕迹，以动态的视野展现场地经过治理后转化为园林境域的过程，那么即使所形成的园林境域不能实现"神奇"的意境，设计方案通过场地转变过程的展示，也可以实现"化腐朽为神奇"的"化"境，"化腐朽为神奇"的规划概念同样能够得以体现。

对规划目标的以上解读为设计方案的发展提出了不同的概念，即在经过环境治理工程处置后的场地上展现场地的变化过程。由于这一概念的置入，设计需要面对的问题就不再是"如何在条件恶劣、限制严格的场地上塑造优美的自然山水园"，而转化为"如何结合环境治理工程的空间结果，动态地营造宜人的园林境域"。这一概念虽然与先前提出的设计概念有重大区别，但是仍然紧扣规划目标提出的要求，而且它与场地改造的实际过程和客观条件紧密联系，在处理垃圾填埋场这类特殊场地条件上更具优势。因此本书对锦绣谷提出的设计方案在此设计问题的推动下展开，设计问题在设计过程中不断具体化、清晰化，直至设计方案完成。

7.3.2　确定设计目标：环境治理技术限定下的规划主题表达

设计目标随着设计问题的重新定义而发生变化并逐渐清晰。在本项目中，场地的具体基地条件和限制因素，以及工程所采取的具体技术方法，再加上设计师的主观设计意愿直接影响了设计问题的重新定义，进而推动了设计目标的最终确定。

1．场地问题的重新认识

从场地自身的特点看，它由长期堆填积累的大量建筑渣土和混杂其中的生活垃圾所围合，边坡高达30m，形成了超常的巨大尺度。这种构成和尺度带来了场地周边结构稳定性较差的问题。其中最具代表性的现象就是表面物质的坍塌和滑落。尤其在降雨集中的夏季，随着雨水的冲刷，表面物质更容易流失。与此相对的是，场地的底部则结构稳定，地形丰富，土壤水分都较为充分。由于深处地表30m以下的深谷，场地底部的环境很少有人工活动的干扰，造成了以芦苇和五叶地锦等多种藤本植物为主的植物群落的繁荣。在此基础上，场地成为麻雀、灰喜鹊等鸟类的栖息地。根据现场考察，场地中还有犬类的足迹和排泄物，说明有中小型哺乳动物在此出没。从卫星影像图上看，锦绣谷所在的谷地由于处于人类活动不便开展的位置，而出人意料地在一片尺度超常的建筑垃圾中成为具有明显异质性的绿色斑块，可谓"自然之遗珠，百里废堆之点绿"。

与场地自身的特殊环境相对的是场地周围环境带来的限制条件。从场地周围的限制条件看，主要有三个方面的因素限制了场地空间形态的发展。首先，永定河的防洪要求限制场地北侧的空间形态也决定了场地底部的形态。第二，过境高架铁路限制场地东侧的空间形态。第三，强势的上位规划条件决定了场地西侧和南侧的空间形态。

第一个方面的限制因素来自于永定河的水利管理需要。为防范永定河发生洪涝灾害危及北京城区，在锦绣谷的前期规划过程中，水利部门对场地北缘提出了严格的要求：永定河新右堤堤顶路以北面向河道内侧的30m划为水务管理范围；堤顶路以南朝向锦绣谷一侧的70m范围划为河道防护范围，在此范围内边坡坡度不得超过1∶3；另外，为防止锦绣谷底部出现管涌，水利部门要求将现有坑底填高10m以达到与永定河设计河底标高持平的位置。这些场地外以水利安全为目的的管理措施和工程措施对场地内的空间形态造成了不可忽视的重要影响（图7-6）。

第二个方面的限制因素来自京石高铁建设的需要。京石高铁设计时速超过300km/h。对于运行速度大于200km/h的高速铁路而言，轨道必须具有高平顺性。为了在经济可行的条件下实现轨道的平顺性，我国采取的是利用路基的变形控制取代昂贵的高标准强化轨道结构的技术方法。这种方法要求对刚度较小的路基进行严格的沉降变形控制。由此可见，高铁路基的严格沉降变形控制要求周边的工程建设尽量减小对路基施工的干扰。为了保障高铁建设的质量，京石高铁在其选线范围的外侧划出了宽度为18m的防护隔离带。该防护带的存在给锦绣谷东侧边缘形成了刚性限制（图7-7）。

第三个方面的限制因素来自园博园总体规划对锦绣谷周边的规划要求。锦绣谷南侧为整个园博园的主要轴线，是大量人流进入锦绣谷的主要来向。紧邻锦绣谷南部边缘，在现状大沙坑的顶部，规划有高新园林技术博物馆一座。在此建设体量较大的公共建筑，要求地基稳定并具有足够的承载能力。为满足建筑需要必须对此处边坡进行工程处理，所以锦绣谷南部的空间形态必须对此工程措施造成的影响进行回应。而锦绣谷西侧的展园在规划中被定位为反映鹰山余脉的自然有机形态，这种形态需要在锦绣谷内部继续延续（图7-8）。

可见，锦绣谷场地内部的空间形态发展在四个主要方向上都有强势的外部限制因素影响（图7-9）。通过设计过程塑造场地空间，除了从场地自身的特点出发外，不可避免地需要响应来自于场地外部的影响因素。这些因素的影响最终都通过不同的工程技术手段具体地施加在场地上。也就是说，锦绣谷内部的空间形态需要响应场地上所实施的工程技术手段造成的影响。

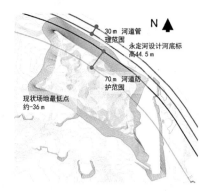
（图7-6）

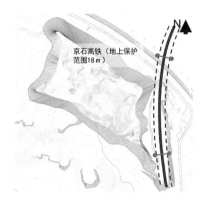
（图7-7）

（图7-8）

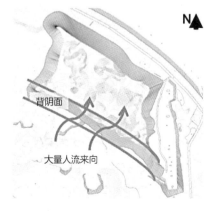
（图7-9）

图7-6　场地北侧的限制因素
图7-7　场地东侧的限制因素
图7-8　场地西侧的限制因素
图7-9　场地南侧的限制因素

2. 技术措施的响应

锦绣谷外围的客观条件对场地的影响集中反映在对地基承载力和边坡稳定性的特殊要求上。场地处理工程所采取的措施也相应地主要考虑这两个方面。

为了使地基达到可靠的稳定性，园林博览会组委会要求场地处理后的填土区承载力能达到150kPa以上，并消除深13m以内回填土在自重压力下的沉降变形及湿陷性。在此目标下，可供选择的工程措施主要包括：碾压法、强夯法、高压注浆法。分别比较这三种工程方法可见其各自的优缺点：碾压法施工时间短、费用低，并且对周边影响小，但是处理深度小，不能达到处理深度的要求。强夯法具有时间短，费用低，处理深度大的优点，缺点是对周边居民及建筑物影响较大。高压注浆法则具有处理深度很深，对周边影响较小的优点，缺点是时间相对较长，工作量大、费用高。

园博会建设的工程特点是体量大，时间短，环境治理工程与土方整平、绿化土回填工序交叉，因而要求环境治理工程与其他工序配合，缩短工期。此外，本工程周边居民很少，场地与周边居住区有道路相隔，场区内的震动对周边影响不大。鉴于以上工程特点，比较待选工程措施，强夯法是最佳选择。利用强夯法对场地进行地基处理，可以在较短的工期内达到环境治理的要求、完成作业，并且所产生的震动、噪音等影响不会对周围居民和建筑物造成很大的干扰。因此，对于锦绣谷而言，其场地内的地面基础所呈现的最终空间形态将由地基强夯的结果所决定。

为了加强锦绣谷边坡的稳定性，设计团队对边坡加固的工程措施进行了分析和筛选。针对锦绣谷大沙坑边坡高度高，坡度陡峭，结构松散的特点，边坡加固措施有以下几个备选方案：锚喷支护法、放坡法、分级挡土墙法、分级放坡土工结构法等。

锚喷支护对危石加固而言是一种较好的选择，技术成熟结构、结构简单，不会明显改变环境。但是在深厚填土地区，由于无法形成锚固体，无法产生锚固力，因而无法适用。锦绣谷大沙坑四周边坡为杂填土长期堆积形成，深达30m的填土内缺乏形成锚固体的条件，因而锚喷支护法在此难以适用。

放坡法也是边坡处理的常用方法。当地层的强度和稳定性比较好时，若边坡较高，则经常采用分级放坡的方法。此方法的缺点是需要大量土方。锦绣谷所在场地地层基本为杂填土，所含物质复杂且密度不均匀，采用放坡法需有效处理面层以防止坍塌，并且坡度不宜大于1：3~1：4。

分级挡土墙支护在较高的岩石自然边坡中使用较广泛。该法对挡土墙基础的要求很高。本工程地层全部为杂填土，若采用分级挡土墙的方法，形成的墙体基础会很深，施工极其困难，因此该法在此不适用。

分级放坡土工结构属于柔性支护结构，在各种地层中广泛应用。由于土工结构自身重量较轻，对地基承载力要求低，施工简便，可保证质量，施工速度快，造价较低，占地面积小，可以形成坡比1：0.5~1：1.5范围内的边坡。

综上所述，锚喷支护和分级放坡挡土墙支护方式在本工程中基本不适用，放坡法在进行过一定面层处理的前提下，可局部地段采用，而分级放坡土工结构可以处理本工程中的大部分边坡，是处理锦绣谷边坡最为适宜的工程技术方法。

锦绣谷作为一处长期堆填建筑渣土的非正规垃圾填埋场，其景观改造的前提是环境治理。在特殊的内部条件和外部限制因素作用下，对场地地基和边坡的加固成为环境治理工程最为主要的任务。进一步考察可供选择的工程技术方法发现，强夯法是本工程处理地基最为适宜的方法，分级放坡土工结构是处理边坡最为适宜的方法。这两种工程技术方法将作为场地环境治理的主要手段，它们对场地的作用是景观改造不可忽视的前提条件。无论采取何种设计策略，运用何种设计形式语言，强夯工程和分级放坡土工结构对场地的空间影响，都是无法回避的客观存在。可以说，这两种工程措施对场地的影响为场地空间形式和景观外貌的发展提供了物质性的基础。

3．设计立场与设计目标

设计目标的最终确认除了客观因素以外，同时受到设计师的设计直觉和设计意愿等默会性因素及主观因素的影响。经过对场地内部的客观条件、外部的限制因素，以及环境治理的应对措施进行分析之后，锦绣谷景观改造的物质性基础已经相对明晰地得以展现，那就是以地基强夯和边坡分级放坡土工结构为主的工程技术手段作用于场地所形成的空间形态。面对这样的物质基础可以采取截然不同的设计态度，可以对此加以隐蔽和装饰，用花卉、树木等景观要素赋予场地全新的景观面貌。也可以以此为基础，结合大规模环境治理形成的空间形态，发展对场地原貌有迹可循的景观。结合前文章节中所总结的设计知识，本书主张采用后者。

本书主张场地景观改造工作宜结合环境治理工程赋予场地的物质空间形态，主要有三个方面的原因：首先，环境治理工程是非正规垃圾填埋场景观改造的前提性工作。环境治理工程赋予场地的物质空间形态是此类场地不可回避的客观物质基础。第二，环境治理工程赋予场地的物质空间形态来源于工程材料、技术方法及设备设施等技术因素的共同作用。技术因素塑造场地的内在规律可以通过对同类案例的分析加以总结，并运用到场地设计中，使景观改造更具理性。第三，在技术因素综合作用下，环境治理工程赋予场地的物质空间形态内含技术美，可以为景观环境提供特殊的审美价值。如果景观改造的总体进程能够综合环境治理工程的过程，那么环境治理工程内涵的技术美学价值就可以在最终的景观效果被更加充分地认识和欣赏。

在原规划设计基础上，本书经过"定义场地问题—确定技术措施—分析场地影响—确定设计立场"等过程对园博园锦绣谷景观的设计目标提出了新的理解和认识，即综合地基强夯、构筑边坡分级放坡土工结构等具体的环境治理工程措施所造成的空间效果，在场地上塑造具有技术美学价值的园林景观。

7.3.3 景观改造的逻辑依据：场地自身的技术性限制条件

以体现技术美学价值为景观改造设计目标，需要从环境治理工程的技术要素入手，超越行业和学科的局限进行统筹，分析其对场地物质空间的影响，从而将环境治理工程整合到景观改造的整体进程中去。

1．地形结构的变化

场地地形在地基强夯工程的影响下产生了结构性的变化。为了保证本区域的防洪安全，场地底部需填高10m并进行强夯，以达到与相邻的永定河河底设计标高相同的高程。完成10m的填高和强夯作业后，坑体的深度从约30m变为20m左右，场地底部原有地形的大部分都被填埋。填埋后形成的地形在强夯作用下呈现平整、统一的人工地形。原有坑底土丘只在场地东南一隅有迹可循，其高度较原有高度大为降低，仅余3m左右。

由于原地形四周由斜坡围合，围合而成的空间形成类似倒锥形的体量，因此随着坑底高度上升，坑底面积也相应地增加。在边坡高度缩减，坑底面积增加以及小地形形成的空间分隔几乎完全消失的情况下，场地内部给人的空间体验围合感明显降低，开阔感明显增强。场地的空间结构由纵向特征明显的峡谷型结构向具有横向延展特征的盆地型结构转变（图7-10）。

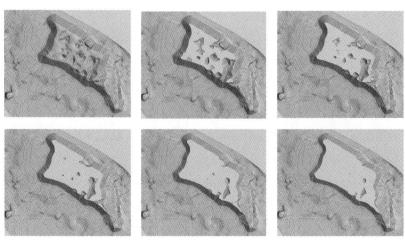

（图7-10）

2．施工过程对地形的塑造

坑底改造完成后需进行边坡改造，边坡改造工程的实施过程对场地内的地形具有直接影响。边坡改造需首先开通工作便道为施工车辆进入场地创造条件。工作便道虽为临时性路径，却对坑底与坑口处的竖向交通线路的最终形成具有重要意义。因为工作便道一般位于车辆出入方便、地形安全、路径合理的位置，其所在位置可以成为最终场地内交通流线的选线参考。

场地具备施工机械进场条件后，边坡改造即进入分级放坡和构筑土工结构的阶段。在此工程阶段内，应首先对过于疏松陡峭的现状边坡进行安全处理，扩大坑口面积，减缓边坡坡角，消除漂石坠落及大规模滑坡等安全隐患。此后，施工机械从工作便道进入坑底，自下而上呈阶梯状分层碾压塑造新的地形，每层的边坡分别放坡并构筑土工结构（图7-11）。逐级放坡和土工结构的构筑可结合设计地形的要求来进行。若设计地形为模拟自然的有机形式，在完成分层碾压和分级放坡的土工结构之后，还需在其上覆盖表层种植土，掩盖土工结构的痕迹，柔化地形的视觉效果。

可见，边坡的环境改造工程各个步骤间具有明显的时序性，无论最终场地内地形的景观效果如何，都必须以环境改造工程的结果为基础。所以，边坡改造过程各步骤间的时序性是最终场地地形的成因，应该作为基础性的内容纳入到景观改造设计的统筹安排中。

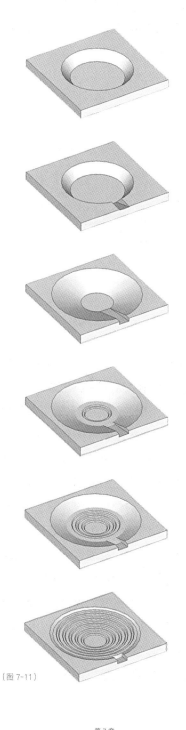

（图 7-11）

图7-10　随场地底部标高变化而变化的空间形态
图7-11　场地施工过程示意图

3. 边坡限制对场地形态的影响

环境改造工程的主要目的是去除安全隐患，保证场地安全。由于堆体稳定性差是本场地最为主要的安全隐患，所以环境改造工程的结果在本项目中主要体现在稳定边坡的成果上。根据垃圾填埋场改造的相关技术规范，垃圾堆体的边坡不应大于1：3；连续坡度高度不应超过4m，如超过4m，需设置宽度2m以上的平台打断连续坡度。如采取分级放坡土工结构，在局部挡墙的作用下，分级放坡的坡度可以达到1：1。该原则同样适用于其他成分构成的大型堆体，如构成本场地的建筑渣土等（图7-12）。

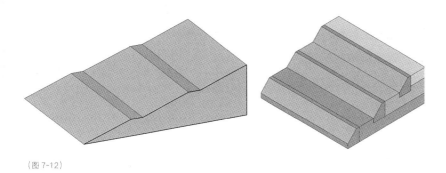

（图 7-12）

在此原则的控制下，场地的地形塑造虽然受到了严格的限制，但是即使在严格的条件控制之下利用简单易行的工程技术手段仍有可能塑造出多变的地形和丰富的空间。以场地的北侧边坡为例，通过设计实验可以发展出多样的空间单元用以组织园林空间。

场地北侧边坡为永定河新右堤的侧面，长度约400m，高度20m。根据水务部门的规定，与新右堤相平行的场地内侧70m宽的区域为水务管理区域，必须满足不小于1：3的安全坡度要求。如按照1：3的边坡进行统一的放坡处理，则坡底需要60m的宽度。按照安全要求采取由平台分隔的分级放坡，平台宽度为3m，则坡底需占据72m的宽度。也就是说若满足边坡安全角度的要求，边坡坡底宽度最短需要约70m。若将坡底适度向场地内部延伸，如延伸至80m宽，则可形成坡度小于1：3的边坡。当坡底长度在70~80m之间变化时，场地边坡会随之产生变截面的效果。将这种变截面的效果运用到尺度更小的分级放坡结构上时，边坡上就会随之形成宽窄不等的平台。调整平台的宽度之后可以形成既满足边坡稳定坡度的要求，又具备分隔连续边坡的分隔平台、同时具有丰富地形的整体性边坡。将400m长的范围进一步细化分割，可以形成45m宽的单元体。多个单元体之间相互组合，可以产生更为丰富的空间效果，适应塑造园林空间的需要（图7-13）。

根据环境治理工程的技术要求形成空间单元体，并加以变化组合的设计模式，既能够实现环境治理工程的工程目标，在边坡条件的严格限定下塑造丰富多样的空间，又能够利用环境工程的结果，为园林景观提供具有鲜明人工特色和技术美的别样景观效果。由此可见，边坡坡度的限制不仅为场地景观形态的改造提出了严格的限制条件，也为景观改造向体现技术美学审美价值的方向发展提供了机遇。

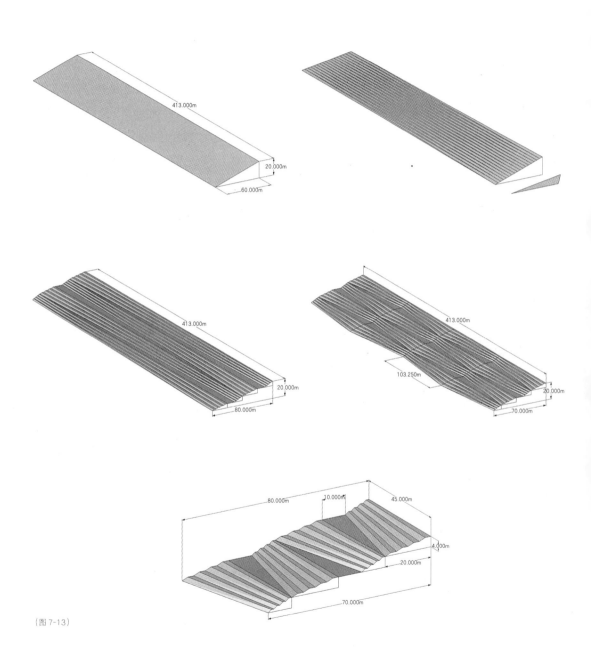

（图7-13）

图7-12　边坡稳定性要求示意图

图7-13　在边坡稳定性条件限制下形成的空间单元

7.4 填埋场景观改造设计结果

7.4.1 总体布局

综合以上原则和条件，景观设计方案的总体布局得以确定。场地布局的总体空间结构主要由三部分构成，即坑底区域、四面边坡，以及坑体外围的相邻区域。场地景观改造后形成的功能结构和内部分区则在此三个空间部分之间穿插布局。

具体而言，场地北侧为永定河新右堤，为满足水务管理的要求，此处采取增加坡底宽度，放缓边坡坡度，分级构筑土工结构的措施，并通过土工结构的变化在坡地上布置一系列小型台地。系列台地的坡向向南，具有较为优越的光照条件，适合开辟花卉种植床，形成大面积的花卉种植区。一方面可以在立意上呼应"锦绣花海"的主题，另一方面可以通过坡角的延伸对坑底开阔平坦的空间进行适度划分。场地的东侧边坡由现状既存的两级台地组成，从新右堤顶部可沿工作便道顺台地通往坑体内部。由于距离高速铁路桥的桥墩较近，为保证高速铁路的安全性，此地无法进行大规模的土方工程。因此在设计方案中，工作便道和现状台地得到保留作为联系场地内部与沙坑顶部的通道。边坡整型则采取分级放坡并加筑挡土墙的做法，尽量减小坡底宽度和施工作业面，以降低对相邻高铁的影响。场地南侧是主要的人流来向，并建有博物馆和集散广场。此处的边坡处理主要考虑在保证稳定性的基础上形成有效的竖向交通联系，方便游人从坑体外围进入锦绣谷景区。因此在分级放坡和构筑土工结构的时候，方案采用多种措施将坡道、台阶等功能性构筑与土工结构相结合。场地西侧根据上位规划的要求，采取放缓坡的处理方法，形成模拟自然的有机地形。因此无论是现状地形，还是环境治理工程塑造而成的地形都无法保留。取而代之的则是宛若自然山体向下延伸的有机地形。除此之外，此处还规划有一处瀑布水景，增强自然景观的意趣。这些规划设计的构思都将在设计方案中加以保留。

除了四个方向的边坡之外，场地底部在环境治理工程之后形成了开阔平坦的人工地形。该地形虽然缺少空间的分隔组织，而且地形单一缺少层次变化，但与四周边坡相比却具有面积充足、地基稳定、建造和种植条件理想等优越条件。因此，锦绣谷的大部分景点和主要游览功能都集中布置在坑底。为了增加坑底部分的空间层次，改善景点的空间尺度，方案在坑底设置了一系列小地形对空间进行分隔，同时起到引导游线的作用。这些地形是对坑底填高前场地内的土丘进行的抽象化再现，它们的位置主要集中在场地的东南角，即原有土丘经过填埋后在场地上仍有迹可循的位置。该位置同时是人流从坑口的集散广场进入坑底后的必经之地，增加地形后可以起到空间转换的作用。新的地形均采取三角锥形的形式，具有鲜明的人工几何造型特点，与场地西侧和缓的有机地形形成明显对比。坑底的中部和西侧布置的是主景点和大面积的种植区域。在这些位置，环境治理工程形成的平坦开阔地形得到保留和利用。

综上所述，本轮方案所布局的锦绣谷在北侧、东侧和南侧边坡基本保留，并充分利用了环境治理工程给场地造成的空间影响，以分级放坡构筑土工结构的工程做法形成了三面人工构筑的边坡，呈"U"字形环绕坑底。西侧边坡则采取"放缓坡"的工程做法及"筑山"的园林手法，以鹰山山脉之余脉的形象延伸至场地内。自然有机的园林地形与棱角分明的工程地形在平坦开阔的坑底通过一系列三角锥形的小地形产生对比和过渡。在此布局中，通过大型机械实施环境治理工程后形成的几何型边坡得以保留，并成为塑造场地空间形态的结构性元素。工程地形所蕴含的技术美在此被作为一种展现场地个性的元素得到发掘和尊重，与传统意义上的园林景观相对照、并存和融合（图7-14、图7-15）。

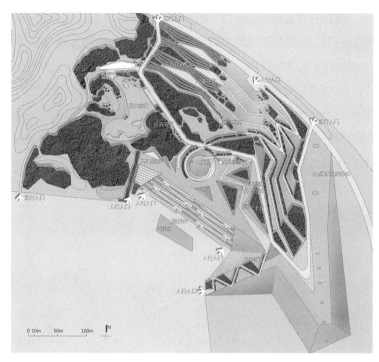

（图 7-14）

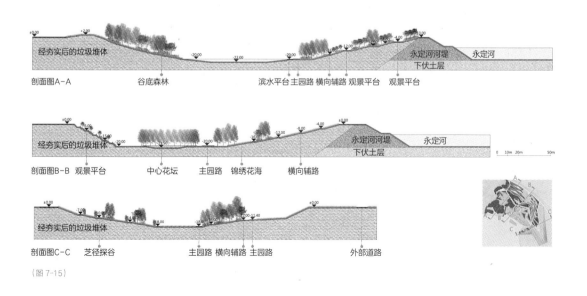

（图 7-15）

图7-14　锦绣谷方案总平面图
图7-15　锦绣谷设计方案剖面图

7.4.2　功能结构

锦绣谷设计方案的交通组织由三级园路构成。一级园路为环形主路，二级园路为横向与纵向辅路，三级园路为连接景点的次级园路。环形主路由谷地外的河堤路和谷地中心的主要游览道路组成，环路沟通谷地内外。横向辅路位于各级台地顶端，沿坡地等高线方向布局，起到与主路连通，分别联系各台地的作用。纵向道路沿垂直坡地等高线方向布局，起到连通不同标高的作用。其形式以坡道为主，局部位置采取台阶形式。次级辅路起到连接各个景点的作用，主要位于谷地底部地势平坦、景点集中的位置。

锦绣谷共设有混行入口3处，允许车辆进入。其中两处位于场地北部谷地内部道路与河堤路相交位置。一处位于场地南侧世博轴方向。此外，场地还设有禁止车辆通行的人行入口5处，其中四处位于博物馆外围，与人行坡道直接相连。还有一处位于河堤路上，与观景平台结合。

谷地内部设大型集散场地3处。一是位于场地西侧湖面附近，与茶室结合，形成供游人休憩的亲水场地。一是位于谷地中心，承接主要人流来向的游览场地。一是位于谷地东侧，道路转折且高差转换明显的集散场地。另有若干与台地结合的观景平台，主要位于光照条件和视线条件优越的谷地北坡。

上述结构均在场地工程地形的基础上整理而成，彼此关联形成满足游憩功能的景观结构（图7-16）。

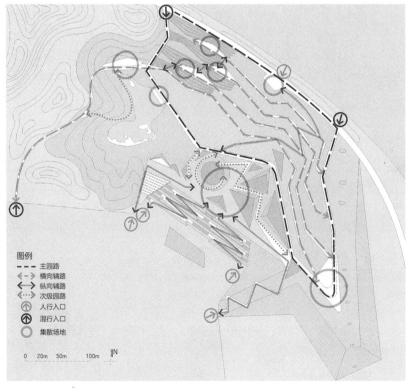

图例
- - - 主园路
<-> 横向辅路
<-> 纵向辅路
<···> 次级园路
↑ 人行入口
↑ 混行入口
○ 集散场地

0 20m 50m   100m   ↑N

（图7-16）

设计思维下的设计研究：
理论探索与案例实证

7.4.3 节点设计

虽然在空间布局上，锦绣谷采取了不同以往的形式与风格，但是作为园博园总体建设的一部分，形成不同风格的锦绣谷仍要实现上位规划的要求，突出规划主题，呈现规划内容。为了满足这一要求，设计方案应用新的形式语言对规划主题进行了不同的阐释。所采用的形式语言与场地自身的客观环境紧密联系，依托于环境治理工程的实施结果，突出了场地环境所内含的技术美学价值。

1. 锦绣花海

"锦绣花海"是体现锦绣谷规划主题的核心景观，依托场地北侧边坡展开。在前期的规划意向中，锦绣花海的主题以遍植花卉的自然地形加以表达。花卉种植的方式以系列微地形和大量花境为主。本方案则利用边坡改造形成的大尺度人工地形作为花卉的种植空间，突出花海的体量和规模。在植物材料和植物种植方式的选择上，大面积地选用乡土物种和多年生的野生花卉，以混播的形式种植，以此培养可以自播繁衍、持续更新的花卉景观。

以乡土物种为植物材料形成的大规模花卉景观，不仅可以动态地呈现四季各异的自然景观，而且大面积均质的地被可与有序的人工地形相配合，为生态环境的改善提供具有弹性和更多可能性的物质空间条件。由此形成的锦绣花海不仅能为游人提供花卉园艺的观赏活动，且可以大规模的人工地形承载生态环境的自我更新，为游人提供接触和体验生态环境自然发展过程的契机。

2. 芝径探谷

场地南侧引导游人步行进入锦绣谷的主要路径采取了连续的"之"字形通道。通道由台阶和休息平台组成，沿着场地东南侧的边坡，从坑口外的集散广场延伸到坑底的系列小地形。该路径的设计不仅起到引导游人、联系竖向空间的作用，而且具有收缩空间尺度，转换空间氛围的作用。游览者沿往复折返的路径拾级而下时，可以获得聚焦于身体周边细节的局部式体验。这种体验与入谷之前在集散广场上从高处俯瞰锦绣谷的全景式体验截然不同。"芝径探谷"的设计在植物配植上选用竹类作为骨干物种，多层次种植的竹类植物在路径两侧的坡地上形成可以遮挡视线的竹丛。空间的转换与植物材料配合进一步营造幽密沉静的空间氛围。以此打破大尺度人工地形过于齐整单调的缺陷，并在工程机械和手工技术形成的几何地形上增加自然意趣和园林意境，实现工程地形向园林环境的转化。

3. 系列土丘

与芝径探谷相连接的是"系列土丘"。系列土丘由多个三角锥形人工堆体组成，模拟了大沙坑坑底原有地形所形成的空间结构和植物群落形态。在原有地形中，坑底存在多座约10m高的土丘，土丘顶端长有野生五叶地锦等藤本植物，土丘底部长有芦苇等多种草本植物。在土丘之间形成了多条彼此连通的狭窄通道。在坑底实施填高夯实的改造工程后，大部分原有土丘

图7-16　锦绣谷设计方案功能分析图　　　　　　　　　　　　　　　　　　　　　第7章
第9届国际园林博览会锦绣谷景观设计

都被整体填埋，只有场地东南地势稍高的位置才遗留有部分堆体未被填埋的顶部。出露部分高度不超过2m，大抵呈比较规则的三角锥形。设计中引用出露保留的椎体形态，扩大尺度后重新模拟了场地原有的空间结构，并通过其形成的一系列空间调整竖向高差，引导游人。游人沿探谷芝径进入谷底后进入尺度相对狭小的系列土丘之中，感受细部的空间体验得以延续。随着土丘的转折和空间的逐渐开放，游人逐步进入相对开敞平坦的坑底。通过郁闭的探谷之路引领游人从坑口进入坑底，经过系列土丘的空间转换最终又一次在坑底的低视点位置带来豁然开朗的全景式空间体验。系列土丘在空间体验的转换过程中起到了承上启下的过渡作用（图7-17）。

4．谷底森林

谷底森林部分在锦绣谷坑底位置，利用空间充裕、地基稳定的面积通过大规模林木种植而形成。谷底森林结合从场地西侧延伸而入的自然有机地形，呈现自然风景园的景致。结合园林地形，由树林、草地构成的谷底森林为游人提供了最为主要的游憩活动区域。面积充足而功能灵活的园林空间，为开展多样化的游憩活动提供了条件。同时，谷底森林提供了大面积的绿化种植，为锦绣谷生态环境的动态发展和自我更新搭建了结构完整、层次丰富的生态结构框架。除此之外，大面积的乔木种植充分利用了工程地形自身平坦整齐的优势，营造的植物景观又为严整的工程地形带来了柔化效果，形成工程技术结果与园林艺术效果的有机结合。大面积的林地也成为个性突出的不同景区彼此相互调和，在限定空间内结为整体的基底。例如场地北侧边坡的锦绣花海，以及南侧边坡上坐落的室外剧场等其他游憩服务设施够可以以谷底森林作为绿色的背景（图7-18）。

（图 7-17）

(图 7-18)

　　在环境治理工程形成的地形结构和空间骨架之上分区设计，符合原规划主题的细部节点，可以为锦绣谷带来更为丰富的空间效果，使蕴含技术美学的工程地形承载具有园林意蕴的游憩活动空间，通过发展丰富的小环境转化为能够承担公共户外活动的园林空间。这些节点的设计说明，在以环境治理工程所形成的工程地形基础上，同样能够形成满足户外公共活动的园林空间。而且，工程地形所蕴含的技术美学价值，可以通过景观改造设计充分地与园林环境相融合。

7.5　设计反思：实践成果在理论框架下的推衍

7.5.1　技术美学的审美价值观

　　将园林设计与环境治理工程相结合的设计思路，其基本前提是对场地特殊的景观形态及其美学价值的认可。此类场地最终的景观形态之所以特殊，是因为填埋场的景观改造必须以环境治理工程为前提，场地实施环境治理工程时，集中应用各种工程技术手段赋予了场地不同于一般园林环境的特殊形态。工程技术措施作用于土地之后所遗留的痕迹，在环境中形成技术美学审美价值。技术美学的审美价值来源于技术与艺术的和谐统一，强调直接鉴赏通过工业技术而形成的产生自材料、结构和生产过程自身的不加修饰的美。这种美与材料的质感、结构的逻辑合理性，以及制造工艺给人的艺术感受相关。

图7-17　锦绣谷设计方案鸟瞰图1
图7-18　锦绣谷设计方案鸟瞰图2

第 7 章
第 9 届国际园林博览会锦绣谷景观设计

人们可以从西方建筑设计的发展中体会技术美学所认可的审美价值。从历史上看，建筑设计的每一次发展都离不开技术进步的背景。从哥特建筑开始，体现建筑技术的结构形式开始成为影响建筑风格的表现元素。哥特建筑在建造技术方面发展了墙体的承重结构，将分担主墙压力的飞扶壁袒露在墙体外部，并根据实际受力情况加以装饰。柱子也不再是单一的圆形截面，而发展成多根柱子相结合的束柱，既加强了结构强度又突出了垂直的线条，建筑风格与结构形式形成了有机的整体，构成了哥特建筑的特殊形式。这些形式"并非来自任何外部的表面对称的意图，而是来自结构、材料和真正的工艺上的功能性的需要。"[①]它们"开拓了直接鉴赏技术的新境界，开创了突出技术而又与功能和谐相融的新模式。"（郑光复，1999）哥特式建筑在建筑的空间形式上毫不掩饰地突出技术，让技术发展的成果成为建筑形象的重要元素，却仍融于功能、经济与美观的整体和谐。在珍视建筑整体和谐的思想方面，它继承和发扬了古典建筑的美学原理，在突出技术的方面它又超越了古典建筑，带来了"技术审美"的发展，为西方近现代建筑在技术美学方向的发展提供了思想源泉。

　　哥特建筑兴盛的时代之后，历经文艺复兴、启蒙运动和工业革命，漫长的历史进程发展到19世纪后半叶，西方建筑在工业力量的推动下开始慢慢脱掉古典风格的外衣，将审美的意趣再一次转向技术的成果。以1851年的英国伦敦水晶宫和1889年的法国巴黎埃菲尔铁塔为代表的世界博览会建筑，展示了技术审美影响下的新建筑风貌，虽然当时的社会还没有做好接纳技术美学的思想准备，但是"既然新技术的应用是不可阻挡的趋势，那么它们的巨大审美潜力的发挥也是无法抗拒的。"（邓庆坦，2009）以水晶宫和埃菲尔铁塔为代表的19世纪后期的一批钢铁结构建筑，不仅反映了当时最先进的建筑工程技术，同时也开启了现代技术美学的先声。

　　此后，经历工艺美术运动和新艺术运动，建筑与设计渐渐摆脱了古典主义的禁锢，以工业技术为基础的审美标准深深影响了建筑的发展，在西方不同国家中，各种新艺术派别此起彼伏。彼此分离的工业生产与艺术审美在新艺术运动的推动下得以重新结合。比利时新艺术运动的代表人物，后来对现代主义思想产生深远影响的凡德维尔德（Van de Velde）主张取消传统装饰，强调保持材料的天然本性，发展新的、理性的设计原则。他强调技术的作用，认为技术是产生新文化的重要因素，没有技术做基础，新艺术就无从产生。凡德维尔德认为"根据理性结构原理所创造出来的完全实用的设计，才能够真正实现美的第一要素，同时也才能取得美的本质"，如果机械被合理地运用，也同样能够创造美。经过新艺术运动的推动，技术美学不再是社会无法接受的异端，反而成为具有时代特点的话题。在此之后，建筑理论对技术审美的推崇走向了狂热，相继出现了追捧机械美学的未来派，主张清晰、单纯和客观几何逻辑的风格派，以及强调技术在设计中的关键作用、主张艺术必须表现工业化时代精神的构成主义等。这些思想都为现代主义建筑思想的形成输送了养分。

---

① 普金（Augustus Welby Northmore Pugin）语，引自：邓庆坦，赵鹏飞，张涛. 图解西方近现代建建筑史［M］. 武汉：华中科技大学出版社，2009.5。

设计思维下的设计研究：
理论探索与案例实证

对技术美的欣赏和推崇在现代主义建筑中达到了历史的顶峰。现代主义建筑发展的早期，德意志制造联盟确立"劳动高尚化"企业文化，树立了技术美的价值和立场。功能主义设计思想成为早期现代主义建筑的原则，其本质是"为大众需要的设计"，其工艺目的是有利于工业机器制造和机械化大生产，从而降低成本和销售价格，满足广大市民阶层的需要和市场灵活快速的反应。功能主义把传统的"美学优先"转变为与目的相结合，把艺术家认为"丑"的工业机器肯定为美。从此，功能主义被看成是工业时代的技术美学。制造联盟和包豪斯全面发展了以几何形式美、材料美和结构美为核心的技术美学。现代主义后期的建筑设计进一步推动了技术美学的发展。以意大利建筑工程师奈尔维（Pier Luigi Nervi）为代表的重技派，为技术美学赋予了更加丰富的内涵"那便是严肃遵循科学法则，技术合理，功能高效，造价或经营使用经济，施工快。即提高技术性能，以提高生活质量与经济效益，同时技术充分裸示，产生多种感性效果，其中有技术美及形式美。换言之，在本体论层面突出技术，而仍和谐统一于功能、经济和美观，并不游离在外，不是玩弄，不是无病呻吟"（郑光复，1999）。

尽管随着社会的发展，现代主义建筑功能主义思想受到批评，后现代主义登上历史舞台，技术形式的运用在后现代建筑中呈现符号化的趋势，而且技术运用的严肃性一度被放弃，经济与功能合理性的原则也不再是评价的唯一标准，但是通过现代主义建筑的变革而形成的技术美学的价值观仍存在于当今多元化的建筑设计实践和理论之中。不仅如此，随着科学技术快速发展，设计问题的解决越来越依靠高新技术的支持，"外在形式与内在技术手段的和谐统一""经济和美观"等从现代主义传统中继承而来的技术美学观点，在包括建筑设计在内的广泛设计领域中一直具有深远的影响。

从西方建筑设计的历史发展中，我们可以管窥技术美学所认可的审美标准，其核心价值观就是外在形式与内在技术手段的和谐统一。

7.5.2 技术美学审美在风景园林领域的嬗变

技术美学的审美价值观反映在风景园林设计领域表现出不同于建筑设计或工业设计等其他设计领域的特点。主要体现在：传统园林美学根深蒂固的影响迟滞了技术美学审美价值观在风景园林设计领域被接受的过程。技术美学审美在风景园林设计中产生了与自然审美和园林审美的结合，呈现对技术产物外在形式的欣赏与传统园林文化内在精神的联想相结合的现象。

从历史上看，风景园林设计领域中，技术美学的审美观受到认可是发生在后工业社会，而并非技术快速发展的工业社会。即使是在工业高速发展，技术突飞猛进的时代，对技术形态的鉴赏或主动表现技术成果的设计现象也从来没有在园林设计中成为主导。相反，即使园林设计不可避免地成为众多现代技术应用的集合体，人工痕迹也总是被尽量弱化掩藏于"模拟自然"的形式中。因此，古典园林的传统一直主导着风景园林设计，即使像美国纽约中央公园这样被认为具有划时代意义的现代风景园林代表作，在形式上仍然紧密地与英国风景园联系在一起。可以说在园林的发展历史中，传统的园林美学价值观一直得以延续，没有像建筑领域那样，因技术美学的兴起而产生颠覆性的变化。

直到20世纪60年代以后，工业遗迹的大量出现成为影响环境的重要现象，对技术遗迹的独特环境气氛进行的审美才开始在风景园林设计中出现，逐渐影响了传统的园林美学中削弱人工痕迹、模拟自然的审美观。内含于工业遗迹之中的技术美也成为人们所接受的审美对象。理查德·哈格（Richard Haag）、彼得·拉茨（Peter Latz）等著名设计师的作品代表并推动了这一进程的发展。

20世纪60年代以后，随着西方世界后工业社会来临，工业大发展的狂潮退去，工业革命以来积累的环境问题、社会问题不断爆发，继而世界经济格局、城市产业结构发生巨大转变，第三产业逐渐代替了第二产业在产业结构中的主导地位，导致了许多传统工业基地的结构性衰落。另一方面，随着信息社会发展和全球经济一体化的趋势，原有的工业、交通、仓储用地的功能布局、基础设施等条件不能满足新的要求，导致功能性的衰退。再者，城市化的蔓延造成内城经济的严重萎缩，城市中心地带的产业类用地遭废弃，城市产业空间布局需要调整。这些问题促使人们对工业时代的遗留物进行反思和重新认识。随着研究的进展，"历史地段""工业遗产""模糊地段"等概念得到发展，工业文化的历史价值开始得到人们的认可，人们开始意识到城市传统工业建筑和遗址是城市的一种特殊语言，这些工业的遗迹是一种特殊的城市景观，具有历史文化价值，也具有美学价值——工业遗存形成的特殊环境氛围。

20世纪70年代完成的西雅图油库公园（Gas Works Park）正是在西方后工业社会来临的社会背景下形成的风景园林设计作品。在这个作品中，对土地污染的治理和对工业遗存的保留成为推动设计形成的原动力。在最终形成的油库公园中至少有两方面体现了技术美学的审美价值观。第一，哈格保留了场地上巨大的炼油塔等工业设施。这些工业设施一旦脱离了油气生产的工业背景，马上呈现出雕塑般的艺术形象。哈格通过对其周围环境的重新塑造，利用园林环境将工业构筑物中固有的艺术感从原来的工业环境中萃取出来，以背景置换的方式促成了工业遗存中的技术要素与外在的新园林环境之间的和谐统一。第二，在治理场地受污土壤的过程中，哈格尝试了原位治理的技术，即摒弃完全清除受污土壤的策略，在饱受石油醚和二甲苯等化合物污染的土壤中填入含有矿物质和菌类的客土用以吸收有机污染物。场地上地形的空间形式和草本植物的种植形式与土壤治理的这一过程紧密配合，表现出功能主义的特点。哈格坦率地将这一动态过程呈现在场地上，甚至不同意对草地进行修剪和维护，而是保留草地的自然和粗糙。这种利用土壤原位治理技术治理污染，并且将地形塑造与地被种植、养护的形式与治理技术的需要紧密结合的策略，以及其所形成的环境同样呈现外在形式与内在技术手段的和谐统一，是符合技术美学审美价值观的结果。

哈格的油库岛公园开创了在园林环境中直接鉴赏工业遗存技术美的先河，并且在园林环境的设计中围绕土壤原位治理的过程采取了治理技术与园林环境相统一，治理过程与园林环境的动态发展相统一的策略，从而这推动了技术美学审美观在风景园林设计领域的发展。

德国风景园林师彼得·拉茨设计的杜伊斯堡北公园，在揭示工业遗存的美学价值方面，是具有历史意义的风景园林设计作品。与哈格将工业技术的美从废弃的环境中萃取出来所不同的是，通过该项目，拉茨树立起一种全新的审美观，它将衰退的工业地带和弃置的工业设施视作应该保留的人工技术遗痕，认为工业环境自身破败和残缺的形式也应该被接受，因为这种形式内含了动态的过程，是曾经的技术成果经历变迁后留在当下的形式，他们能够引起人们特殊的审美感受形成引人入胜的独特环境氛围。如果无视这些遗迹所承载的价值，对其采取"修复"的态度，那么它们由于被弃置而形成的特殊美学价值将遭到破坏，相当于"又一次毁坏了它们"[1]。

与建筑审美对技术美学在功能主义方面的强调有所不同，风景园林中对工业技术遗迹的审美延续了西方园林以伊甸园为原型的传统美学价值观。同样是针对工业技术的遗迹，在风景园林师眼中其所承载的不仅是人工技术的美，也包含了自然环境作用于人工构筑物的过程所留下的痕迹。这种人工技术产物与自然力量的互动，让人联想起传统园林文化中人与自然的永恒主题。拉茨在回顾杜伊斯堡北公园时指出，他对工业废弃地的理解与西方文明中"天堂"的理想化意向息息相关。对他而言，工业废弃地让他联想到人世间的天堂——沙漠中的绿洲。在绿洲中人们可以通过自己的力量超然于严酷自然环境之外。而那些被弃置的工业场地，如果放任它们自由发展，它们也会在未来呈现令人称奇的图景，即在一片荒凉的环境中展现出介乎艺术与自然之间的美学价值，这种价值无论是仅依靠艺术家，还是仅依靠自然的力量都无法实现。[2]

内含于工业设施的技术美经过自然力的作用，经过动态的过程，被逐渐呈现出来，最终发展为介乎人为艺术与自然力量之美之间的美学价值。经过拉茨的升华，技术美不仅可以作为一种特殊的人工美学价值被单独欣赏，而且可以与园林的传统审美价值在深植于文化的精神层面产生契合。

7.5.3　垃圾填埋场景观改造中的技术美

垃圾填埋场作为一种人工构筑物，它的外在形式与内在技术手段的结合蕴含着技术美学的审美价值。作为一种与土地和自然过程紧密结合的特殊人工境域，发生在其间的人工技术与自然过程的相互作用也蕴含着与园林美学相契合的美学价值。以垃圾填埋场为对象的景观改造应该认识并发掘此类场地所内含的美学价值。

---

[1] "The tasks of dealing with run-down industrial areas and open-cast mines require a new methods – one that accepts their physical qualities but also their destroyed nature and topography. This new vision should not be one of 're-cultivation,' for this approach negates the qualities that they currently possess and destroys them for a second time. The vision for a new landscape should seek its justification exactly within the existing forms of demolition and exhaustion..."
Niail Kirkwood. 2001. Manufactured Sites: Rethinking the Post-Industrial Landscape[M]. London and New York, Spon Press: P158.
[2] "would it not be better to attach to the ideal image of our occidental culture, to 'paradise' an oasis in the desert, a place where man has to make his way against the rigors of physical nature? This imagination of an oasis as a garden in desolate spaces is my ideal type of discourse with the nature of old industrial sites, which in their parts can be left to themselves to develop the fantastic images of the future from already existing formations – creating values between art and nature in a way which could never be made by the artist nor mere nature alone."
Niail Kirkwood. 2001. Manufactured Sites: Rethinking the Post-Industrial Landscape[M]. London and New York, Spon Press:159.

一般而言，垃圾填埋场作为一种生物降解反应器，其内部结构和外部形态都具有特殊的功能性，需要满足废弃物降解的反应条件和对外界环境的隔离条件，以及保护环境安全的监测和防护条件等。因此，在各种条件的限制下，功能完善、设施规范的垃圾填埋场往往呈现出相类似的空间形态（图7-19）。总体而言，完成封场的垃圾填埋堆体通常占地面积广大，边坡和缓、顶部平坦，总体上呈台状，一般没有尖锐的坡角。围绕堆体边坡设有数层环形道路，以及连接不同层级，联系堆体底部与顶部的坡道。在堆体底部边缘设有用以截流地表径流、辅助污水处理的沟渠。规模较大的填埋场还会结合地形开发人工湿地，用以处理污水。完成封场的堆体表面一般只种植草本植物和低矮灌木，罕有种植大树的情况。因此在草本植物的均匀覆盖下，堆体地形通常能够在空间造型上呈现整体性，具有鲜明的人工地形独有的完整性。堆体周边则布置有集中的建筑物，用以安置污水处理、填埋气处理、车辆设备管理等所需的设备设施，并供人员使用。这些建筑物在外观上呈现工业建筑的特点，明显由功能性主导，与支持填埋处理的设备设施紧密结合。填埋堆体和相关建筑周围往往还设有附属场地，如停车场等。

（图7-19）

规范的垃圾填埋场所呈现的上述外部特征无一不是与内部的功能和结构直接对应的。首先，填埋场呈现边坡和缓、顶部平坦的地形特点，这种特点直接来自填埋堆体形成的过程和维护堆体稳定性的要求。填埋堆体内部为分层结构，垃圾通过收集、中转和运输后进入填埋区内的指定工作面进行填埋。填埋分单元进行，垃圾在指定的单元作业点卸下，用推土机推平再用压实机碾压。分层压实到需要的高度，再在上面覆盖黏土层，同样摊平压实。每层垃圾厚度约为2.5~3.0m，每层覆土厚度为20~30cm，通常4层厚度组成一个大单元，上面再覆土50cm。在填埋时一般要求外坡为1：4，顶坡不小于2%。由此可见，填埋堆体内部的分层结构是由卸料、推铺、压实、覆土等填埋作业的工艺环节形成，每个工艺环节都有相应的技术设备和方法。

例如填埋作业的重要工艺环节——摊铺、压实。压实是填埋场填埋作业中的一套重要工序，填埋垃圾的压实能延长填埋场的使用年限、增加填埋场强度和稳定性、减少垃圾空隙率。垃圾压实的机械主要为压实机和推土机。大型填埋场多采用专用压实机，它带有羊角型碾压轮，不仅能起到压实作用，还起到破碎作用。北京阿苏卫填埋场采用的是宝马BC601RB型压实机，可以同时完成推平、压实作业。压实后垃圾密实度超过0.65t/m³。与之对应的技术方法是多次碾压法。压实机在一个方向通过垃圾的次数称作"通过遍数"。无论何种类型的压实机，最佳通过次数为3~4次。超过4次，压实密度变化不大，在经济上也不合理。坡度应保持在1：4或更小一些，这样的标准坡面可以获得最好的压实效果。正是压实机的使用和多次碾压法的运用才形成了1：4的最佳坡度，决定了垃圾堆体内部填埋单元的外坡坡度，进而决定了填埋场封场处置之后，堆体外部边坡1：3的坡度。可见填埋体外部的空间结构特点与内部的技术工艺、设施、方法密不可分。

其次，填埋场封场后场地表面的地形与植被生长状况受到填埋场终场覆盖系统的直接影响。生活垃圾卫生填埋场最终覆盖系统一般包括表土层、保护层、排水层、屏障层和基础层（气体收集层）。其中表土层的作用是促进植物生长并保护屏障层。表土层必须达到一定厚度才能满足其功能要求，即：容纳植物根系、提供持水能力、预防土壤侵蚀和防止屏障层的干旱与冰冻。通常，表土层必须满足150~600mm的基本厚度要求。表土层的厚度决定了植被恢复过程的结果。有资料表明：草本植物正常生长需要厚度60cm以上的土壤层，木本植物则需要2m以上的表层土壤才能正常生长而不至于发生植被的退化。最终封场覆盖系统中，表土层之下的保护层和排水层共同作用保护屏障层。屏障层通常被视为最终覆盖系统中最为重要的组成部分。屏障层使渗过覆盖系统的水分最小化，并控制填埋气向上迁移。屏障层之下是基础层，它的作用是提供一个稳定的工作面和支撑面，使得屏障层可以在其上进行铺设，同时它还起到收集垃圾填埋气体的作用。

填埋场封场后相当于一块特殊的废弃土地，通常在自然和一定程度人工介入的条件下，会逐渐发生一种类似于次生生态演替的过程。在这个过程中首先适应性物种进入，土壤肥力缓慢积累，进而土壤结构得到缓慢改善，土壤中的污染物和毒性缓慢下降，其后新的适应性物种进入，环境条件发生新的变化，最终形成稳定的群落。适应性物种的进入主要受到土壤、水分等物理条件，营养条件和土壤污染程度的影响。植物生长的物理条件则完全依赖填埋场最终覆盖层提供。现有经济条件和技术条件下，大规模的垃圾填埋场上最终覆盖层很难达到种植木本植物所需的厚度，所以才形成了以草本植被为主的植物景观。

通过以上对垃圾填埋场的内部填埋结构和外部覆盖结构的分析，我们可以看到，填埋场最

图7-19 规范的垃圾填埋场因内在技术过程的一致性而呈现外部特征的一致性
（图片来源：德国勃兰登堡州环保局）

终的景观结构由功能性的内外结构所决定。当最终的景观要素与内部功能性结构相适应，彼此有机结合时，填埋场的外部景观便可以将内部功能性结构的构造逻辑体现出来。这种结构逻辑来源于填埋技术的实施，自身便具有机械施工形成的独特形式。当内部结构的形式特点与外部景观的形式特点相结合，整个场地作为一种人工构筑物所蕴含的技术美学价值便体现出来，为场地带来特殊的环境氛围和空间体验。

对于非正规垃圾填埋场而言，它的形成过程没有经过规范的工艺流程控制，内部也没有稳定的层状结构，因此堆体内部并没有卫生填埋场那样的工程结构，外部也没有封场覆盖系统。但是非正规垃圾填埋场的改造必须经过严格的环境治理过程，而改造其环境的治理工程更是景观改造的前提，因此，进行景观改造的垃圾填埋场的场地上必然具有环境治理技术的作用结果。经过环境治理工程的技术处理之后，非正规垃圾填埋场同样会具有内在的工程结构，以及完整的封场覆盖系统。在此结构下，无论是规范的卫生填埋场还是非正规垃圾填埋场，技术美学的内在审美价值都是存在的。

7.5.4　对理论假设的回应

在锦绣谷景观设计中，本书从非正规垃圾填埋场景观改造的视角出发，对规划内容和原有的设计概念进行了新的阐释，将环境治理工程造成的场地空间影响作为空间结构生成的依据和景观设计形式语言的来源。方案力图发掘和阐释环境治理工程成果内含的技术美学价值，并使其与园林景观的传统审美意向相结合，形成能够体现场地特点，并承载生态环境自我更新过程，以及提供休闲游憩功能的园林环境。

由于设计的方案并非实际实施的结果，设计成果难以在现实条件下加以检验，因此本书通过设计反思在建筑史和风景园林设计的历史发展中对技术美学这一主题进行了探讨，将本书所提出的设计概念在相应的理论框架中进行定位，从而与历史经验和相关理论研究进行对照和联系。经过对建筑设计和风景园林设计中相关理论的回顾和分析，本书发现，技术美学价值在建筑设计的历史发展中一直是影响设计理论和实践发展的重要因素。在风景园林设计的历史中，对技术美的审美发生了技术美与自然美相融合的嬗变，人工技术产物内在的技术美学价值在后工业景观设计中得到了最为鲜明地宣扬，逐渐成为风景园林设计认可并珍重的美学价值。而垃圾填埋场作为一类特殊的人工技术产物，与建筑和园林一样，其中蕴含着技术美学的审美价值，而且其动态的发展过程也蕴含着与自然美相融合的可能，具有与园林审美相契合的方面。这种价值长期以来并没有被人们所认识，也缺乏相关的研究和发掘，在景观改造过程中往往作为场地的负面属性加以消除或掩饰。

本书通过锦绣谷景观改造设计，利用设计过程试验了一种区别于惯常观点的应对此类场地内在技术美学价值的思路，并形成了一系列设计成果。通过设计成果与锦绣谷实际的建设方案之间的对比，人们可以发现，对于相似的设计主题，两种处理方法展现出区别明显的景观效果。锦绣谷的实际建设方案秉承了传统自然风景园的设计手法，将场地地形进行了大规模的改造，主要采取放缓坡以及在分级放坡土工结构上覆盖种植土层的工程手段来塑造园林地形。在此基础上，方案熟练地运用传统园林的设计原则，赋予了场地全新的园林景观。原有的地形或

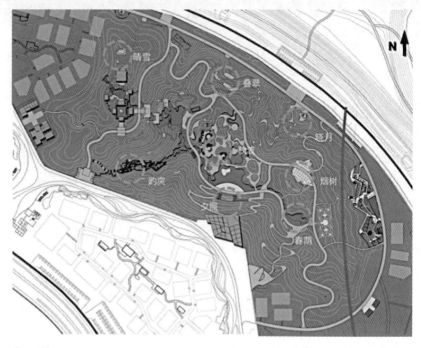

(图 7-20)

环境治理工程在场地上留下的痕迹，由于无法融入传统园林设计原则的框架中，在改造后的景观中都被完全清除（图7-20）。锦绣谷景观设计的实际方案所反映的这种以"装饰性"的园林景观彻底取代场地原貌的设计策略，是目前处理此类场地时所采用的一种较为普遍的设计策略。

与此相对的是，本书所主张的凸显场地特殊空间特点、结合环境治理工程突出场地技术美学价值的设计策略目前在此类场地的景观改造实践中尚未形成足够的认识。本书提出的锦绣谷景观设计方案，利用设计过程和设计结果展示了按此策略进行景观改造形成不同于惯常策略下设计结果的可能。尽管设计的结果难免存在争议，对其难以进行客观的评价，然而借助设计反思的过程，通过对建筑设计发展历史和风景园林设计相关发展的回顾，本书认为，非正规垃圾填埋场改造过程和改造成果中所蕴含的技术美学价值会像后工业景观所具有的特殊审美价值那样，随着风景园林设计理论和实践的发展被逐渐认可。

针对本书第四章所提出的第二个理论设想，即在非正规垃圾填埋场景观改造中接受、利用，并发挥环境治理工程形成的景观特点，本章提出了非正规垃圾填埋场景观改造中内含的技术美学审美价值，并分别从方案设计和理论论述两方面对此进行了阐释，不仅提出了设计成果的可能性，还将其置于理论框架中进行了论述。通过这两方面构成的设计研究过程，本书认为环境治理工程形成的技术美学价值是非正规垃圾填埋场内在的景观特质，应该在景观改造过程中充分认识并挖掘利用，进而形成此类场地特有的景观效果。

图7-20 锦绣谷实际建设方案平面图（图片来源：北京山水心源景观设计院）

第 7 章
第 9 届国际园林博览会锦绣谷景观设计

10　9　第 8 章

北京宋庄非正规垃圾填埋场景观改造设计

8.1 研究思路：典型场地样本上的设计实验

在本书的设计研究框架中包含三个设计项目。第五章所述的"温州杨府山生活垃圾填埋场封场处置与生态恢复工程"及第六章所述的"北京市第9届国际园林博览会锦绣谷设计方案"分别对应两个理论设想，通过设计过程探讨了非正规垃圾填埋场景观改造与环境治理工程相结合的方法，以及非正规垃圾填埋场景观改造设计的美学价值取向。本章内容中所述及的"北京宋庄非正规垃圾填埋场景观改造设计"是构成设计研究整体框架的第三个工程项目。这一设计项目的开展旨在综合运用前两章的结论，通过设计过程对它们进行进一步实验和论证，进而通过设计反思的过程形成针对北京市非正规垃圾填埋场景观改造问题的设计知识积累。

选取宋庄小堡村非正规垃圾填埋场景观改造作为设计研究框架中的第三个设计项目，主要原因是该场地作为一处普通的非正规垃圾填埋场，具有北京市非正规垃圾填埋场的典型特征。

根据本书第一章对北京市非正规垃圾填埋场成因、运行管理、环境影响、污染威胁等基本问题的分析总结，北京市非正规垃圾填埋场的普遍特点是：技术措施方面缺少环境保护的基本设施，场地运行操作方面缺少专业化和规范化的设施设备和操作人员；管理上处于市政环卫管理体系之外，缺乏法律法规的监督制约也缺乏政府部门的有效管理。这些场地主要沿着大型环路分布，垃圾堆体的规模通常不大，占地面积一般不超过2万m^2，垃圾存量不超过IV级填埋场标准。非正规垃圾填埋场一般利用废弃的采砂坑、取土坑等作为消纳场地。其埋深从2m到25m不等。

宋庄小堡村的这块非正规垃圾填埋场临近京哈高速路与东六环路交接处，垃圾堆体占地面积约1.1万m^2，垃圾存量约3.9万m^3。现有陈腐垃圾形成埋深3~4m的地下堆体。另有一处深6~8m的土坑已经形成，也将被用作垃圾填埋。场地周围被农田、工厂和居住区所围绕。目前场地上消纳的垃圾主要来自周边的居住区和工厂，以生活垃圾为主。入场垃圾的储运和填埋均由简易装备进行非正规操作。根据以上现状条件，无论从所在区位、形成过程、尺度规模、垃圾成分等方面看，还是从环境影响、治理措施等方面看，宋庄小堡村垃圾消纳场都具有北京市周边非正规垃圾填埋场的典型特点。由于其所具有的典型代表性，该场地适合作为北京市非正规垃圾填埋场景观改造设计研究的样本案例。针对这个场地所进行的景观改造研究，对于其他场地将具有示范意义。

除了场地自身的典型性之外，场地所在地的特殊背景也是本书将其作为研究对象的原因。宋庄位于北京东部，随着20世纪90年代大量艺术家在此自由聚集而形成艺术社区，小镇逐渐从京郊小村发展为一个在国内外都具有一定知名度的艺术家聚集地。当地政府为宋庄的未来发展了进行了"艺术名镇、文化重镇、经济强镇"的定位。此外，随着北京市基础设施建设的不断拓展，未来轻轨六号线、编组站等交通设施将在此落户。这些都意味着新一轮城市化发展的进程将在宋庄展开。在此背景下，这块非正规垃圾填埋场所在地块的土地利用方式便具有多种可能性。经过环境治理之后，这块用地既可以恢复为农业用地，也可以经过复绿，发展为公共绿地。作为公共绿地，它既可以作为未来新城的公园绿地，也可以做以生态保育目的为主的生态绿地。由于该场地实施环境治理改造后的土地利用规划尚未落实，因此设计研究可以不受现实规划条件的约束，进行情境式的规划背景和设计条件假设，在较少现实条件制约下进行研究性的设计，以验证本书此前的相关结论。

基于以上的规划设计条件，本书将宋庄小堡村垃圾填埋场景观改造设计项目作为设计研究整体框架的组成部分。

8.2 项目概况：北京市防护绿地中的典型非正规垃圾填埋场

8.2.1 区位及水文地质条件

小堡村非正规垃圾填埋场位于北京市通州区宋庄镇小堡村北侧，东六环路以东0.7km，京榆旧道以北约1.3km（图8-1）。该场地处于通州新城的北部边界外缘，南临规划中的国家创意集群。

场地所在区域处于温榆河超河漫滩和古河床上，地层岩性上部主要为新近沉积的砂土层，表层黏性土层、粉土层厚度一般小于5m。该区域地表下分布3~5层地下水。地下水类型为潜水、承压水，局部地区有上层滞水。潜水水位埋深一般在7m左右，承压水水位埋深一般在10m左右，水位埋藏较浅。含水层主要为含砾砂的中、细砂层。浅层地下水岩性以粉土、粉细砂为主，浅层地下水厚度较薄；深层地下水岩性以砂为主，层数较多且比较厚。

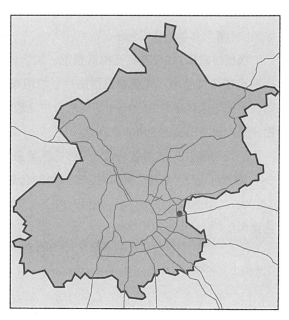

（图8-1）

图8-1 场地区位图

第8章
北京宋庄非正规垃圾填埋场景观改造设计

根据现场勘探结果，场区自然地面以下至钻探终孔深度以内的土层包括人工堆积层和其下的第四纪沉积层，分述如下：

（1）人工堆积层，黏质粉土填土①层，厚度0.40m。

（2）粉质黏土②层，厚度2.90m，黄褐色，含氧化铁。

（3）细砂③层，厚度5.50m，黄灰色，含云母。

（4）细砂④层，厚度0.70m，黄灰色，含云母。

（5）中砂⑤层，黄灰色，饱和，含云母。

现场勘探期间于勘探孔内实测到1层地下水，赋存于中砂层中，静止水位埋深9m（图8-2）。

根据调查，北京市平原区非正规垃圾填埋场渗滤液水头一般为1.5m左右。该场地渗滤液水头以下垃圾体的侧向地层为细砂层和粉质黏土层。由于土层透水性强，渗滤液经侧向运移进入地下水的可能性较高。而垃圾堆体下伏地层可概括为细砂层，厚度为5.9m，渗滤液从垃圾场底部进入地下水的可能性比侧向更大。垃圾堆体下伏第一含水层为中砂层，为"中敏感性"岩性介质。综合以上条件可知，该处垃圾填埋场所在区域属于地下水防污性能差的区域，垃圾堆体对地下水造成污染的威胁较为严重，具有高风险。

8.2.2　堆体勘探结果

为了对该场地进行处理，相关环境保护部门于2009年底对已经填埋的二期形成的垃圾堆体进行了勘探调查。此次调查共完成6个孔的现场钻探工作，累计进尺28.5m，采取土样3件，垃圾3件，并测量了垃圾场CH_4等气体的含量（图8-3）。

根据垃圾体内5个勘探孔揭露情况，垃圾体埋藏深度平均为3.6m。根据点位测量结果，并结合卫星图片，垃圾填埋场面积约11000m²，则该场地垃圾体量为39600m³。场区以生活垃圾为主，现场调查期间，勘探孔内未发现稳定的渗滤液水位。

现场测量的2号勘探孔内CH_4气体的含量为1.4%，CO_2含量为0.8%，O_2含量为20.5%；3号勘探孔内CH_4气体的含量为41.2%，CO_2含量为14.9%，O_2含量为3.5%；4号勘探孔内CH_4气体的含量为31.9%，CO_2含量为8.4%，O_2含量为7.8%。[1]

① 引自环境科学研究院的地质勘察报告

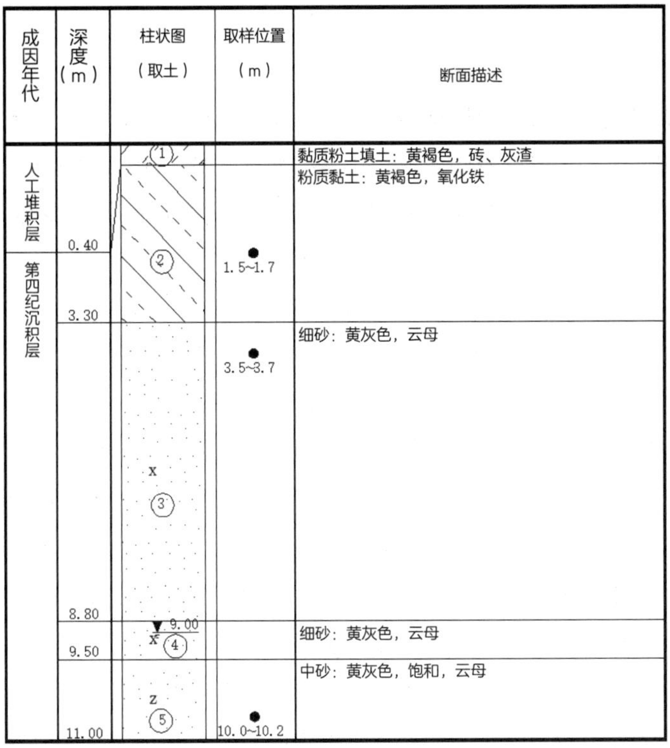

成因年代	深度(m)	柱状图（取土）	取样位置(m)	断面描述
人工堆积层		①		黏质粉土填土：黄褐色，砖、灰渣
	0.40	②	1.5~1.7	粉质黏土：黄褐色，氧化铁
第四纪沉积层	3.30		3.5~3.7	细砂：黄灰色，云母
		x ③		
	8.80	▽ 9.00		细砂：黄灰色，云母
	9.50	x ④		中砂：黄灰色，饱和，云母
	11.00	z ⑤	10.0~10.2	

（图8-2）

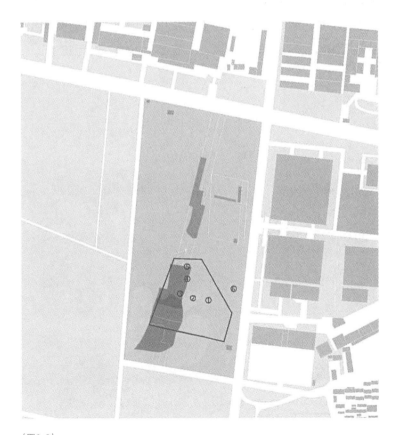

（图8-3）

图8-2 勘探孔地层柱状图

（图片来源：《非正规垃圾填埋埋场勘察评价报告——通州区小堡村北垃圾填埋埋场》）

图8-3 现场调查勘探孔位置示意图

8.2.3 场地历史沿革

该地块原为农田，有架空电力线路从场地上方凌空而过。由于高压电线对场地的影响，该地块成为不便农业耕作的土地。随着周边工厂陆续建设发展，小堡村所在区域生活垃圾的产生量不断上升，生活垃圾的组成成分也发生了变化，村镇原有的配套设施和处理方法逐渐难以满足垃圾处理需求。从2008年开始，场地北侧高压电线下方开始出现填埋生活垃圾的小型垃圾坑。垃圾坑的占地面积约2000m²，深度约1m。2009年，当地政府部门对该场地进行处理，直接用表层土将坑内的垃圾加以掩埋。虽然垃圾坑规模很小，且已被迅速处理，但它的形成已造成了此地利用农田就地处理生活垃圾的事实，对场地产生了深刻影响（图8-4）。

随着周围生活垃圾产生量的持续快速增长，该地块很快出现了规模更大的垃圾填埋坑。新的垃圾坑深3~4m，占地面积超过1万m²。主要分布区域仍然位于架空线路正下方。经过不到一年的填埋，此处垃圾坑很快达到垃圾储量的极限，再次被简易掩埋。随后，这一地块上的非正规垃圾填埋活动非但没有停止，反而继续扩大。沿着架空线路向南延伸，在原有垃圾堆体以南的位置出现了新的垃圾坑。新出现的垃圾坑深度6~8m，占地面积约4000m²（图8-5）。

生活垃圾的非正规填埋造成了当地卫生环境的破坏，也影响了原有农作物的生长。场地上出现大面积裸露的地面，造成了扬尘现象。调查发现，向此地转运垃圾的是周边居民自发组织的农用三轮车，转运过程无法做到垃圾的封闭隔离，也没有条件对垃圾进行分类。在场地上处理垃圾的是场地周边长期活动的拾荒人员，他们的活动没有组织、缺乏管理，经常将填入坑内的垃圾重新散落到坑外的地面上，造成垃圾的扩散（图8-6）。

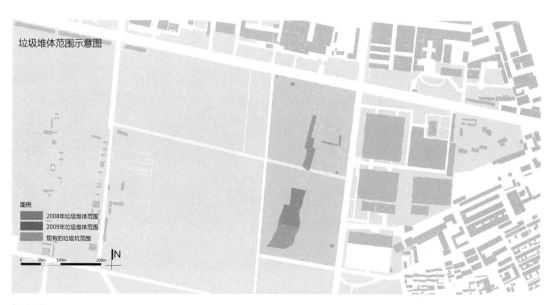

(图8-4)

（图8-5）

（图8-6）

　　非正规垃圾填埋场的存在也威胁到农业环境和生活安全。尽管场地缺乏环境保护措施、垃圾散布、臭味浓烈，但是周围农民仍然会利用有限的土地，在经过覆盖的垃圾堆体之上继续进行玉米、蔬菜等农作物的种植。这些农作物都种植在完全没有隔离处理的垃圾堆体覆盖土层上，面临遭受污染的隐患。另外，场地上有焚烧垃圾的活动，曾出现过周围的小型苗圃遭火焚毁的事件。

　　此处垃圾坑的出现，是典型的有违环境保护法规政策的非正规现象。垃圾坑造成环境污染、破坏了农作物的生长基础，且严重破坏了周围的环境卫生条件，给地下水、土壤等环境要素，以及居民的生活都带来安全隐患。

8.2.4 规划条件

根据《北京市总体规划（2004～2020）》，本场地所在的区域属于北京市域东部，它南临顺义新城北部边界，位于环抱顺义新城的绿地中。新城范围内规划有南北向带状公共绿地，本场地正位于该带状绿地的北部端头位置。北京市域绿地系统规划图显示，该地属于潮白河流域的风沙治理区范围，用地性质属生产防护绿地。同时该区域为通州新城地下水源防护区，属于中心城以外地区重要水源防护区之一（图8-7）。

根据通州新城控制性详细规划，本场地位于宋庄镇辖区内，被规划为文化创意产业聚集区。其东侧为居住区，西侧为教育科研、居住综合区。两区域形成了南北狭长的城市功能发展轴线。新城空间形态分析指出，本场地所在位置正位于高压走廊中。根据新城土地使用规划图，高压走廊属于特殊用地，它与东六环路沿路绿化带，以及京哈高速公路的绿化防护带形成合围，界定了宋庄文化创意产业聚集区的边界范围。这条高压走廊呈南北向，在空间上承载生态廊道的功能，向北连接新城城区范围之外的生产防护绿地，向南通过温榆河河道及绿化带连接了城区南部的楔形生态绿地（图8-8）。

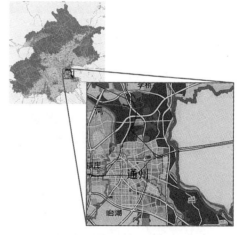

（图8-7）

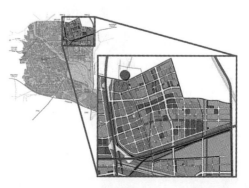

（图8-8）

（图8-9）

　　经过发展环境与条件分析，宋庄镇所承载的文化创意产业最终被定
位为"国家时尚创意中心"。国家时尚创意中心核心区的城市设计方案体
现了"时尚创意总部、时尚信息传播、时尚创意孵化、时尚艺术博览、
时尚创新发布、创意居住休闲"等六大功能，突出了风景园林在城市空
间中的重要作用，力图创造"人性化、低碳化、配套化"的城市生态环
境。本场地的位置位于国家时尚创意中心区的规划边界以北，紧邻核心
区，是城市设计方案所强调的生态廊道在设计范围外的延伸（图8-9）。
　　从北京市总体规划的层面看，该地区为围绕通州新城的生产防护绿
地，是重要的地下水源防护地区和风沙治理区，属于绿色限制建设区
域，因此不能用作城市建设而应该发展为绿地。从通州新城的控制性详
细规划来看，本场地位于高压走廊，属特殊用地，不能作为建设用地，
可以用于防护绿地。从场地与城市设计方案的关系看，本场地是新城生
态廊道的延伸，因此在空间形态上应该发展为能够承载生态廊道功能的
绿地。综上所述，根据规划条件分析，北京宋庄小堡村非正规垃圾填埋
场改造治理之后的再利用，应该定位为场地复绿及绿地建设。

图8-7　场地区位及周边用地规划示意图1
图8-8　场地区位及周边用地规划示意图2
图8-9　场地区位及周边城市设计方案示意图（红色区域为场地位置）

8.3 设计过程：从治理措施分析到场地形态推衍

8.3.1 设计目标的确定

1. 设计条件

治理工程所采取的技术措施是填埋场景观改造设计的前提性条件。以场地复绿为目的的非正规垃圾填埋场环境保护治理工程，可采取的场地治理技术策略包括垃圾异地搬迁和填埋场原位处理。

由于本场地地下水防护性能较差，以及场地所在区域属于地下水源防护区的现实，且场内以生活垃圾为主，易形成污染物质的渗透和运移，场地内垃圾堆体对地下水源的威胁成为最为主要的矛盾。由于这一矛盾的存在，采取垃圾全量开挖、对垃圾进行筛分清运，以及分别处理的垃圾异地搬迁策略成为合理的选择。筛分过后得到的垃圾可通过通州新城的城市垃圾处理系统，转运至其他垃圾卫生填埋场进行填埋，所得到的腐殖土应外运处理。这是目前对非正规垃圾填埋场进行治理过程中普遍采取的主要技术措施。在垃圾全量开挖、筛分搬迁的治理措施下，景观改造设计主要需要处理垃圾全量开挖后遗留的场地空间形态。

另外，从场地发展的历史沿革看，非正规垃圾填埋场的出现主要是由于本地村镇生活垃圾消纳设施不足所引起。在此条件下，填埋场的存在客观上起到了弥补设施条件缺陷、消纳生活垃圾的作用。在宋庄小堡村生活垃圾收集转运纳入通州新城生活垃圾管理体系之前，村镇生活垃圾的消纳仍需要这样的非正规垃圾填埋场。生活垃圾处理设施的不足与生活垃圾处理的实际需求之间存在的矛盾是导致目前大量非正规垃圾填埋场出现的主要原因之一。为了在此条件下解决小堡村生活垃圾处理的实际问题，需要利用现有的非正规垃圾填埋场进行临时填埋，直到通州新城的城市生活垃圾处理系统发展到可以解决小堡村生活垃圾处理问题为止。这就需要对场地进行改造，使其达到卫生填埋的标准，避免对地下水造成污染。

达到卫生填埋的目标，需要针对现有的垃圾堆体采取填埋场原位处理技术。这就要求首先对陈腐垃圾进行全量开挖，然后对场底进行夯实整平，并铺设GCL膜进行防渗处理，此后再进行垃圾回填。回填后在场顶铺设GCL膜及进行回填土覆盖夯实和绿化。为了避免填埋场沼气含量过高带来的危险，还需要在场区内安排填埋气体导排系统。在这种处理措施下，填埋场景观改造针对的将是填埋场封场处理后形成的空间形态。

无论采取以上两种改造措施中的哪一种，填埋场最终的景观改造结果都可以形成两个方向的可能。第一是主要为游人休闲游憩服务的开放绿地。第二是主要承担生态恢复功能的生态绿地。开放绿地承载游人活动，需要安全稳定的场地基本条件。生态绿地承担抚育生态系统的功能，需要相对封闭的环境和较长的恢复周期，避免过多的人工干预并提供充分的场地自我更新条件。对应前文所述的两种场地改造措施，场地异地搬迁治理周期短，治理后形成的场地条件稳定性强、安全性高，适宜利用于开放绿地的建设。而填埋场原位处理则治理周期长，治理后的场地条件仍含有较高的不稳定性，在完成改造后的一定时间内需要与外界进行隔离，因此外界对场地的干扰较少，所以更适宜于生态绿地的建设。

对于宋庄小堡村非正规垃圾填埋场这一特定对象而言，无论采取异地搬迁措施，还是采取填埋场原位治理措施都具有合理性；治理后形成开放绿地和生态绿地的可能性同样存在。这种多样化的可能性在研究背景缺少现实条件约束的情况下造成了设计的多样性条件。

2．设计问题的初步界定

前文所述的规划条件与设计条件为设计问题的界定提供了基本依据。宋庄小堡村非正规垃圾填埋场环境治理和景观改造在多样性的设计条件下，具有多种方案可能性。面对具有多样性的设计策略，设计问题首先在于如何在多样性条件下确定设计开展的具体方向。

在本书研究框架的限定下，设计发展方向须符合"场地环境治理结合景观改造"的条件、"景观改造以技术美学价值为引导"的条件，因此景观改造的过程须与环境治理过程紧密结合。就宋庄小堡村非正规垃圾填埋场这一具体的场地而言，改造目标与治理技术相结合后出现了四种可能的设计发展方向：第一，可采取异地搬迁措施建设开放绿地；第二，可在同样的技术措施下建设生态绿地；第三，可在采取填埋场现场改造措施的条件下建设开放绿地；第四，可在此条件下建设生态绿地。

通过前文所述的对两种不同场地治理技术的比较，以及对两种绿地所需要的场地条件的分析，本书认为从场地的实际条件出发，最为合理的方案发展方向分别是以异地搬迁措施对场地进行改造，进而进行开放绿地的建设；以及以现场改造措施对垃圾堆体进行改造，然后在场地基础上建设生态绿地。因此，设计问题可进一步界定为，在上述两种不同的设计内容中应该如何将场地治理过程与景观改造过程相结合，以及在设计结果中如何体现场地的技术美学审美价值。

根据设计研究的相关理论，设计问题作为"抗解问题"将会随着设计进程的发展而发生变化，并随着设计方案的提出和形成逐渐被界定。本书将在设计过程中进一步界定设计问题，并逐渐深入探讨相应的解决方案。

通过对设计问题的初步界定，宋庄小堡村非正规垃圾填埋场景观改造设计的方向集中在两方面。第一是结合垃圾搬迁措施的开放绿地设计。第二是结合垃圾现场处理的生态绿地设计。设计方向的确定和设计问题的进一步界定需要将场地条件分别置于以上两个设计方向的背景下重新加以分析。

开放绿地指的是向游人开放并提供休闲游憩功能的绿地。以开放绿地为设计方向，场地需要具有可达性与开放性，并能满足休闲游憩功能的需要。就场地条件而言，宋庄小堡村非正规垃圾填埋场所在地块外围的可达性较高，地势平坦、交通方便。场地的北侧、东侧，以及东南方向都有与周围工厂和居住区相联系的路径，满足可达性与开放性的条件。然而该地块场地内部由于存在高压走廊的影响而难以满足休闲游憩功能的要求。220kV的架空电线从场中心位置贯穿地块，形成了宽度30~40m的高压走廊（图8-10）。其中，一座杆塔正好位于地块内部。一方面，由于高压线路的辐射作用和存在的不安全因素，在线路两侧200m范围内不适宜游人开展经常性的活动。另一方面，杆塔周围存在供电设施保护范围，不能进行场地建设，所以即

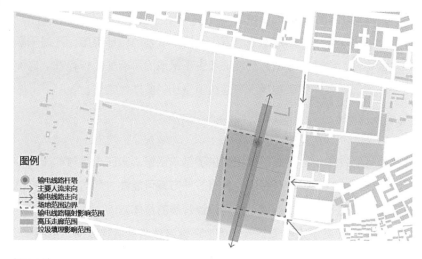

图例
● 输电线路杆塔
→ 主要人流来向
输电线路走向
场地范围边界
输电线路辐射影响范围
高压走廊范围
垃圾填埋影响范围

(图8-10)

使不考虑架空电力线路的辐射影响，线路杆塔和供电设施保护范围也造成了场地中心难以形成完整空间的现状。围绕电力设施形成的破碎化空间难以满足休闲游憩的需要。综上所述，虽然场地可达性较高，与周边居住区和工厂的联系紧密，但是由于存在高压走廊的特殊影响，场地条件不宜作为休闲游憩功能为主的开放绿地。

第二个可能的方向是结合垃圾现场处理的生态绿地建设。生态绿地的建设需要较长的周期。在填埋场封场基础上进行生态恢复，需要经过植被恢复前期，植被恢复初期和植被恢复中后期的过程。在植被恢复前期主要是野生的先锋植物在场地上自发生长，草本植物通过发达的根系对土壤起到改善作用；初期是以适应能力强、耐受性好的小乔木和灌木为主要植物材料的生态恢复期，它们通过植物的吸收和蒸腾作用截流雨水和减少渗滤液、改善群落内的小环境，为其他植物生长创造条件。中后期则可结合生态规划和开发种植适宜树种发展绿化种植，完善生态功能、改善景观效果。动植物和鸟类群落的发展也会随着植被恢复周期而发展。

在上述的生态恢复规律下，需要适当限制人们的活动对植物群落发展的干扰以抚育生态环境的自我更新发展。从这个条件看，宋庄小堡村非正规垃圾填埋场所在的地块，四周边界清晰、场地界限明确，有条件通过对边界的设计实现场地的封闭。沿地块四周主要道路可围合封闭约9hm²的场地。此外，根据现场踏勘和观察，场地上现有麻雀、灰喜鹊等鸟类种群栖息，且数量较多。这些鸟类依靠现场的生活垃圾提供食物来源。其惊飞距离约0.5m。为数众多的麻雀集中栖息在场地西侧一片面积约2000m²的圆柏苗圃中。灰喜鹊则主要栖息在农田周围的毛白杨防护林中。这两种鸟类是场地上可观察到的最为主要的鸟类物种，可作为场地生态恢复的指示物种。

从场地边界条件、场地面积以及场地上的生物物种条件看，宋庄小堡村非正规垃圾填埋场所在地块具有可封闭的场地边界和充足的面积，并承载着麻雀和灰喜鹊等生物种群，具有形成生态绿地的条件（图8-11）。

　　如果将场地作为临时性的生活垃圾填埋场，则需要考虑场地条件是否满足填埋堆体的布局和运行要求。在宋庄村镇生活垃圾处理系统融入通州新城城市生活垃圾处理系统之前，为了解决村镇居民生活垃圾处理的问题，将现有场地改造后用作临时生活垃圾填埋场，需要解决与城市架空输电线路在空间上的矛盾。这种矛盾体现在场地空间条件与《电力设施保护条例实施细则》规定的冲突。电力设施保护条例实施细则规定：任何单位或个人在架空电力线路保护区内不得堆放谷物、草料、垃圾、矿渣、易燃物、易爆物及其他影响安全供电的物品；不得烧窑、烧荒；不得兴建建筑物、构筑物；不得种植可能危及电力设施安全的植物。[1]宋庄小堡村非正规垃圾填埋场所在地块现有的垃圾堆体大部分位于高架电力线路保护区[2]内，明显不符合以上规定的要求。然而在场地东南角，高架电力线路保护区范围之外到场地边界之间的范围，存在宽度超过100m的区域，可以用作临时填埋场，而不受高架电力线路的影响。因此从场地的空间条件看，场地具有用作临时性生活垃圾填埋场的条件。

　　从以上分析可以看出，由于位置处于高压走廊，内有架空电力线路和杆塔的影响，场地不适宜用作游人活动集中的开放绿地，但是有条件形成隔离环境，为生态绿地的发展提供空间基础。场地有被改造为临时性垃圾填埋场的需要，其空间条件可以满足该需要。鉴于以上因素，本书针对宋庄小堡村非正规垃圾填埋场的景观改造设计选取结合垃圾现场改造技术的生态绿地设计作为深入发展的方向。

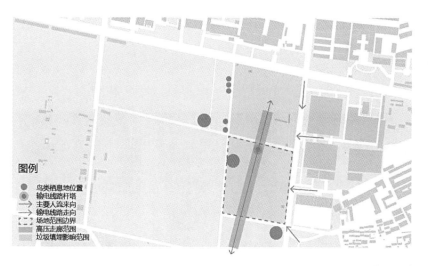

（图8-11）

---

①《电力设施保护条例实施细则》第十条规定。
② 架空电力线路保护区指导先边线向外侧水平延伸并垂直于地面所形成的两平行面内的区域。

图8-10　场地条件分析图1
图8-11　场地条件分析图2

第8章
北京宋庄非正规垃圾填埋场景观改造设计

8.3.2 场地治理措施

根据前文对场地的分析，宋庄小堡村非正规垃圾填埋场景观改造宜使用的改造技术是垃圾原位处理技术，即原地搬迁技术，也可称之为原场搬迁。具体而言，原场搬迁技术就是对非正规垃圾填埋场中的垃圾进行筛分或其他方式的处理后，将无直接利用价值的垃圾成分仍原位填埋的技术。

在宋庄小堡村非正规垃圾填埋场的改造中实施原场搬迁技术，需要首先新建垃圾填埋场，并对场底进行夯实整平并铺设防渗层，使其达到卫生填埋的标准。然后对陈腐垃圾进行全量开挖，此后再进行陈腐垃圾回填，以及新鲜垃圾填埋。回填和填埋的垃圾达到设计容量后，垃圾填埋场须进行封场处置，即在场顶铺设覆盖层，并进行土壤的回填、覆盖和绿化。由于该填埋场沼气含量较高，还需要设置导排气系统及渗滤液导排系统，以降低垃圾场沼气含量过高所带来的安全隐患，以及渗滤液对土壤、地下水的污染隐患。

完成上述技术路线，首先需要根据场地情况进行空间布局的总体安排和场地治理的工艺流程设计。根据宋庄小堡村非正规垃圾填埋场的具体条件，本书提出对现有垃圾坑加以改造和扩展，进行场底防渗处理之后作为新的垃圾填埋场。在此过程中所开挖的表层土可就近进行临时堆放。完成新填埋场改造之后，对场地上的陈腐垃圾进行全量开挖，然后转运至新垃圾填埋场进行填埋。开挖所形成的坑体可利用临时堆土进行就地填埋，实现土方平衡。因此，在场地空间布局上，需要满足新垃圾填埋场与陈腐垃圾开挖区域相临近，以方便机械施工。同时，最初形成的临时堆土位置应位于填埋坑与陈腐垃圾开挖区域之间。根据上述条件并结合场地现状植被的分布情况，场地可划分为如图8-12所示的分区结构。其中，垃圾填埋范围分为两部分，分别是在现有垃圾坑基础上改造的6m深坑体和4m深的向东延展部分。各分区之间由工作通道连接。工作通道呈"L"形贯穿场地。以这种形式安排工作通道不仅可以连通各分区，而且可以最少的道路建设展开面向所有分区的工作界面。

| | 陈腐填埋垃圾填埋范围 | | 现状植被分布范围 | | 填埋范围 |
| | 现状垃圾坑范围 | | 开挖范围 | | 临时堆土场范围 |

（图8-12）

填埋区内采用划分作业单元、定点倾卸、铺摊、压实和覆盖的作业方法。其基本工艺流程为：首先进行填埋场分区和填埋单元划分，垃圾运输车辆根据填埋单元有序进场倾卸垃圾，完成倾卸后由推土机和压实机进行摊铺、压实作业。完成当日填埋量之后需就地取土进行日覆盖，形成封闭的填埋单元体。填埋堆体超出地表的高度达到最终高度的一半时，需铺设60cm厚的黏土构成的中间层。在中间层之上可以开始新的填埋区。当填埋堆体达到设计标高时，需进行终场覆盖（图8-13）。

填埋单元的面积主要依据卸载平台宽度、推土机摊铺运距、填埋垃圾厚度、作业面边坡坡度等条件确定。一般平台宽度小于9m，推土机运距应小于30m，填埋坡度小于1：3。每天形成长30m、宽10m的填埋单元。填埋单元形成的具体操作过程是：先将垃圾按从前至后的顺序铺在作业区下部，然后将其堆成约0.6m的坡面。推土机沿斜面坡向上行驶，边行驶边整平，压实垃圾。在压实的垃圾上覆盖一层土并再次压实。这样就形成卫生填埋场中许多彼此毗邻的单元，处于同一层的单元，就构成"台"，完工后的填埋场由一层或多层"台"所组成。每个单元的高度由作业区间距离而定，从2m到6m不等。

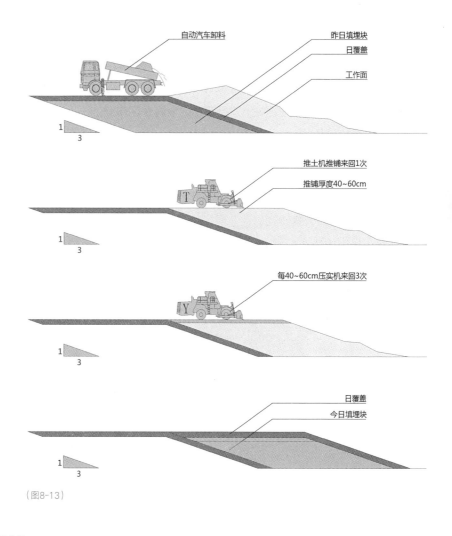

（图8-13）

图8-12　场地治理措施空间分析
图8-13　垃圾填埋场作业程序示意图

随着填埋过程的进展，填埋气收集井应一并延升。收集井结构，通常为150mmHDPE花管外包直径1m左右碎石。填埋作业过程要不断延升收集井，并保证收集井高于垃圾体表面1m以上。

填埋场达到设计容量之后需进行最终的封场覆盖和场地绿化工作。封场覆盖主要作用是实现垃圾堆体与外界的隔离，防止水分渗入和填埋气体逸出，其次是为植被生长提供载体。因此封场覆盖关键是封场结构的设计。封场的一般结构是在垃圾堆体之上首先铺设压实黏土层作为柔性基础，然后以HDPE膜形成隔离层。隔离层之上设排水层，实现覆盖层的排水功能。排水层可以利用土工网格排水系统或是使用砂砾石替代。排水层之上铺设土工布作为表土层的支撑。表土层分为自然土和营养土两层，厚度由种植目的而定，一般不小于60cm。

根据上述场地处理工艺流程的安排和要求进行填埋区的方案设计，形成如图8-14所示的方案。坑体四周边坡经过整形处理，形成1：0.5的统一坡度。在此基础上，整个坑体以GCL（膨润土垫）材料进行覆盖形成防渗隔离层。在隔离层之上设置渗滤液导排盲沟和导气石笼，完善填埋气和渗滤液的导排功能。两部分坑体之间由分隔堤进行隔离。两部分坑体内部分别另设分隔堤，将坑体划分为宽度约30m的分区，以符合推土机运距要求、方便填埋作业的开展。工作通道南侧是垃圾填埋的作业面。为了方便填埋施工，作业面上设置两个填埋倾卸区。倾卸区进行了边坡的放坡处理，方便施工机械进入填埋区域，进行有序的填埋分区作业。

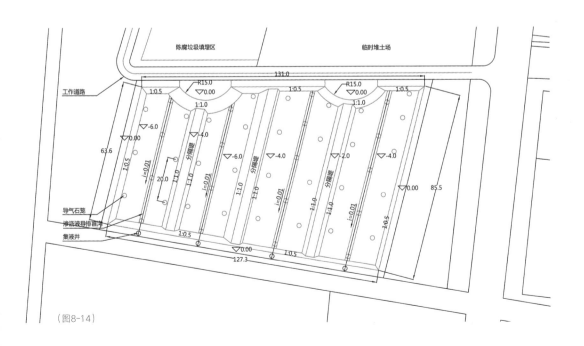

（图8-14）

非正规垃圾填埋场的空间形态由场地治理技术所决定。通过对场地治理技术的梳理，本书发现，在宋庄小堡村非正规垃圾填埋场的环境治理过程中，根据场地具体条件而进行的场地分区安排决定了场地的基本空间结构，它影响了场地分区、工作通道和填埋地点等主要因素的布局。垃圾填埋的工艺流程和作业过程影响了填埋堆体最终形态的形成过程。可通过对填埋分区、填埋单元划分的控制来影响堆体的最终空间形态。若要实现景观改造与填埋场环境治理的结合，就需要在进行景观规划设计时，理解和掌握上述因素对空间形态产生影响的机理。

8.3.3　技术美学的体现

技术美学审美价值的核心是内在的功能和过程与外在形式的统一。在风景园林领域中，技术美学发生了与自然美相结合的嬗变。对于宋庄小堡村非正规垃圾填埋场的景观改造而言，环境保护治理和生活垃圾的处理过程体现了场地内在的功能和过程。最终的景观效果若要表现技术美学的审美价值，就需要与场地治理的功能和过程相统一。垃圾堆体的开挖和填埋，以及由此产生的土方和空间变化过程是场地治理和垃圾处理过程最为突出的外在表现。景观方案的设计应该将此过程作为构思的基础。

在小堡村垃圾非正规垃圾填埋场中，空间结构的变化主要体现为现有填埋坑的改造及陈腐垃圾的开挖所形成的空间结构变化，以及新垃圾堆体的形成对场地空间结构的影响。土方的变化主要体现为垃圾填埋区、临时堆土场及陈腐垃圾填埋区之间土方的轮转。

场地内新填埋堆土的高度由生活垃圾处理量和高压走廊限高所限制。本地块用作小型垃圾填埋场的前提是顺义新城的城市生活垃圾填埋处理系统未发展完善，尚无法消纳小堡村及周边区域的生活垃圾。然而这一问题将随着城市生活垃圾处理系统的发展而得到解决，场地周边区域的生活垃圾将最终会脱离该临时处理场，而进入上级城市生活垃圾处理系统。因此场地周边区域生活垃圾产生量并不是决定堆体规模的主要因素，其主要限制因素是高压走廊给场地带来的技术性限制条件。

根据《电力设施保护条例》的规定，架空电力线路保护区内，线路下方的场地、建筑、植物的高度必须保持在一定安全范围之内。《城市电力规划规范》中对架空电力线路导线在计算最大垂弧的情况下，与地面的垂直距离进行了规定。规定要求：220kV线路经过居民区时，最小净空为8.5m；经过非居民区时，最小净空为6.5m。场地上的架空电力线路为220kV高压线路，杆塔高度为22m，架空线路弧垂为3~5m。取弧垂最大值5m计算，电力线路与地面的垂直距离为17m。净空高度取8.5m计算，堆体最高可达8.5m，设计高度宜设定为8m（图8-15）。由于堆体边坡需满足1：3的规范坡度，堆体的宽度就不能小于48m。实际情况是，堆体最窄处宽度为63.6m，最宽处为85.5m，满足宽度要求。因此填埋堆体的高度可以设计为8m。填埋堆体以外的场地区域，可在现状地形的基础上进行微地形处理。

在场地环境治理工程中形成前文所述的填埋区方案设计，工程需对地表土壤进行挖方29210.9m³。全量开挖陈腐垃圾形成挖方约39600.0m³。对开挖区域进行回填恢复原地形之后，场内出现约1万m³的土方亏空。所以要实现土方平衡，竖向设计需要对开挖区域进行调

图8-14　填埋区方案设计图

第 8 章
北京宋庄非正规垃圾填埋场景观改造设计

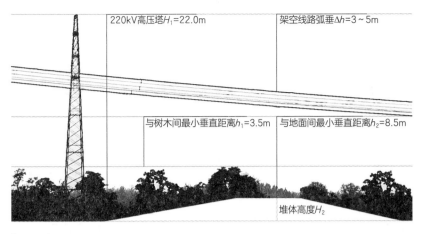

220kV高压塔H_1=22.0m 　　架空线路弧垂Δh=3～5m

与树木间最小垂直距离h_1=3.5m 　　与地面间最小垂直距离h_2=8.5m

堆体高度H_2

(图8-15)

整。在回填时减小覆土深度并结合微地形的改造重塑周边地形,实现土方平衡。

上述定量的空间范围限制和土方量基础,为场地的竖向设计提供了依据。景观改造对地形的重新塑造将在此空间范围限制和土方量限制的框架下进行。与竖向设计相同的是,场地平面布局的设计也须将场地的特定限制条件作为重塑空间的框架。平面布局的限制性来源于特定技术条件下的运动过程,即垃圾的填埋运行过程。

在环境改造最初阶段所开辟的贯穿场地的工作通道承载了场地的物质运动过程。所有的土方开挖、转运和填埋都是由施工车辆在此工作通道上所完成。场地空间形态发生转变的整个过程都沿着该路径延展。因此在场地中保留工作通道,使其成为新功能载体,并继续承载场地物质运动过程的思路,成为景观改造方案的核心概念。通过工作通道的保留,场地被划分为若干区域,形成了景观分区的基本格局。在各分区内部,地形塑造的主要思路是利用环境治理的工程地形作为设计的基础。例如在陈腐垃圾开挖区域,景观改造方案沿用了场地折线型的开挖边界,地形范围根据挖方作业形成的工程痕迹加以确定。在垃圾填埋区域,垃圾堆体的整形设计根据垃圾堆填作业的工艺流程特点进行设计,堆体每层的范围除了由边坡限制外,还结合了施工车辆的运行轨迹(图8-16)。另外,场地上存在电力设施保护范围,如架空电力线路杆塔周围的区域。环境治理过程中,工程机械无法进入这些区域。相应地在景观改造方案中,这些区域的场地性状也通过设计手段完全保留而未加干扰。

(图8-16)

　　无论是考虑施工过程和工具特性而进行的空间改造，还是延续施工行为而采取不加干扰的措施，都是为了将环境治理过程中的运动规律，通过场地空间特点，在景观改造方案中继续加以延续，从而将最终的景观改造结果与场地环境治理工程和填埋运行过程紧密结合。通过两方面的结合，技术操作过程内在的逻辑和规律，便以物质空间形态改变的形式融入了场地景观效果中，也就是说为场地赋予了技术美学的内在价值。

　　以技术美学价值为导向进行景观改造，最终目的是为了将环境治理工程的内在规律纳入景观设计的统筹思考，从而为景观改造提供明晰的思考框架，更好地在景观改造结果中延续环境保护工程的功能和作用，以利于生态系统的恢复和更新。因此，景观改造的结果应该承载生态系统的恢复和更新过程。

　　根据对规划条件与设计条件的分析，本场地在多个层面的规划内容中都被界定为绿地，并且是新城主要绿色廊道向区域性防护绿地的延伸和水源保护地的扩展范围，具有生态防护的作用。除此之外，本场地处于高压走廊的影响范围，不利于游憩活动的开展，因此在利用方式上宜作为生态绿地，不宜用作公共开放绿地。同时场地周围现存的高大乔木和林木苗圃为灰喜鹊、麻雀等鸟类提供了栖息地，而且非正规垃圾填埋活动客观上为鸟类的栖息提供了相对容易获取的食物来源，并且屏蔽了较多的人类活动干扰。这些条件的综合作用下，现场出现了大量灰喜鹊和麻雀聚集的情况，为场地生态系统的恢复和更新提供了独特的条件。从以上条件出发，景观改造方案形成了减少人工干预、保护鸟类栖息条件、促进场地生态系统自我恢复和更新的策略。

　　首先，在微地形改造方面，集中土方在场地边缘形成狭长的带状土山，形成街道环境与场地内部的隔离。其次在乔木种植方面，选取毛白杨、国槐、圆柏等乡土树种，结合现状树的保护，在场地边缘加强种植，以增加乔木密度为鸟类的栖息提供更有利的条件。第三，引入混播草地作为地被，进行合理的人工干预，抚育草本植物的自我更新。第四，在场地中设置粗砾石铺填区域，为虫类提供生境，丰富物种多样性，完善生态系统的结构。以上要素在空间中的组合，以工程地形为基础，通过不同分区的协调整合形成了场地的整体景观环境。利用工程地形

图8-15　堆体高度分析图
图8-16　施工车辆行车轨迹与场地范围关系示意图

第 8 章
北京宋庄非正规垃圾填埋场景观改造设计

的基础塑造物质空间环境以承载生态系统恢复与更新的过程，这种人工技术产物与自然过程的结合反映了风景园林领域中技术美与自然美相结合的特点。

场地边界的设计采用了与工作通道相同的策略，即景观改造之后，最终的场地边界在原垃圾填埋场的场界基础上改造。所形成的边界满足了保护电力线路设施、隔离垃圾填埋区、围合生态恢复区的功能。在此基础上，通过对边界形态的控制，场地与周边环境也产生了更为紧密的互动。场地东南角所对的是该区域主要的居住区，为了利用景观改造为居民提供游憩空间，此处的场地边界向场内后退形成了一块开放绿地。场地西侧与农田相接，为了将场地更好地融入周边环境，场地西侧的边界也向内后移，在工作通道以西的位置形成了开放的菜园和花圃，与农田的肌理相衔接。

场地的边界与内部的空间结构遵循了相同的设计原则，都以环境治理工程为基础。由于场地改造与景观改造两部分在设计过程中彼此结合统筹安排，所以景观改造后的利用方法已经在先前的场地环境治理和填埋场运行过程中被充分地考虑。因此场地设施在两种功能之间的转换才能顺利实现。

8.4 填埋场景观改造设计结果

8.4.1 分期规划

场地治理与生态恢复的过程分为两个不同阶段实施。两个阶段分别为"环境治理与填埋运行阶段"和"景观改造与生态恢复阶段"。

第一阶段的设计原则是场地布局满足环境治理工程的施工条件，新增设施达到生活垃圾卫生填埋要求，并且为景观改造创造必要的场地条件。总体布局由四个主要区域组成：土方准备区、垃圾填埋区、东南防护隔离带和西北防护隔离带。四个区域通过工作通道彼此分隔、联系。土方准备区面积最大，处于场地东北部，包括了陈腐垃圾开挖区和临时堆土场。垃圾填埋区位于场地南部，包括垃圾填埋场、渗滤液调节池、污水处理设施和管理用房，形成功能完整且相对独立的作业区域。管理用房临近场地西侧入口，与污水处理设施及调节池共同形成相对独立的管理区。在环境治理工程中，开挖垃圾填埋坑、进行场地防渗处理所形成的土方从垃圾填埋区转运至土方准备区的临时堆土场堆放。垃圾填埋坑建成之后，土方准备区内的陈腐垃圾开挖、转运至新的填埋坑重新填埋。两个分区在功能和过程上紧密关联。

东南防护隔离带位于场地东南部，靠近场地外围的居住区。该隔离带的规划以现状树木的位置为依据。防护隔离带与垃圾填埋区的界限依托现状树木分布而形成。防护隔离带的绿化种植工作与环境治理工程及垃圾填埋作业同步进行，为形成后期的景观效果提前奠定基础。防护隔离带的北端布置管理用房和地磅，形成车辆进场入口。

西北防护隔离带位于场地西北部，靠近场地西侧的农业用地。该隔离带的规划以现状圆柏苗圃为基础。结合现有植被情况形成场地与农田的隔离，减小环境治理与垃圾填埋对农业生产的影响，保护农作物。结合现状场地条件，西北防护隔离带的北端布置了停车场、机械洗消场及管理用房。这些设施以围墙围合，形成相对独立的工程管理区。

整个场地以铁丝网护栏形成封闭围界，在施工过程中保证与外界的隔离。现场设置东、西、北三个出入口，整个南部边界不设出入口，以保证填埋区与外界的完全隔离（图8-17）。

第二阶段的设计原则是保证生态系统恢复和自我更新的条件，保证环保设施的功能，以最小的工程量实现场地形态的转换。场地通过调整边界形态，形成内外两部分。外部在原防护隔离带的基础上改造为具备游憩功能的场地，为周边居民服务。原东南隔离带在绿化种植基础上增加硬质铺装和游憩设施形成小游园，其中与垃圾填埋区相接的位置增加步行入口。原西北隔离带改造为系列小花园，用作开放菜园和花圃，与原有小型苗圃进行统一管理。原工程管理用房和停车、洗消场改造为苗圃花园的管理用房。

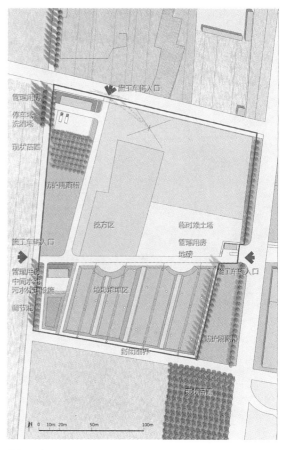

（图8-17）

图8-17　环境治理与填埋运行阶段布局平面图

第8章
北京宋庄非正规垃圾填埋场景观改造设计

内部区域形成原土方准备区与垃圾填埋区的整合，形成统一的生态恢复区。生态恢复区的南部为经过封场处置的垃圾堆体，北部为开敞的混播草地，东侧为密林区，西侧是为虫类营造的人工生境。围绕架空线路杆塔，专门划定一块区域作为电力设施保护范围。原来的调节池进行盖板封盖，保证场地的卫生安全，避免对生态恢复过程的不利影响。

场地边界在范围上进行了调整，西侧边界东移，将原西北防护隔离带划出。边界的形式也进行改造，北部边界变封闭式的铁丝网护栏为开放式的刺篱，以加强与北部绿地的联系，有利于动物、鸟类的迁徙转移（图8-18）。

8.4.2 设计方案

（1）景观改造的空间结构

景观改造的空间结构以完成封场后的填埋场为基础，南侧为改造过后的垃圾堆体，北侧为平坦的混播草地，东西两侧为围墙和土丘，从而形成与外部街道的隔离（图8-19）。

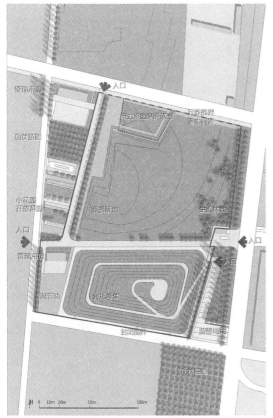

（图8-18）

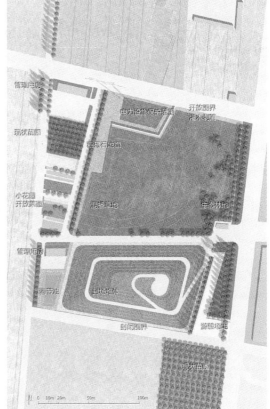

（图8-19）

垃圾填埋场完成封场处置后，形成8m高的堆体。在堆体整形时，四面边坡根据场地条件进行适当调整。东、南、北三面边坡按规范要求的1∶3坡度处理。西面边坡位于架空电力线路之下，为了增加净空，坡度被进一步放缓，按1∶4进行放坡。经过这样的处理，客观上形成了堆体东西两侧边坡的急缓变化，增加了空间形态的丰富程度（图8-20）。

原土方准备区根据土方量的实际情况进行微地形处理。整个地形外围略高，中心略低，在原陈腐垃圾开挖区形成最低点。该区域东侧边缘集中土方建成2m高的微地形，形成了与东侧道路的隔离屏障。该区域西侧通过道路与树木的结合界定边界。在场地西界内侧布置为虫类栖息设置的人工生境，粗糙的砾石地面强化了边界，隔离人类活动干扰的作用（图8-21）。该区域的北侧边缘种植刺篱形成围界。在各方向的边界隔离下，原土方准备区形成一块隔离于人类活动干扰的生态草地，保持了大面积的草本种植，为生态系统发展和自我恢复过程提供了物质基础。

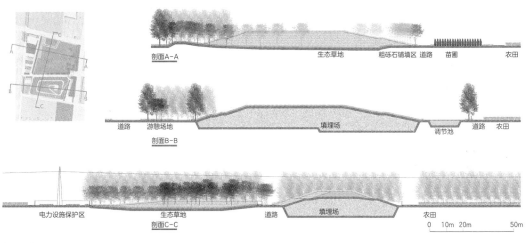

（图8-20）

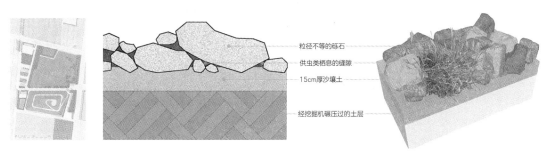

（图8-21）

图8-18　景观改造与生态恢复阶段布局平面图
图8-19　景观改造设计总平面图
图8-20　小堡村非正规垃圾填埋场景观改造方案剖面图
图8-21　为虫类栖息设置的人工生境

场地内的交通流线主要延续了原工作通道的"L"形布局。在此基础上增添沿垃圾堆体表面上行的坡道，以及位于原东南防护隔离带内连通场地内外的步行道路。道路系统在原有基础上延伸形成"S"形格局，连通场地的各个区域（图8-22）。

（2）场地的边界形态

为了适应景观改造后场地内各个区域的功能变化，场地的边界形态也相应地加以改造。首先，边界范围进行缩减，将场地西部原隔离防护带向外打开。一方面向使用者提供更便利的可达性，另一方面场地内部形成更封闭的围合，增强隔离效果。在边界的形态设计上，此处采用石砌矮墙，在形成围合的同时保证了视线在场地内外的通透。

北部边界从原来的铁丝网围栏改造为灌木刺篱，形成隐性的隔离，在保证人员不易进入场地的同时，形成了场地与北侧农田的视觉联系。这种做法在减少人类活动对场地干扰的同时，形成了不妨碍植物种子扩散和动物迁徙的有利条件。在架空输电线路塔杆周围，封闭的围界被加以保留材质仍选用原有的钢丝网栏杆。

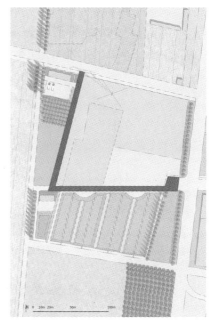

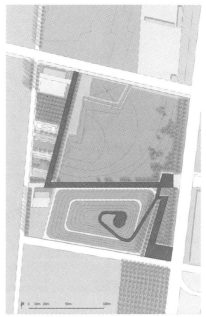

（图8-22）

东部边界保持范围不变，但是形式改造为与绿化种植相结合的园林化边界。主要界面面向场地外围，除了形成空间隔离，还兼具展示场地形象的作用。南部边界在位置和形式方面都保持不变，仍然沿用原来的钢丝网围栏，继续保持与外界的隔离封闭。所不同的是，在栏杆边缘加种五叶地锦，利用攀缘植物软化边界的形象。

（3）视觉景观效果

景观改造致力于营造的视觉景观效果并非园林化的植物景观和精致的室外构筑，而是突出表现人工地形上的自然恢复过程，表现野生植物自我更新繁衍，虫鸣鸟翔的自然之美。

封场后的垃圾填埋堆体以突出的高度和独特的几何形态成为场地的标志。以此明显的人工地形为背景，生态草地范围内混播草地的野生状态得到充分地烘托和体现。充满野趣的自然草地与人工地形和电力设施共同作为场地景观的组成成分，形成与周围农田反差鲜明的视觉景观（图8-23）。

（图8-23）

图8-22 道路格局前后比较示意图
图8-23 宋庄非正规垃圾填埋场景观改造透视效果图（制图：郭湧、崔庆伟）

8.5　设计反思

8.5.1　设计问题与设计方法

回顾宋庄小堡村非正规垃圾填埋场景观改造的设计过程，可以发现，从设计问题初步定义到设计策略最终确定的问题解析阶段，设计思路较前述案例更为清晰，问题的分析和应对更具有针对性。这一现象的原因是，经前文总结而成的两项设计主张为解决本案例的具体问题提供了可行的构思方向，为设计问题的界定提供了一个基本切入点。

在设计师式认知规律中，设计问题总是模糊的，只有通过发展设计方案的行为不断进行试错，才可能在设计过程中将设计问题逐渐清晰化。界定设计问题的过程，实际上就是解决设计问题的过程。在这个过程中，设计师的思维遵循的是溯因逻辑。就是说首先提出试探性的问题解决方案，再对方案进行逆推和验证。如果没有试探性方案的提出，就无法推进问题的解决。针对模糊界定的设计问题在充满不确定性的复杂条件下提出初步的解决方案，设计师需要依靠自身以往经验的积累，也就是一定的思维定式。思维定式主要来自几个方面：第一是可供参考的设计案例，第二是熟悉和擅长的概念，第三是基础性的规则和惯常的做法。在设计问题面前，面对无法清晰界定的模糊性和条件纷繁的复杂性，设计思维中的思维定式在设计的早期有助于为设计师形成方案构想开辟解决问题的突破口。此外，不断打破思维定式的过程是产生设计创造性的必需过程。本书提出的两项设计主张，为解决小堡村非正规垃圾填埋场景观改造问题提供了一种思维定式。这种思维定式实际上形成了风景园林设计人员面对非正规垃圾填埋场这种特殊设计对象时，可以应用的设计方法。

非正规垃圾填埋场的具体场地情况各不相同，设计条件和要求也同样充满多样性和复杂性。因此很难通过提出统一的设计原则来指导所有场地的具体设计。本书提出的两项设计主张形成的设计方法并未试图提出统一的设计原则，而是从设计认知特点出发，为此类场地的处理提供了一种可行的设计思路。在这一思路的指导下，设计人员可以针对具体的场地条件进行多样化的方案发展。小堡村非正规垃圾填埋场景观改造的过程和结果证明，运用这种设计方法应对具体场地条件和设计问题的可行性。

8.5.2　设计方法的意义

小堡村非正规垃圾填埋场景观改造所应用的设计方法主要有两方面内容：第一是将景观改造与场地环境治理工程和垃圾填埋运行过程相结合；第二是以技术美学价值引导设计方案的发展。

第一个方面，将景观改造与场地环境治理工程和垃圾填埋运行过程相结合。其意义是将环境保护工程和环境卫生工程的规范要求与过程规律引入景观设计的过程，从而使设计对象的特殊性在景观设计的过程和结果中得到充分体现。非正规垃圾填埋场作为一类特殊的设计对象，并非风景园林设计领域所熟悉的常规工作范围。在这样的设计对象面前，设计人员所面临的设计问题不仅具有普遍存在的模糊性和复杂性，而且还存在由于不熟悉对象的特点和规律，而难以推动设计发展的难题。面对陌生领域的设计问题，设计师缺乏对基础性的规则或惯常做法的认识，也难以获得足够的设计案例作为参考，只能依靠自己熟悉和擅长的概念来提出试探性方案。由于专业背景的差异，风景园林设计师所熟悉和擅长的概念，往往缺乏对非正规垃圾填埋场特点的针对性。本书提出将景观改造与场地环境治理工程和垃圾填埋运行过程相结合，则突破了风景园林设计领域熟悉和擅长的概念所造成的思维定式，转而从环境治理工程和垃圾卫生填埋的规范与技术要求入手，发展符合场地特点的具有针对性的设计方案。

从本案例的设计过程中可以看出，在定义设计问题的起始阶段，设计者就把场地的利用方式与场地治理措施联系在一起，决定最终景观功能的不仅是规划条件与设计要求，还包括技术措施的特点和影响。最终通过分析，设计方案选择了将场地首先进行环境治理，然后用于生活垃圾卫生填埋，最后改造为生态绿地的设计方向。

在设计过程中，场地首先满足了环境治理工程的要求，非正规垃圾填埋形成的环境污染威胁，通过垃圾原位搬迁的技术得到治理；其次发展了垃圾卫生填埋的功能，场地周边的生活垃圾可以在这一地块内消纳。以上两个过程对场地物质空间的影响成为景观改造设计的依据。景观分区的结构继承了环境治理与垃圾填埋的工作分区，场地的竖向设计充分地反映了场地的土方变化，场地的植物配植也符合了环境空间在技术条件限制下的形态要求。这些状态、过程和限制都是非正规垃圾填埋场这种特殊场地上的独特性状。本书的设计主张使得景观设计的过程和结果把上述性状纳入到设计的过程和成果中，将场地治理与景观改造两个原本隔裂的过程紧密地联系在一起。

对于风景园林设计人员而言，两个过程的结合提供了一种专门针对这种特殊场地的设计认知方法。通过这种设计认知方法，不仅可以了解和掌握影响景观设计的环境卫生工程及环境保护工程范畴的技术要求和操作过程，而且可以将这些内容纳入到自身的设计创新中，推动设计过程的发展。对于环境卫生工程与环境保护工程方面的设计人员而言，两个过程的结合，使得相关工程的结果在环境中以景观的形式得到延续，拓展了环境工程的影响范围，也改变了环境工程的意义。也就是说，环境保护工程的意义不仅是消除环境污染源、切断环境污染渠道，还包括了通过环境保护工程为生态的恢复与景观的更新提供物质空间基础。正如在本案例中，为了实现最终的景观改造设计，环境治理工程最初所进行的工作通道的布局、开挖区域与临时堆土区域，以及填埋区域的布置安排、填埋场的边界界定、工作流程和堆体整形设计等各个方面都为最终的景观改造进行了准备。所采取的方案不仅保证了环境保护治理效果的实现，而且也保证了景观效果的实现。可见，将环境治理工程与景观改造相结合的设计主张可以从风景园林和环境工程两个方面保障景观改造效果的实现。

第二个方面，以技术美学价值引导设计方案的发展，其意义是为景观设计提供一种融贯学科的设计概念和思考方法，有利于应用技术手段塑造生态景观。在本案例中，对技术美学审美价值的主张，为设计者提供了一个关注场地内在发展规律的视点，为场地外在形式的推导提供了逻辑依据。具体而言，设计遵循"外在形式体现内在功能与结构"的概念，首先梳理了环境治理工程的技术路线，提出场地内土方流转的运动过程和土方变化的量化限制，以及由于高架输电线路的技术性限制造成的环境空间范围的限制条件。技术美学审美价值对设计方案的影响主要体现在设计对这些限制条件的态度上。本书认为，这些限制条件来自于技术措施或施工机械的内在规律，自身具有美学价值，应该在景观设计中承认并加以重视。因此在景观设计方案中并没有采用惯常的园林艺术化的设计手法，而是以这些技术性的限制条件为依据，顺应技术措施的空间逻辑，发展承载园林绿化和生态系统恢复过程的物质空间载体。在这种逻辑的指导下形成的环境突出体现了地形和景观要素的人工化特点，但是仍然具有抚育生态系统自我恢复更新的功能。技术美学审美价值观下的设计概念突破了风景园林专业界限，为设计者提供了跨越学科界限，深入环境工程领域思考场地景观效果形成规律的视角。

在技术美学审美价值的影响下形成的设计结果，并不是技术要素的形象展示或人工要素的简单堆叠，而是人工环境在特定规律支配下形成的综合效果。在宋庄小堡村非正规垃圾填埋场景观改造中，这种综合性的效果体现为人工地形基础上所承载的自然生态系统恢复与自我更新。因此，技术美学审美价值引导下的设计结果最终形成的并不是某种具体的特定景观形象，而是形成环境景观的内在规律和逻辑。特定的景观形象难以适应所有多样化的具体场地问题，但是形成环境景观的内在规律和逻辑却可以在不同的规划设计条件与场地具体状态下形成多样化的应用结果。因此，在技术美学审美价值观的影响下发展景观设计方案，其结果并不是对园林美学或自然美学的反对和颠覆。相反，在技术美学审美价值的主导下，有利于应用人工技术来塑造具有自然美学价值或园林美学价值的生态景观。

8.5.3　小结：本案例的示范性意义

1．设计过程的延伸

小堡村非正规垃圾填埋场的景观改造是环境治理工程和垃圾卫生填埋过程的延续。景观设计的过程向场地环境治理过程延伸，两个阶段彼此结合。本案例打破了环境治理工程与景观改造设计相脱节的惯例，在设计环境治理方案时，将景观改造的目标作为环境治理工程总体布局和过程安排的重要指导因素；而在景观改造过程中，又将环境治理工程的技术要素和工艺流程的空间特点作为景观设计的构成要素。

将景观改造的目标纳入环境治理工程的总体目标可以引导工程为场地土地利用性质的转变提供基础的物质空间条件，并优化场地更新过程、改善最终的景观效果。在景观设计过程中整合环境治理工程技术要素和工艺流程的空间特点，可以为场地的景观改造提供合理的空间结构和特殊的环境氛围。同时有利于减小景观工程的土方量，加速场地生态恢复的过程。

即使在现实条件中无法实现将景观改造的目标纳入环境治理工程的总体目标，设计者也可以在相对独立的景观改造设计过程中，有意识地将环境治理工程技术要素与工艺流程的空间特点作为特殊的景观要素运用于景观改造过程。小堡村非正规垃圾填埋场景观改造的案例表明，以上元素的引入，为景观设计提供了与场地变化过程紧密结合的设计构思，为景观结构和空间布局提供了合理依据，也为景观效果的外在形式赋予了内在的意义和美学价值。

综上所述，小堡村非正规垃圾填埋场景观改造的设计过程具有超越风景园林学科专业界限，深入环境治理工程，弥合阶段割裂，统筹规划设计的有益经验。

2．规划布局的框架

小堡村非正规垃圾填埋场的景观改造在规范要求的限制下，根据环境治理工程的工艺流程，抓住场地土方流转形成的空间关系制定了场地的内外布局。技术规范为场地内部格局制定了第一层框架。高压走廊对场地的影响给地形的高度、设施分布的范围都造成了严格的限制。场地治理、垃圾填埋和生态恢复的所有过程无不以此限制条件为前提。

限制场地内部格局的第二层框架来自环境治理工程与垃圾填埋的技术流程。治理技术的选择结果决定了工程组织形式，以及与之相对应的空间布局要求。小堡村非正规垃圾填埋场的环境治理选择了原位搬迁的治理技术，因此陈腐垃圾开挖和土方填挖成为主要的工程措施。所以，场地布局规划就需要满足开展此项工程措施的空间要求，如工作通道、施工作业面、机械存放养护场地等内容的布局。为了满足工程技术要求而进行的空间布局安排形成了场地的第二层框架。

施工过程的特点和场地转化目标是形成场地空间布局的第三层框架，也是具有决定意义的元素。小堡村非正规垃圾填埋场环境治理过程的施工特点是土方在场地内部的轮转。这一过程是场地不同于其他类似项目而特有的过程。场地转化的目标是形成场地承载生态系统恢复和自我更新的自然过程。以上两方面内容为场地内部空间布局形成特色提供条件。

第一个层次的框架是最为严格的客观限制条件，第二个层次的框架是与场地内部功能紧密联系的必要条件，第三个层次的框架是场地特点和功能转变需求的反映。场地内部空间布局在上述三个层次的框架限定下最终形成。

3．场地要素的转化

小堡村非正规垃圾填埋场景观改造设计的特点之一是在场地治理阶段便开始考虑景观改造的结果。以景观改造目标为指导的环境治理工程通过环境工程技术措施逐步在场地中形成了可以承载生态系统恢复与自我更新的物质条件。景观设计仅须通过场地要素的转换便可以实现场地性质的变化，从而避免了大规模土方重整，减少了工程对生态修复过程的强烈干扰。

景观改造中发生转化的场地要素包括场内分区、工作通道、填埋堆体、辅助设施等。

在此项目中，场内分区由场地土方轮转过程和施工条件的便利程度所确定。分区确定之后，场地治理工程和景观改造都以此为基本格局开展。因此治理过程与生态恢复过程保持了空间格局的稳定与延续。

工作通道与场地分区相配合完善了场地治理工程的施工条件，工作通道的布局考虑了施工过程中的效率和开展工作面临的条件，最终确定的工作通道可以通过最短的道路铺设，完成场地运转的需要，并向各个分区展开施工作业面。工作通道是场地物质运动过程的承载体，在景观改造中作为场地的重要结构性要素被加以保留。同样被保留的还有新形成的填埋堆体。由于有景观改造的目标作为指导，填埋堆体在形成的过程中便进行了边坡坡度的处理，最终形成了与景观环境相协调的地形形式。除此之外，包括管理用房、调节池、车辆洗消场、地磅等辅助设施也在环境治理工程完成后加以保留。这些保留的场地要素反映了环境治理过程对场地的影响，为景观改造设计提供了与场地发展变化的过程紧密相关的景观元素。

上述景观元素来自于环境治理工程，体现了场地内在功能，直接反映场地的内在结构特征。在这些场地要素基础上组织景观改造，发展生态恢复过程，体现了场地内在的技术美学价值。

4．设计原则的意义

两项设计原则主导了本项目的设计过程，第一是"将景观改造与环境治理工程相结合"，第二是"以技术美学价值引导方案设计"。回顾设计过程，可以发现：

第一项设计原则指导了设计流程的改善，引导景观改造设计参与环境治理工程，理解环境治理技术，掌握场地内在的形成规律。这为景观方案的发展提供了客观的设计条件和理性的思考逻辑。同时，此项设计原则推动了多专业的跨学科合作，也将景观改造的目标引入了环境治理工程之中，有利于环境治理阶段与生态恢复阶段的综合。

第二项设计原则为景观方案的发展提供了设计概念和构思立意的思考范围。面对非正规垃圾填埋场这类特殊的设计对象，风景园林设计人员缺乏专门的经验，套用既有的设计概念无法准确界定设计问题。而技术美学价值所强调的内部功能、结构与外部形态相统一的设计概念，有助于设计人员从场地功能和具体条件入手发展场地的外在空间形式。这为设计思路的突破创造了条件，也有利于形成与场地条件紧密结合的特色景观。

两项设计原则相辅相成形成整体，分别从设计流程和设计概念的角度针对非正规垃圾填埋场景观改造这一特殊的风景园林设计对象提出了可供参照的设计方向，有利于设计人员开辟设计思路、定义设计问题、发展设计方案。

10

第
9
章

成果总结与反思

9.1 设计研究实例成果总结

本书在风景园林设计领域引入设计研究理论，利用"贯穿设计之研究"的方法体系，针对北京市非正规垃圾填埋场景观改造开展了系列设计研究。三个设计项目既相对独立又彼此关联，分别探讨了"景观改造与场地治理技术相结合"的设计方法，以及"以技术美学审美价值为导向的"非正规垃圾填埋场景观改造设计方法，并将这两种设计方法应用于典型的北京市周边非正规垃圾填埋场，进行了情境化的实验性设计。

通过以上研究过程，本书提出了"贯穿设计之研究"的方法体系在风景园林设计领域开展应用的理论框架；并应用"贯穿设计之研究"的方法体系针对北京市非正规垃圾填埋场景观改造开展研究，总结了北京市非正规垃圾填埋场的自身特点和治理技术，在此基础上对环境治理中的景观改造进行了重新定位，提出了针对非正规垃圾填埋场进行景观改造的设计方法，并形成了相关的设计知识积累。

9.1.1 "贯穿设计之研究"理论框架的发展

1. 主张"贯穿设计之研究"的方法体系

本书首先介绍了设计研究理论的相关概念和发展过程，着重对其中"贯穿设计之研究"的方法体系进行了梳理和辨析。在此基础上本书提出主张认为，"贯穿设计之研究"的方法体系对设计学科具有认识论意义，它立基于设计思维和设计师式认知方式，挑战了设计专业推崇个人直觉和经验的惯常认知方式，体现了将设计知识结构化和系统化的认知趋势。"贯穿设计之研究"的方法体系对风景园林设计研究具有方法论意义，它改善了设计学科缺少设计本体研究理论的局面，为缓解研究工作的"设计模式"与"科学模式"二者之间的矛盾提供了方向。"贯穿设计之研究"的方法体系对研究行为具有社会性意义。它依托设计思维和设计师式求知方式推动学科的融贯，促进研究行为在设计领域的发展，推动社会创新和科技、人文相结合的文化发展。

2. 发展"贯穿设计之研究"的理论框架

在上述论点的基础上，本书系统地应用"贯穿设计之研究"的理论体系针对北京市非正规垃圾填埋场景观改造的具体问题展开设计研究。根据相关理论，贯穿设计之研究的求知过程是一个包含两个半圈的循环过程，第一个半圈是归纳的半圈，起始自以往的案例，包含对以往经验有目的地学习，最终形成对自然和社会规律的假设、理论及预测。第二个半圈是演绎的半圈，在此过程中产生行动和干预，并由此获得新的经验，可以对理论进行证实或证伪。求知的循环过程以设计过程为载体和媒介，设计过程中"设计问题的界定"和"设计反思的过程"分别成为求知循环内两个半圈中的关键环节。

为了对北京市非正规垃圾填埋场景观改造问题进行研究，本书根据设计研究的上述理论构建了一个由三个设计项目共同组成的研究框架。作为一个完整的设计研究框架，本书首先根据案例研究提出了两项应对设计问题的理论设想，然后通过两个不同的设计过程分别对理论设想加以验证，最后将所得到的结论综合应用于典型的样本场地。在这个框架中，理论设想的提出可视为求知循环的第一个半圈，它是对以往案例经验的归纳。三个设计过程可以看作求知循环的第二个半圈，它是通过设计产生行动和干预的演绎过程。同时，三个设计项目在设计研究的总体框架下又分别成为独立的次级设计求知过程。三个设计项目中，温州杨府山生活垃圾填埋场封场处置与生态恢复工程对应"景观改造与场地修复技术相结合"的理论设想；北京市第9届国际园林博览会锦绣谷方案设计对应"以技术美学审美价值为导向"的理论设想；宋庄小堡村非正规垃圾填埋场景观改造项目在典型场地上综合应用了前两个设计求知过程的结论。以上三个设计研究项目都包含了独立的设计研究求知循环。然而三个循环过程又彼此关联嵌套，在更高层级的设计研究框架内形成整体。

这一研究框架突破了现有的"贯穿设计之研究"依托单一设计过程开展研究的理论和实践经验。它既符合现有"贯穿设计之研究"的理论成果所阐释和界定的求知规律及研究方法，又对"贯穿设计之研究"的方法体系进行了理论上的拓展，是"贯穿设计之研究"的方法体系在风景园林设计领域的新发展。

9.1.2 北京市非正规垃圾填埋场景观改造设计方法

1. 梳理生活垃圾管理和环境保护治理框架

本书运用"贯穿设计之研究"的方法体系针对北京市非正规垃圾填埋场景观改造的设计方法进行研究。研究的出发点基于两个方面：一方面是非正规垃圾填埋场妨碍土地利用价值、威胁城市环境的现实问题；另一方面是风景园林设计领域缺乏应对此类场地的专门设计方法。

本书首先简要分析了北京市非正规垃圾填埋场治理情况的历史发展过程，进而调查并分析了北京市现有的非正规垃圾填埋场的类型和基本规模，对研究对象的主要特征和形成背景进行了阐释。为了深入了解景观改造在垃圾填埋场治理过程中的作用和地位，本书从风景园林学的视角出发，对垃圾填埋场治理的现行技术规范和城市垃圾管理及环境保护的运行框架进行了梳理，进而为景观改造工作进行了定位。研究发现，规范化的生活垃圾卫生填埋场治理是一个多学科交叉的过程，可划分为"填埋场选址""填埋场建设运行""填埋场建设封场"和"填埋场再利用"几个阶段。风景园林专业在此过程中的贡献主要在于填埋场选址阶段、封场和再利用阶段，而景观改造工作属于填埋场封场和再利用过程中的内容。现有技术规范在填埋场封场绿化方面对景观改造提出了有限的具体技术要求。除此之外，在更高层级的城市垃圾管理和环境保护框架中，无论在管理层面还是技术层面，系统对景观改造的要求和控制都是缺失的。这一现象说明，在城市生活垃圾管理和环境保护体系中，填埋场景观改造未被作为城市生活垃圾填埋和环境保护系统的有机组成部分，而被认为是生活垃圾管理系统之外，主要与场地再利用相关的工作。

2．针对国外成熟案例进行案例研究

根据以上分析结果，本书对应景观改造在现行填埋场治理框架下的定位开展了系列案例研究，选取西方国家的成熟案例进行填埋场景观改造设计经验总结。通过案例研究发现：我国现行的填埋场治理框架无法完全覆盖国外案例所积累的经验。案例研究的对象反映出与我国现行填埋场治理框架不同的系统结构。经过分析总结，这种填埋场景观改造的模式被本书总结为"填埋场景观改造的慕尼黑模式"。在这种模式下，填埋场景观改造不仅仅与场地再利用过程相关联，而且是生活垃圾填埋和环境保护系统的有机组成部分，整个填埋场的运行管理都以最终的景观改造目标为指导。在慕尼黑模式下，填埋场日常的填埋运行成为形成最终场地景观效果的有机过程，垃圾填埋场运行过程中所采取的运输和堆填技术成为塑造大地景观的技术手段，填埋场景观改造的最终空间效果体现了这些技术手段的作用。

3．提出设计方法理论设想

为了发展风景园林学针对非正规垃圾填埋场景观改造的专门设计策略，为相关设计领域积累设计知识。本书针对非正规垃圾填埋场自身的特点，以及垃圾填埋和环境保护体系关于非正规垃圾填埋场景观改造的缺失，结合案例研究的结果，提出了非正规垃圾填埋场景观改造的两项理论设想：第一，将景观改造的目标列入填埋场改造的总体目标，从非正规垃圾填埋场环境治理工程的流程上增强治理工程与场地景观改造的联系。第二，接受、利用，并发挥填埋治理工程给场地留下的特殊性状，将环境治理和监测的功能与景观改造和生态修复的过程相整合。根据"贯穿设计之研究"的方法体系，本书以两个工程设计项目分别对以上两个理论设想进行了验证。

4．通过系列设计过程验证理论设想

第一个设计项目是温州杨府山生活垃圾填埋场封场处置与生态恢复工程。设计过程推翻了项目建议书原初的要求，打破了场地环境治理与场地再利用相分离的惯例。设计结果证实了在深入的跨学科合作下，景观改造的目标可以作为非正规垃圾填埋场环境治理工程中不同学科和专业共同的总体目标，引导环境卫生工程和环境保护工程的开展。

第二个设计项目是第9届中国（北京）国际园林博览会"锦绣谷"方案设计。设计结果证实在技术美学审美价值引导下，非正规垃圾填埋场的景观改造设计可将场地环境治理技术的空间结构和过程特点作为概念生成的逻辑起点，利用工程结构塑造景观环境，形成承载生态修复过程的基础。

5．提出具体的景观改造设计方法

通过以上两个设计研究项目，本书不仅验证了理论设想，而且产生了可以脱离具体情境、普遍应用于同类设计项目的设计知识。通过应用这些设计知识，本书在典型的北京市周边非正规垃圾填埋场上开展了第三个设计研究项目：宋庄小堡村非正规垃圾填埋场景观改造设计。在这一设计过程中，景观改造的目标成为填埋场场地治理和生活垃圾消纳管理的总体目标，垃圾填埋和场地治理的过程被作为塑造最终景观效果的过程。技术美学审美价值观成为场地空间形态设计的指导因素，各种技术规范和技术措施限制成为形成场地空间形态的依据。在各项技术性限制下，设计形成了与垃圾场填埋运行和场地无害化治理功能相适应的工程地形。进行封场处置之后，工程地形又成为抚育自然生态修复的物质空间基础，发展为场地上现有鸟类和昆虫的栖息地。设计结果显示，在典型的北京市非正规垃圾填埋场上应用本书提出的两项设计方法及相关的设计经验和知识，有助于设计问题的迅速定位，能够有效推动设计过程的发展。以上设计经验和设计知识的集合，形成了针对北京市非正规垃圾填埋场景观改造的专门设计思路，可以有效地在典型的问题场地上加以运用，因此是处理北京市非正规垃圾填埋场景观改造问题的有效设计方法。

通过宋庄小堡村非正规垃圾填埋场景观改造项目所总结的设计经验，可成为供同类项目参考的设计知识。其主要内容包括以下几个方面：

（1）设计过程的延伸

非正规垃圾填埋场景观改造不能只限于封场治理阶段，应主动将设计过程延伸到场地治理的前期阶段，与环境卫生和环境保护工程专业进行深入的合作，在填埋场运行或封场处置阶段就参与决策过程。景观改造的关键阶段是垃圾堆体的整形设计，风景园林设计专业人员应掌握垃圾堆体整形的规范要求，在满足环境保护功能的前提下，利用垃圾堆体的整形设计为景观改造塑造有利的空间结构。

非正规垃圾填埋场景观改造应将填埋场运行过程和环境保护治理过程纳入思考范围，从两者的内在规律和技术限制出发理解场地特点，并通过景观改造设计整合上述过程，使它们与生态恢复过程相联系。为场地安排游憩功能时，设计人员也需要参考填埋场运行过程和环境保护治理过程的技术特点及场地影响，以防止场地上的不安全因素威胁游人的健康和安全。如果景观改造能够参与上述两个过程，可以有意识地在填埋场运行过程中采取措施规避危险因素，逐步塑造有利于景观改造的条件。

非正规垃圾填埋场景观改造应将填埋场封场后的堆体稳定化过程及生物降解反应过程纳入设计思考，在进行竖向设计、种植设计及设施布局时，考虑场地的特殊性状，为堆体的沉降和土壤的性状变化保留设计调整的余地。在景观改造方案中应提出措施应对上述情况。

（2）规划布局的原则

非正规垃圾填埋场景观改造的规划布局主要有三个方面的决定因素。

第一是环境保护工程的内在技术要求。非正规垃圾填埋场区别于一般场地的核心特征在于场地内部的结构和变化过程。其内部结构由垃圾填埋过程或环境保护治理工程决定。对于非正规垃圾填埋场而言，环境保护治理工程对场地内部结构的意义更为关键。其内部的变化过程也主要受环境保护治理工程的技术措施控制。因此，环境保护治理工程的技术措施是场地上最为重要的要素。景观改造必须以此为基础。景观改造的设计方案必须首先满足环境保护治理工程的技术要求。

第二是场地的外部条件限制。北京市周边非正规垃圾填埋场一般都处在复杂的周边环境之中，场地多受制于特殊的外部条件，如水文地质条件、植被环境条件、周边设施条件、相关工程条件等。除了外部客观条件外，还必须满足城市规划要求、群众反应等社会条件。这些外部条件也是景观改造设计需要应对的重要内容，它们从外部为景观改造设计提出了场地规划布局必须遵循的原则。

第三是设计者的设计概念和主观意愿。设计概念同样是非正规垃圾填埋场景观改造设计方案依据的重要原则，它来自设计者的先期经验和先入为主的观念。根据本书的研究结果，以技术美学审美价值为导向的设计概念有利于辅助风景园林师深入环境保护工程领域理解场地特点，掌握场地发展变化规律，整合生态修复与场地治理过程，并提炼艺术性的场地空间结构，进而形成景观改造方案。因此，本书主张以技术美学审美价值引导非正规垃圾填埋场景观改造设计概念的发展。

（3）场地要素的转化

环境保护治理工程作用于非正规垃圾填埋场，会在土地上形成特殊的工程痕迹和机械设施，如施工通道、整形边坡、夯实地面、防渗基底、土工结构、导排气井、抽排气管道设施等。这些要素在场地上形成特殊的空间形态，为场地带来可识别性，具有一定美学价值，且有条件作为生态环境自我发展的物质基础。所以本书主张在条件允许的情况下保留这些场地要素，将它们转化为景观设计方案中的植被种植基础和人工的生物生境，通过这些要素的转化将技术美学价值与自然美学价值相结合，提升场地的景观改造文化内涵。

9.2　问题与展望

本书在风景园林设计领域提出了多个项目共同组成的设计研究框架，发展了"贯穿设计之研究"的方法体系；针对北京市非正规垃圾填埋场景观改造的具体设计问题提出了以景观改造目标作为总体目标，并由技术美学审美价值观引导的与环境治理过程相结合的景观设计方法。在这两方面成果基础上，本文的研究仍存在一系列问题，可以作为后继研究发展的经验借鉴和参照方向。

9.2.1　成果展望

本书形成的成果对风景园林设计和环境保护工程两个领域都将具有积极意义。首先，它们将推动形成风景园林设计专业处理非正规垃圾填埋场景观改造问题的基本设计概念，这有助于风景园林设计专业在这一领域形成专业特长，在多学科交融的过程中增强专业影响、改善实践效果。

设计与默会知识的相关理论指出，设计方案的产生首先有赖于设计师意识背景中默会性的操作原理概念（Nightingale，2009）。这正如本书第5章所引用的例子：在进行飞行器设计时，设计师不会设计扑扇翅膀的机器，而是在不断改进和发展通过运用动力对抗空气阻力的曲面。这正是由于存在于设计师意识背景中的默会性的基本设计概念是后者而非前者。

在现有的国内案例中，风景园林设计应对垃圾填埋场景观改造，多采取与场地治理过程相脱离的园林化的设计手法，最终改造效果与场地空间形态形成的客观规律联系不大，主要以装饰意义大于生态意义的景观效果为主。从设计求知的角度反思形成上述现象的原因，可将其归结为设计师的意识背景中缺少针对垃圾填埋场景观改造这一对象的基本设计概念。因此在实践中，相关设计人员只能运用适用于一般场地上的园林设计的基本设计概念来应对垃圾填埋场的景观改造。

本书针对非正规垃圾填埋场景观改造这一特殊对象，开展系列的设计研究，强调了场地环境治理工程的前提性作用，通过吸收跨学科的设计和研究成果，提出了专门应对非正规垃圾填埋场景观改造的设计方法，并着意突出其与一般场地上的园林设计相区别的特点，最终目的就是为了针对非正规垃圾填埋场景观改造积累专门的设计经验，并逐渐发展应对同类问题的基本设计概念。本书提出的设计概念虽然未必能够解决非正规垃圾填埋场景观改造的所有问题，但是它们形成了一个基本的思考范围，可供未来的设计工作者加以发展或突破，甚至推翻。这种受限的思考范围有助于设计师定义抗解性的设计问题，开展设计创新。其实质内涵，就是设计师意识背景中的"基本设计概念"。

第二，本书的成果对环境工程领域也将产生积极作用。通过对景观改造工作在城市垃圾管理和环境保护系统框架中的定位，本书发现，环卫和环境工程领域对填埋场最终的景观改造要求存在缺失，这一现象导致环境治理工程与填埋场景观改造过程的割裂。本书提出了将景观改造与环境治理工程相结合，发掘并利用治理工程对环境的技术美学价值的设计概念。非正规垃圾填埋场景观改造是依靠多学科共同参与的综合问题。在多学科交流合作和学科融贯的过程中，从风景园林设计目标出发而形成的概念将作用于参与的各个学科。为环境治理工程的实践和研究工作开辟新的思路。

综上所述，本书的成果一方面可以促进风景园林设计专业针对非正规垃圾填埋场景观改造这一非传统研究领域逐渐形成专门的设计思路和基本的设计概念，另一方面可以为环境工程领域的实践提供新的思路，促进学科交流和设计创新。

9.2.2 设计研究的局限

由于设计研究理论尚处于不断完善发展的过程中，并不乏争议，设计研究的过程和成果难免存在问题与局限。相应地这些问题和局限不可避免地反映在本书中。这些问题在本书中主要反映在以下几个方面：研究人员的局限性，研究过程的局限性，以及设计反思的局限性。

1. 研究人员的局限

设计研究是一种无法忽略研究主体的研究方法体系。它的重点是依靠默会性的设计能力和设计思维，将设计过程作为研究的介质和载体。这就要求研究人员自身不能置身设计过程和研究过程之外，而应该将自身的设计能力纳入到研究的整体框架中。也就是说，设计研究必须由"设计师-研究者"群体来开展，研究人员自身同时必须是设计行为的执行者。

"设计师-研究者"群体的缺乏为设计研究的发展造成了局限。设计研究的特殊性决定了研究人员必须具备一定的设计能力。设计能力的高低决定了设计研究成果的优劣。瓦丁格教授曾经提出，开展设计研究的研究人员需要具有至少10年的设计学习和实践经验，其中包括5年的设计学习经验，5年的设计从业经验。[①]唯有如此，才能同时满足具备合格的学术研究能力和充分的设计能力，符合设计研究的要求。然而具有类似条件的"设计师-研究者"群体无论在目前的学术语境下，还是设计实践语境下都为数不多。这一现状局限了目前设计研究的发展，也限制着设计研究的未来发展。

在目前的现实条件下，只能由具备一定设计能力的研究人员来推动设计研究理论与实践的发展，以及"设计师-研究者"群体的发展。研究人员的设计能力限制了设计研究的发展。根据克劳斯和劳森等设计研究理论家的总结，设计能力虽然是人类生存的一项基本能力，但是必须依靠教育和培训，才能有意识地掌握和应用，因此人们掌握设计能力的水平显然不同。劳森将开展设计的能力概括为四个层面：项目层面、过程层面、实践层面和职业层面。其中项目层面指的是一个设计师最为基本的实践能力，职业层面指设计师所具有的为整个设计行业做出创新和贡献的能力，应该被视为最高的设计能力。显然，以设计实践为职业的顶尖优秀设计师具有最为高超的设计能力。设计研究的目的是为了在整个设计学科和设计行业的范围内促进设计知识的创造、积累和交流，因此最为理想的情况是由那些具有职业层面设计能力的优秀设计师开展设计研究。而从业经验相对缺乏的研究人员，难免在设计能力上存在局限性。

作为一次设计研究的实验，本书所开展的设计研究同样具有上述局限性。研究成果受到本书作者设计实践经验和设计能力的局限。

2．研究项目的局限

"贯穿设计之研究"的方法体系以设计过程为介质和载体，与设计项目紧密联系不可分割。而设计项目的目标与要求却并非必然与研究的目标或途径相一致。因此研究过程可能会由于设计项目实际条件的掣肘而存在局限性。

劳森指出，设计研究探求设计知识的过程，其实质是在设计过程中围绕"意向（intention）""实践（practices）""诉求（aspirations）"三个方面进行的综合。意向是设计师的创作意愿，实践指的是设计的行动和过程，诉求则指业主或使用者的愿望。设计实践最理想的目标是三者的一致，有助于达成这个目标的知识便是有益的设计知识。

---

① 于2011年5月柏林第二届清华大学柏林工业大学联合设计研究（Designerly Research）研讨会。

对于实际工程项目而言，上述三个方面中"诉求"一项最为强势，设计师的意向和设计实践的行动都需要以满足实际的"诉求"而进行调整。在以此类设计项目为依托的设计研究中，研究人员不得不协调研究主题与客户"诉求"之间的关系，一旦两者存在矛盾，设计研究的开展将面临困境。

对于研究性的设计项目而言，"意向""实践"与"诉求"三者中，意向是最为强势的因素，由于不存在客户或使用者的实际要求，设计人员可以更加充分地贯彻自己的设计意向，并且在更加宽松的限制条件下开展设计过程。这种条件有利于研究的开展。然而，由于缺少实际的设计诉求，在设计师主观意向和自由实践支配下形成的成果无法实现完整的设计知识内在结构。因此以研究性项目为依托开展设计研究存在无法弥补的缺陷。

可见，脱离实际条件的研究性设计无法承载设计研究，而实际条件下的工程项目也未必能满足设计研究开展的条件。只有与研究目标相一致的工程项目或是在实际条件限定下的研究性设计，才能成为设计研究的载体。

为了构建满足研究条件的设计研究框架，本书采取了实际工程项目与研究性设计相结合的方法，努力将研究性设计置入现实条件的框架下。然而研究预设的情境毕竟无法完全替代现实条件下的实际要求，因此，由设计"诉求"的缺失而造成的设计研究局限性，在本书中依然存在。

3．设计反思的局限

设计反思是设计研究的核心部分，设计知识的结构化和系统化便是通过设计反思的过程从具体的设计实践中构建的。在目前的设计理论发展中，设计反思的重要作用已经获得普遍公认，但是设计反思的具体方法却仍然缺乏。

设计反思的过程不仅是回顾设计发展的过程，更是评价设计结果的过程和构建设计知识的过程。由于设计研究强调设计主体的参与和影响，设计人员就是研究开展的执行者，因此作为研究组成部分的设计反思过程也必须由研究人员，也就是设计师自行完成。在这种情况下，如果没有系统的设计反思方法和一致认可的标准，设计反思所形成的结果会因研究主体的特殊性和多样性而发生结构化和系统化的失败。也就是说，无法形成在具有社会性的设计研究共同体中普遍适用的知识成果，通过设计反思形成的仍然是非常个人化的设计经验。

另外，根据约纳斯的设计研究理论，"贯穿设计之研究"的方法体系是可以将科学方法纳入其中的研究方法体系。因此，理论上设计反思的方法中包括科学研究的方法，设计反思的成果也可以趋近于科学研究的成果。但事实上，设计反思方法在系统化水平上远没有达到这样的程度，因此无法形成可以用科学标准来衡量的知识成果。虽然相关的设计研究理论已经存在，设计研究的发展已经让人们看到了设计反思科学化的趋势，但是从目前的研究进展看，设计反思自身仍不完善，是设计研究的局限性之一。

本书尝试了两种不同的设计反思途径。一种是利用设计方案与实施效果的比较评价设计结果，总结设计知识；一种是将设计主题置入特定理论背景中，论证设计结果的适宜性，进而形成设计知识。这两种设计反思途径有效地完成了本书的设计研究整体框架，推动形成了本书的成果。但是它们同样存在局限性，有待后继研究改进和完善。

设计反思存在的不足主要是由设计方案缺少建成成果的原因所造成。研究人员指出，完善的设计知识应该包括：已经实施的结果，设计方案关键原则的阐明，在学术研究语境中的定位。这是因为设计知识是一种具有不可还原性的综合性知识，设计产物是设计知识不可缺少的组成部分。本书设计研究的过程中缺少建成成果的支持，无法在设计反思中对成果进行现实条件下的评价。因此本书采取了以设计方案与实施效果的比较作为直接评价建成成果的折中方法。间接的比较和评价虽然在研究结构中起到了对设计结果进行观察和评价的替代作用，但是却给设计反思过程带来缺陷，例如无法针对设计成果进行定量观察和实际效果评价等。同样，理论化的论证过程也无法替代对建成成果的直接观察和评价。因此，由于缺少建成成果的支持，本书的设计反思存在局限和不足。

研究人员的局限、设计项目的局限和设计反思的局限是设计研究方法体系目前所存在的不足之处。在本书的具体研究过程中，这些方面都分别得到了体现。设计研究自身的局限性有待通过设计研究在数量和成果上的不断发展加以突破。相信在设计研究理论的指导下，后继研究一定会克服理论和实践的局限性，完善现有的成果，实现设计研究理论和实践的发展。

第

10

章

结语

设计师个人的知识结构存在一个"T"字形的框架。上面的一横代表覆盖面宽广的知识领域，下面的一竖代表对一个具体问题的深入钻研。上面的横不仅有长度还有厚度，它的长度越长，设计师的知识面越宽阔，能够应对的问题越广泛；它的厚度越大，设计师的知识越精深，对每个点上的问题能够掌握得更准确，更深入，更专精。设计师所掌握的设计知识在这样两个维度上积累和增长，而每一个方面的增长，都通过设计项目这个介质发生。

本书中对北京市周边非正规垃圾填埋场景观改造设计的探讨，相当于在这个"T"字形结构的一横中延伸了一个点，把非正规垃圾填埋场这种行业实践中不常见的对象纳入到设计知识结构中。同时借助三个设计项目的契机，在项目中积累、整理、生产相关的设计知识，从而在这个点的位置进行了接力式的深钻，增加了这个点上的厚度。

设计研究理论揭示设计知识生产的内在机制，帮助我们深入"微观"的层面理解"T"字形宏观知识结构向两个维度生长的内在过程。随着学科发展，设计师个人的知识需要凝聚到学术共同体中形成组织知识。个人生产的知识需要在学术共同体中传播、交流、积累。这就要求学术共同体的成员分别生产的知识符合公认的标准。设计研究理论所揭示的内在规律，为我们构架这种标准提供了基础。

设计研究理论的探索离不开具有丰富设计经验的设计师和深厚学术功底的研究者，还需要随着设计实践长期不断地开展。由于作者自身设计工作经验和学术水平的限制，本书所呈现的理论梳理和案例实证，仍然存在很多不足之处。希望各位读者多批评指正，也希望能有更多的设计师和研究人员投入到设计研究理论的探索中，推动学术共同体的不断发展。

参考文献

[1] 曹满河．2010．垃圾填埋场污染控制与生态恢复[J]．中国科技信息，（13）：21-23.

[2] 曹康，金涛．2007．国外"棕地再开发"土地利用策略及对我国的启示[J]．中国人口资源与环境，17（6）：124-129.

[3] 陈望衡．1992．科技美学原理[M]．上海：上海科学技术出版社.

[4] 谌截．2006.城市生活垃圾厌氧生物反应器填埋技术试验研究[D]．绵阳：中国工程物理研究院.

[5] 邵靖，王坤茜，王一然，等．2009．技术文明时代下技术美的反思[J]．文化研究，（4）：241-147.

[6] 成素梅．2011.科学哲学的语境论进路及其问题域[J]．学术月刊，43（8）：53-60.

[7] 董仲元，吉晓民，荆冰彬．1996．设计理论与方法学研究分析[J]．中国机械工程，（6）：6-10.

[8] 董仲元，吉晓民，吕传毅．1993．近年来国际设计方法学研究的发展[J]．机械设计，（6）：1-6.

[9] 丁立新．2007．用土壤改良法对城乡交错带废弃地进行生态修复的实验研究[D]．长春：东北师范大学自然地理学系.

[10] 邓庆坦，赵鹏飞，张涛．2009．图解西方近现代建筑史[M]．武汉：华中科技大学出版社.

[11] 范玉刚．2002．技术美学的哲学阐释[J]．陕西师范大学学报（哲学社会科学版），31（4）：89-95.

[12] 邝溯琳．2009．六里屯垃圾填埋场渗滤液处理工程的改造和运行[D]．北京：清华大学环境系.

[13] 郭湧．2011．当下设计研究方法论概述[J]．风景园林，（2）：68-71.

[14] 郭湧，张英杰．2011．德国市民花园设计导则研究[J]．风景园林，（2）．72-77.

[15] 国家环保总局污染控制司．2000．城市固体废物管理与处理处置技术[M]．北京：中国石化出版社.

[16] 郭婉如，岳喜连，赵大民．1993．垃圾填埋场营造人工植被的研究[J]．环境科学，15（2）：53-58.

[17] 黄立南，姜必亮．1999.卫生填埋场的植被重建[J].生态科学，18（2）：68-74.

[18] 何汛．2011．浅析城市景观设计中的技术美学策略[J]．中外建筑，（6）：70-71.

[19] 韩志威，王领全，姚洁，等．2008.垃圾填埋场封场与生态恢复设计[J]．环保前线，（3）：20-23.

[20] 韩华，李胜勇，于岩．2011．非正规垃圾填埋场初步勘察与评价方法探讨[J]．工程地质学报，19（5）：771-777.

[21] 贺旺．2004．后工业景观浅析[D]．北京：清华大学建筑学院.

[22] 郝风博．2008．褐地开发治理初探[D]．北京：北京林业大学城市规划与设计系.

[23] 黄滢．2007．城市工业废弃地景观的更新设计[D]．南京：南京林业大学城市规划设计系.

[24] 胡建红，肖桂生，赖新山，等．2009．垃圾填埋场植物修复和植被恢复研究进展[J]．江西林业科技，（4）．24（3）：17-19.

[25] 韩志威，王领全，姚洁，等．2008．垃圾填埋场封场与生态恢复设计[J]．环保前线，（3）：20-23.

[26] Henry Kibet Rotich．2006．北京市垃圾填埋场污染风险评价[D]．吉林：吉林大学环境与资源学院.

[27] 胡军．1997．知识论引论[M]．哈尔滨：黑龙江教育出版社.

[28] 姜振寰．2009．技术哲学概论[M]．北京：人民出版社.

[29] 康汉起，吴海泳．2007．寻找失落的家园——韩国首尔市兰芝岛世界杯公园生态恢复设计[J]．中国园林，（8）：55-61.

[30] 孔寿山．1992．技术美学概论[M]．上海：上海科学技术出版社.

[31] 匡胜利．1998．北京市海淀区城市生活垃圾堆放场污染研究与对策分析[D]．北京:清华大学环境系.

[32] 李天威．2004．我国城市半城市化区域生活垃圾优化管理模式研究[D]．北京：清华大学环境系.

[33] 李金惠．2007．王伟等．城市生活垃圾规划与管理[M]．北京：中国环境科学出版.

[34] 赖辉亮．1998．金太军波普传[M]．石家庄：河北人民出版社.

[35] 刘大椿．2011．科学哲学[M]．北京：中国人民大学出版社.

[36] 刘竞．2009．北京1011座非正规垃圾填埋场的科技治理[J]．科技潮，（4），20-21

[37] 刘永丽，王久良讲述"垃圾围城"的故事 [EB/OL]．（2010-06-17）[2011-08-13].http://news.solidwaste.com.cn/view/id_29830.

[38] 刘亚岚．2009．北京1号小卫星监测非正规垃圾填埋场的应用研究[J]．遥感学报（2）：320-326

[39] 李航，霍维周，郑彬彬等．2009．非正规垃圾填埋场调查与治理研究[J]．环境与可持续发展，（1）：44-45.

[40] 李金惠，王伟，王洪涛．2007．城市生活垃圾规划与管理[M]．北京：中国环境科学出版社.

[41] 李颖，郭爱军．2005．城市生活垃圾卫生填埋场设计指南[M]．北京：中国环境科学出版社.

[42] 林学端，廖文波．2002．垃圾填埋场植被恢复及其环境影响因子的研究[J]．应用与环境生物学报，8（6）：571-577.

[43] 李立新．2010．艺术设计学研究方法[M]．南京：凤凰出版传媒集团，江苏美术出版社.

[44] 刘川顺，李津津，喻晓．2011．垃圾填埋场生态覆盖系统研究[J]．环境科学与技术，34（1）：48-51.

[45] 李胜，张万荣，茹雷鸣，等．2009．天子岭垃圾填埋场生态恢复中的植被重建研究[J]．西北林学院学报，

[46] 李洪远，马春，等．2010．国外多途径生态恢复40案例解析[M]．北京：化学工业出版社.

[47] 刘艳辉，魏天兴，孙毅．2007．城市垃圾填埋场植被恢复研究进展[J]．水土保持研究，14（2）：108-111.

[48] 刘先觉．1999．现代建筑理论：建筑结合人文科学自然科学与技术科学的新成就[M]．北京：中国建筑工业出版社.

[49] 梁媛．2009．技术美学对当代景观设计的影响及发展趋向[J]．中外建筑，（6）：152-154.

[50] 林曦．2006．格罗皮乌斯时期的包豪斯设计美学探求[J]．浙江工艺美术，（6）：61-65.

[51] 李雄，徐迪民，赵由才，等．2006．生活垃圾填埋场封场后土地利用[J]．环境工程，24（6）：64-67.

[52] 孟瑾，齐长春．2009．温州杨府山垃圾填埋场生态恢复及景观规划[J]．环境卫生工程，17（5）：54-56.

[53] 玛哈拉．2007．可持续填埋场：生物预处理及其对填埋的影响[D]．北京：清华大学环境系.

[54] 牛慧恩．2001．美国对"棕地"的更新改造与再开发[J]．国外城市规划，（2）：30-31.

[55] 彭少麟．2007．恢复生态学[M]．北京：气象出版社.

[56] 彭绪亚，黄文雄，余毅．2002．简易垃圾填埋场的污染

控制与生态恢复[J]. 重庆建筑大学学报, 4（1）:206-210.

[57] 钱静, 2003. 技术美学的嬗变与工业之后的景观再生[J]. 规划师, 19（12）: 36-39.

[58] 覃力. 1999. 现代建筑创作中的技术表现[J]. 建筑学报, （7）: 47-52.

[59] 茹雷鸣, 李胜, 张燕雯, 2008. 垃圾填埋场生态恢复中的植被及重建研究[J]. 安徽农业科学, 36（6）: 2504-2505.

[60] 宋百敏. 2008. 北京西山废弃采石场生态恢复研究: 自然恢复的过程、特征与机制[D]. 济南: 山东大学.

[61] 孙红霞. 2010. 科学与反科学认知分歧探源[J]. 自然辩证法通讯: 32（6）: 25-30.

[62] 孙洪军, 梁力, 赵丽红, 等. 2009. 城市垃圾填埋场沉降的力学模型研究[J]. 力学与实践, 31（6）: 53-56.

[63] 舒俭民, 沈英娃, 高吉喜. 1995. 城市垃圾填埋场植树造林试验研究[J]. 环境科学研究, 8（3）: 13-19.

[64] 汤纯华. 2005. 关于北京市生活垃圾处理的技术经济分析[D]. 北京: 清华大学经管学院.

[65] 田保国, 2006. 我国固体废弃物处理处置技术政策方法研究[D]. 北京: 清华大学环境系.

[66] 童星, 宁海云. 1988. 认识论的对象和辩证唯物主义认识论的对象[J]. 唯实杂志: （1）: 33-38.

[67] 唐林涛, 2009. 设计研究: 研究什么与怎么研究[C]//创新+设计+管理2009清华国际设计管理大会论文集: 163-164.

[68] 涂书新, 韦朝阳, 2004. 我国生物修复技术的现状与展望[J]. 地理科学进展, 23（6）: 20-32.

[69] 陶济, 1985. 景观美学的研究对象及主要内容[J]. 天津社会科学, （4）: 45-50.

[70] 吴文伟, 刘竞. 2000. 北京市固体废弃物分布调查中遥感技术的应用[J]. 环境卫生工程, 8（2）: 76-78.

[71] 王光华. 2010. 非正规垃圾填埋场的识别[J]. 环境保护, （8）: 48-49.

[72] 王前. 2009. "道""技"之间——中国文化背景的技术哲学[M]. 北京: 人民出版社.

[73] 王绍增, 王浩, 叶强, 等. 2010. 增设风景园林学为一级学科论证报告[J]. 中国园林, （5）. 4-8.

[74] 威廉·拉什杰, 库伦·默菲. 1999. 垃圾之歌——垃圾的考古学研究[M]. 周文萍, 连惠幸译. 北京: 中国社会科学出版社.

[75] 吴焕加. 1998. 20世纪西方建筑史[M]. 郑州: 河南科学技术出版社.

[76] 薛强, 陈朱蕾,2007. 生活垃圾管理与处理技术[M].北京: 科学出版社.

[77] 西尔吉. 2005. 人类与垃圾的历史[M]. 刘跃进, 魏红荣, 译. 天津: 百花文艺出版社.

[78] 谢东, 敦婉如, 赵大民, 等. 2002. 植被生态对城市垃圾的处理利用及改良[J]. 青岛建筑工程学院学报, 23（3）: 41-44.

[79] 谢东, 敦婉如. 2002. 植被生态对城市垃圾的处理利用及改良[J]. 青岛建筑工程学院学报, （3）: 41-43.

[80] 徐家英, 宋述传. 2000. 垃圾临时卸地点的生态恢复[J]. 环境卫生工程, 8（1）: 17-19.

[81] 杨逸萍. 2004.从外国棕地再开发经验探讨六堵工业区未来发展方向之研究[D]. 台南: 国立成功大学.

[82] 杨军, 2011. 城市固体废弃物综合管理规划[M]. 成都: 西南交通大学出版社.

[83] 范建文. 1999. 北京城市生活垃圾处理处理成本分析与合理布局[D]. 北京: 清华大学经管学院.

[84] 杨宏毅, 卢英方. 2006. 城市生活垃圾的处理和处置[M]. 北京: 中国环境科学出版社.

[85] 亚历山大·伯德. 2008. 科学哲学[M]. 贾玉树, 荣小雪译. 北京: 中国人民大学出版社.

[86] 亚历克斯·罗森堡. 2004. 科学哲学: 当代进阶教程[M]. 刘华杰译. 上海: 上海科技教育出版社.

[87] 杨忠山, 窦艳兵, 王志强. 2011. 南水北调工程北京市受水区非正规垃圾填埋场控高水位研究[J]. 水资源保护, 27（1）: 28-33.

[88] 杨通进, 高予远. 2007. 现代文明的生态转向[M]. 重庆: 重庆出版社.

[89] 郁振华. 2010. "没有认知主体的认识论"之批判: 波普、哈克和波兰尼[J]. 哲学分析: 1（6）: 147-157.

[90] 虞莳君, 丁绍刚. 2006. 生命景观——从垃圾填埋场到清泉公园[J]. 风景园林, （6）: 26-31.

[91] 杨锐, 王浩. 2010. 景观突围——垃圾填埋场的生态恢复与景观重建[J]. 城市发展研究, （8）: 81-86.

[92] 杨芳绒, 刘欣婷, 杜佳. 2011. 城市废弃垃圾场区景观生态恢复研究[J]. 河北工程大学学报（自然科学版）, 28（1）: 48-51.

[93] 章超. 2008. 城市工业废弃地的景观更新研究[D]. 南京: 南京林业大学.

[94] 赵爽. 2008. 矿山废弃地的景观资源整合研究[D]. 南京: 南京林业大学.

[95] 叶德营. 2008. 默会知识与程序性知识的比较研究——一个基于知识表征的分析[D]. 杭州: 浙江大学人文学院.

[96] 张红卫. 2003. 熵与开放式新景观——哈格里夫斯的景观设计[J]. 新建筑, （5）: 52-55.

[97] 赵由才, 宋玉. 2007. 生活垃圾处理与资源化技术手册[M]. 北京: 冶金工业出版社.

[98] 赵由才. 2007. 可持续生活垃圾处理与处置[M]. 北京: 化学工业出版社环境、能源出版中心.

[99] 赵由才, 黄仁华, 等. 2000. 大型填埋场垃圾降解规律研究[J]. 环境科学学报, 20（6）733-740.

[100] 张金伟, 常江. 2007. 城市废弃地景观与生态恢复研究[J]. 现代城市研究, （11）: 40-49.

[101] 张庆费, 夏檑, 乔平, 等. 2004. 垃圾堆场改造成生态绿地的绿化技术研究[J]. 上海园林科技, （1）: 54-56.

[102] 朱育帆, 郭湧, 王迪, 2007. 走向生态与艺术的工程设计——温州杨府山垃圾处理场封场处置与生态恢复工程方案[J]. 中国园林, （11）: 41-45.

[103] 郑光复. 1999. 建筑的革命[M]. 南京: 东南大学出版社.

[104] 张黔. 2011. 从工艺美学到技术美学——20世纪50年代初期至90年代中期中国设计美学的发展. 创意与设计, （8）: 22-27.

[105] 周乃杰. 1997. 垃圾处置场填埋作业区整体布局的完善设计[J]. 环境卫生工程, （3）: 10-12.

[106] 周乃杰. 1998. 植被对恢复卫生填埋场环境的作用[J]. 上海环境科学, 17（4）: 41-45.

[107] 张博颖, 徐恒醇. 2000. 中国技术美学之诞生[M]. 合肥: 安徽教育出版社.

[108] 中国风景园林学会. 2010. 2009——2010风景园林学科发展报告[M]. 北京: 中国科学技术出版社

[109] 祝帅, 2010. 我们需要怎样的设计研究?——读李立新教授新著《设计艺术学研究方法》[J]. 装饰, （04）: 72-74.

[110] 赵敬, 臧克, 宫辉力, 等. 2005. 遥感技术在北京市垃圾定位及处理中的应用[M]. 首都师范大学学报（自然科学版）, 26（3）: 109-113.

[111] 张静. 2007. 城市后工业公园剖析[D]. 南京: 南京林业大学.

[112] Alain Findeli, Denis Brouillet, Sophie Martin, et al. 2008. Research Through Design and Transdisciplinarity: A Tentative Contribution to the Methodology of Design Research [C]// Swiss Design Network Symposium 2008. FOCUSED Current Design Research Projects and Methods.Mount Gurten, Berne, Switzerland, 30-31 May 2008.

[113] Bernard Vanheusden. 2007. Brownfield Redevelopment in the European Union[J]. Boston Coll Environ Aff Law Rev, 34 (3) .

[114] Bruce Archer. 1981.A View of the Nature of Design Research[M]// Jacques R, Powerll (ed) . Design: Science: Method. Guildford: Westbury House.

[115] Bryan Lawson. 1980. How Designers Think[M].London, Architectural Press.

[116] Bryan Lawson.2005. How Designers Think, Fourth Edition: The Design Process Demystified[M]. Oxford: Elsevier, Architectural Press.

[117] Bryan Lawson. 1994. Design in Mind[M].Oxford:Butterworth-Heinemann, Architectural Press.

[118] Bryan Lawson. 2004. What Designers Know[M].Oxford: Elsevier, Architectural Press.

[119] Bryan Lawson, Kees Dorst. 2009. Design Expertise[M]. Oxford: Elsevier, Architectural Press.

[120] Current Status of the Brownfields Issue in Japan Interim Report [EB/OL]. (2009-04-25) [2009-03-06]. http://www.env. go.jp/en/water/soil/brownfields/interin-rep0703.pdf.

[121] Cleaning up the Past, Building the Future: A National Brownfield Redevelopment Strategy for Canada. [EB/OL]. (2009-04-28) [2009-03-16]. http://www.nrtee-trnee.com/eng/ publications/brownfield-redevelopment-strategy/NRTEE-Brownfield-Redevelopment-Strategy.pdf.

[122] Donald Schön.1983.The Reflective Practitioner: How Professionals Think in Action[M]. Basic Book.

[123] David Boud, Rosemary Keogh, et al.1987. Reflection: Turning Experience into Learning[M]. New York: Routedge Falmer.

[124] Erik Stolterman. 2008.The Nature of Design Practice and Implications for Interaction Design Research[J]. International Journal of Design, 2 (1) .

[125] Friederike Meher-Roscher, 2009. Wasteland- von der Schotterebene zur Mü-llberglandschaft [D].Technischen Universität München, Fakultät für Architektur, Lehrstuhl für Landschaftarchitektur und Öffentlichen Raum.

[126] George Couvalis.1989.Feyerabend's Critique of Foundationalism [M].Hant: Avebury.

[127] Harold G. Nelson, Erik Stolterman. 2003.The Design Way: International Change in an Unpredictable World: Foundations and Fundamentals of Design Competence[M]. New Jersey: Educational Technology Publications.

[128] Horst Rittel, Melvin Webber. 1972.Dilemmas in a General Theory of Planning. Working Paper No. 194[R].Institute of Urban & Regional Development, University of California, Berkeley.

[129] Herbert A. Simon. 1969.The Sciences of the Artificial[M]. Cambridge: MIT Press.

[130] International Economic Development Executive Summary: International Brownfields Redevelopment. [EB/OL]. (2009-04-29) [2009-03-16]. http://www.iedconline.org/Downloads/ International_Brownfields_Summary.pdf.

[131] Janet Kolodner. 2004.The Journal of the Learning Sciences Special Issue: Design-Based Research: Clarifying the Terms[M]. Mahwah: Psychology Press.

[132] John C. Jones. 1970.Design Methods: Seeds of Human Futures[M]. Chichester: Wiley.

[133] John Preston. 1997.Feyerabend: Philosophy, Science and Society[M]. Cambridge: Polity Press.

[134] Joachim Schummer, Bruce MacLennan, Nigel Taylor. 2009. Aesthetic Values in Technology and Engineering Design [M] //Volume editor: Anthonie Meijers. General editors: Dov M. Gabbay, Paul Thagard and John Woods. Handbook of the Philosophy of Science. Volume 9: Philosophy of Technology and Engineering Science. Amsterdam: Elsevier.

[135] Jonas Löwgren, Erik Stolterman.2004.Thoughtful Interaction Design: a Design Perspective on Information Technology [R]. Massachusetts Institute of Technology.

[136] Jhon Zimmerman, Jodi Forlizzi, Shelley Evenson.2007. Research through Design as a Method for Interaction Design Research in HCI [C] //CHI '07 Proceedings of the SIGCHI conference on Human factors in computing systems.

[137] Kostas Gavroglu, Jürgen Renn.2007.Positioning the History of Science [M]. Dordrecht: Springer.

[138] Lee Oliver, Uwe Ferber, Detlef Grimski, Kate Millar, Paul Nathanail. The Scale and Nature of European Brownfields [EB/OL]. (2009-04-25) [2009-04-05]http://www.cabernet. org.uk/resourcefs/417.pdf.

[139] Leitfaden über Finanzierungsmöglichkeiten und -hilfen in der Altlastenbearbeitung und im Brachflächenrecycling. [EB/OL]. (2009-06-08) [2009-03-16]. http://www.umweltbundesamt. de/boden-und-altlasten/altlast/web1/berichte/finanz/finanz_ t.htm.

[140] Lionel March. 1976.The Architecture of Form[M]. Cambridge: Cambridge University Press.

[141] Michael Gibbons, Camille Limoges, et al. 1994.The New Production of Knowledge: The Dynamics of Science and Research in Contemporary Societies[M].London: SAGE Publications.

[142] Michael Gibbons, Camille Limoges, et al. 1994.The New Production of Knowledge: The Dynamics of Science and Research in Contemporary Scieties. Stockholm: SAGE.

[143] Mitchhell G. Ash. 1995.Gestalt psychology in German Culture, 1890-1967[M]. New York: Cambridge University Press.

[144] Nigel Cross. 2001.Designerly Ways of Knowing: Design Discipline versus Design Science[J].Design Issues, 17 (3) : 49-55.

[145] Nigel Cross.1999. Design Research: A Disciplined Coversation[J].Design Issues, 15 (2) :6

[146] Nigel Cross.2007.From a Design Science to a Design Discipline: Understanding Designerly Ways of Knowing and Thinking[M] //Ralf Michel. Design Research Now. Basel, Boston, Berlin. Birkhauser Verlag AG.

[147] Niall Kirkwood, editor. 2001.Manufactured Sites: Rethinking the Post-industrial Landscape[M]. 1st ed. New York: Spon Press.

[148] National Round Table on the Environment and the Economy, Cleaning up the Past, Building the Future: A National Brownfield Redevelopment Strategy for Canada (Ottawa: NRTEE, 2003) , ix. [EB/OL]. (2009-07-08) [2009-03-

16]. http://www.nrtee-trnee.ca/eng/publications/brownfield-redevelopment-strategy/Brownfield-Redevelopment-Strategy_E.pdf.

[149] Overview of Brownfield Redevelopment in Australia. [EB/OL]. (2009-07-08) [2009-03-16]. http://www.infolink.com.au/n/Overview-of-brownfield-redevelopment-in-Australia-n757503.

[150] Paul Feyerabend. 1991.Three Dialogues on Knowledge[M]. Cambridge: Basil Blackwell.

[151] Paul Nightingale. 2009.Tacit Knowledge and Engineering Design[M] // Volume editor: Anthonie Meijers. General editors: Dov M. Gabbay, Paul Thagard and John Woods. Handbook of the Philosophy of Science. Volume 9: Philosophy of Technology and Engineering Science. Amsterdam: Elsevier.

[152] Rosan Chow. 2010."What Should be done with the Different Versions of Research Through Design." [M] //C. Mareis, G. Joost, K. Kimpel. Entwerfen. Wissen. Produzieren. Designforschung im Anwendungskontext, Bielefeld: Eine Publikation der DGTF. Transcript Verlag.

[153] Rosan Chow, Wolfgang Jonas. 2010.Case Transfer: A Design Approach by Artifacts and Projection[J]. Design Issues, 26 (4).

[154] Roberta Corvi. 1997.An Introduction to the Thought of Karl Popper[M]. London: Routledge.

[155] Rachel Laudan. 1984.The Nature of Technological Knowledge: Are Models of Scientific Change Relevant?. Dordrecht: D. Reidel Publishing Company.

[156] Regine Keller, Wasteland, [EB/OL]. (2011-07-12) [2010-12-25]. http://lao.wzw.tum.de/fileadmin/user_upload/schauraum/sommer_09/wasteland/wasteland_broschuere_web.pdf.

[157] Sandra Alker, Victoria Joy, Peter Robters, Nathan Smith.2000.The Definition of Brownfield[J]. Journal of Evironmental Planning and Management, 43 (1) : 49-69.

[158] Simon HA.1969.2005. The Sciences of the Artificial[M]. Cambridge, MA: MIT Press.

[159] Sydney A. Gregory. 1966.The Design Method[M]. London: Butterworth.

[160] Stappers PJ. 2006.Doing Design as a part of Doing Research. [M]// Ralf Michel (eds) . Design Research Now:Essays and Selected Projects. Berlin: Birkhauser.

[161] Stewart Richards. 1987.Philosophy and Sociology of Science: an Introdcution[M]. 2nd ed. New York: Basil Blackwell.

[162] Thomas Kuhn. 1970.The Structure of Scientific Revolution [M]. 2nd ed. Chicago: The Universitz of Chicago Press.

[163] Wolfgang Jonas. 2007. Design Research and Its Meaning to the methodological development of the discipline[M]// Ralf Michel. Design Research Now. Basel, Boston, Berlin. Birkhauser Verlag AG.

[164] Wolfgang Jonas. 2011.Schwindelgefuehle – Design Thinking als General Problem Solver? [C]// EKLAT Symposium, TU Berlin, 6. Mai 2011. Überarbeitete und erweiterte deutsche Fassung von Jonas.

[165] Wolfgang Jonas, Rosan Chow, Katharina Bredies etc.. Far Beyond Dualisms in Methodology: An Integrative Design Research Medium „MAPS"[EB/OL]. (2011-09-20) [2011-04-25].http://141.51.12.168/wp/wp-content/uploads/2010/05/MAPS2.0_DRS2010_100425.pdf.

[166] Wolfgang Köhler. 1947.Gestalt Psychology: an Introduction to New Concepts in Modern Psychology[M]. New York: Liveright Publishing Corporation.

[167] William Taussig Scott, Martin Moleski. 2005. Michael Polanyi: Scientist and Philosopher[M]. New York: Oxford University Press.

[168] Wybo Houkes. 2009.The Nature of Technological Knowledge [M]// Volume editor: Anthonie Meijers. General editors: Dov M. Gabbay, Paul Thagard and John Woods. Handbook of the Philosophy of Science. Volume 9: Philosophy of Technology and Engineering Science. Amsterdam: Elsevier.

[169] Werner Hasenstab, Ulrich Illing, Elisabeth Zaby. Land in Sicht im Muenchner Norden: Beitraege der Landeshauptstadt zur regionalen „Erholungslandschaft zwischen Wuerm und Isar" [J]. Stadt+Gruen, 5: 23-27.

附录A 温州市杨府山垃圾填埋场终场处置和生态恢复工程设计图纸

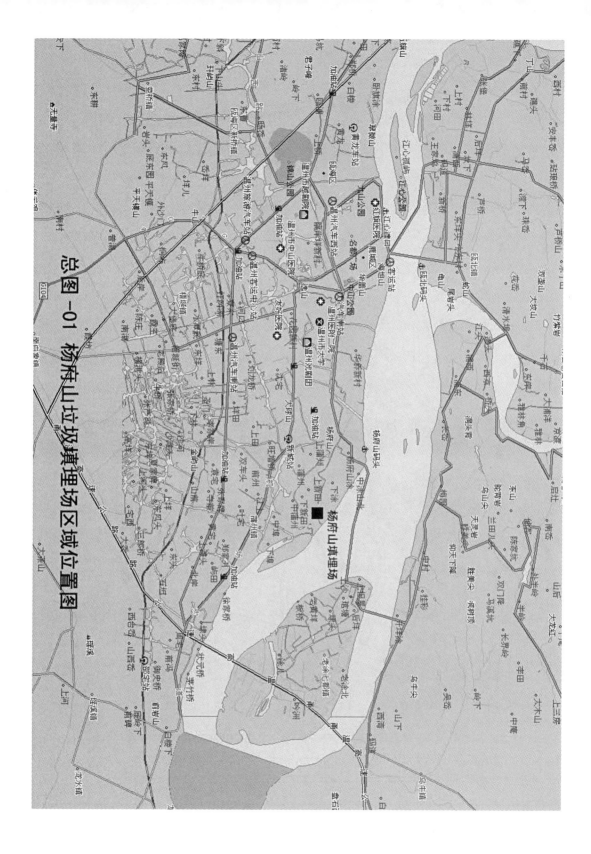

总图－01 杨府山垃圾填埋场区域位置图

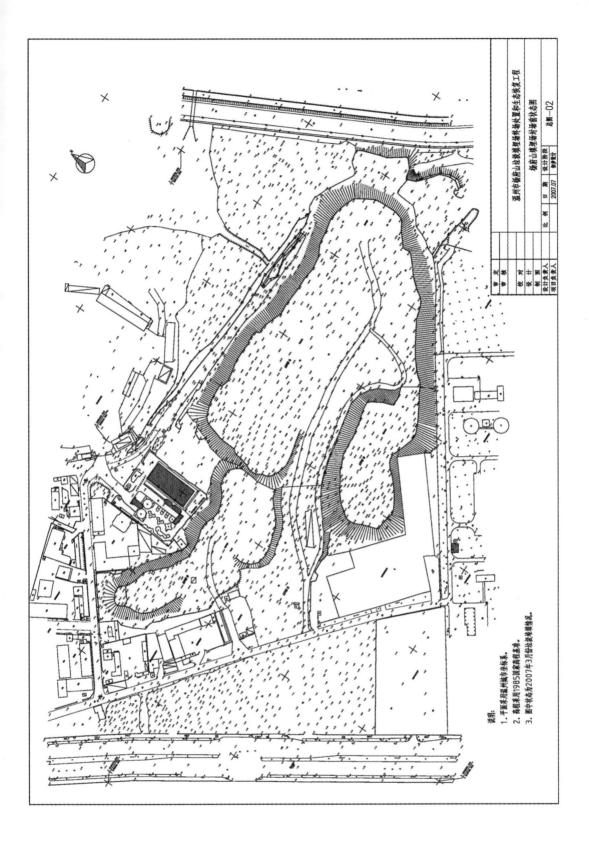

附图A-2　杨府山垃圾填埋场封场前状态图

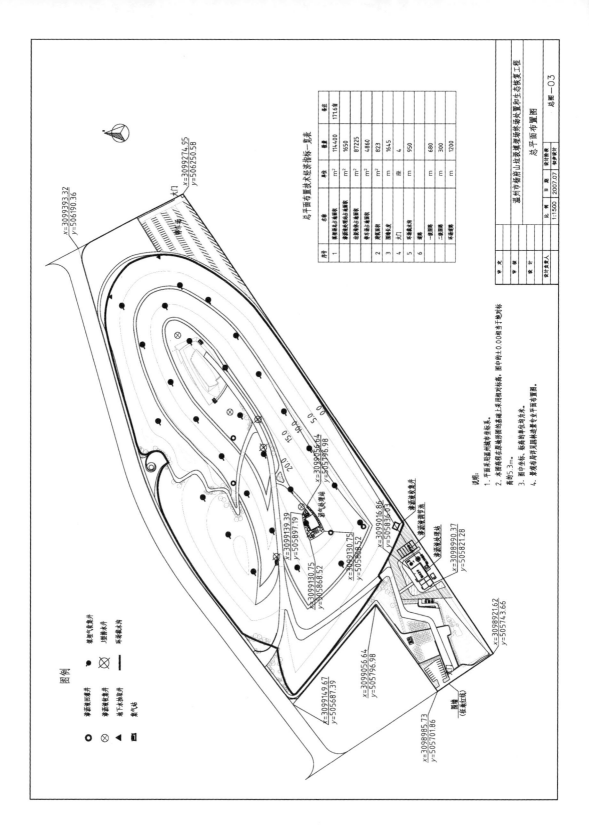

附图A-3 总平面布置图

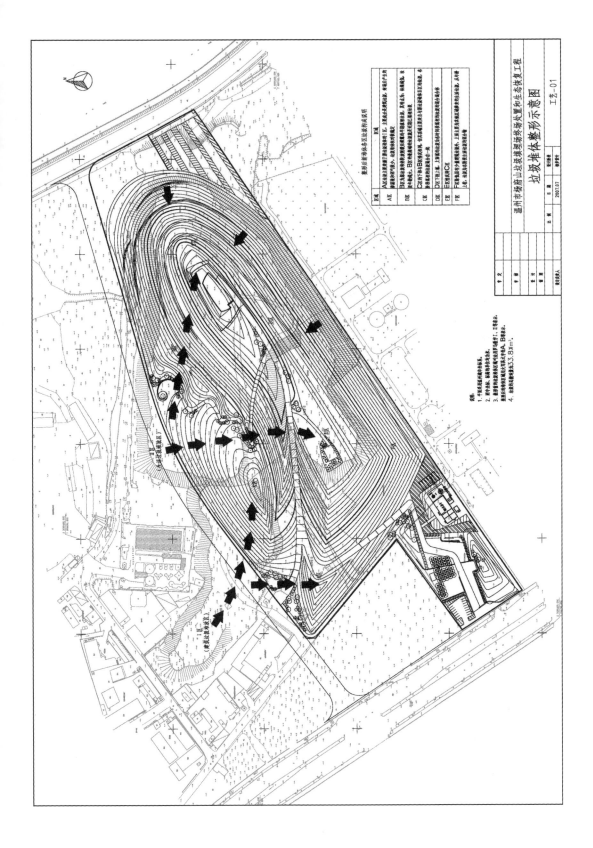

附图A-4 垃圾堆体整形示意图

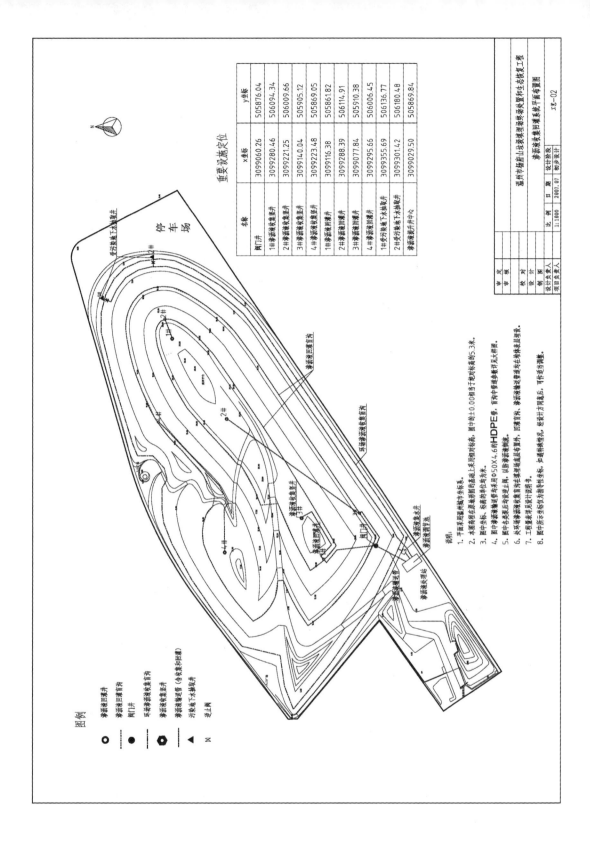

重要设施定位		
名称	x坐标	y坐标
阀门井	3099060.26	505876.04
1#渗滤液收集竖井	3099280.46	506094.34
2#渗滤液收集竖井	3099221.25	506009.66
3#渗滤液收集竖井	3099140.04	505905.12
4#渗滤液收集竖井	3099223.48	505869.05
1#渗滤液回灌井	3099116.38	505861.82
2#渗滤液回灌井	3099288.39	506114.91
3#渗滤液回灌井	3099077.84	505910.38
4#渗滤液回灌井	3099295.66	506006.45
1#含污染地下水抽取井	3099355.69	506136.77
2#含污染地下水抽取井	3099301.42	506180.48
渗滤液提升井中心	3099029.50	505869.84

温州市杨府山垃圾填埋场堆场处置及生态恢复工程

渗滤液收集回灌系统平面布置图

设计阶段	初步设计
比例 1:1000	日期 2007.07
工图-02	

说明：

1. 平面采用温州城市坐标系。
2. 本图所有尺寸及标高的单位以米为单位，图中±0.00相当于黄海标高5.3米。
3. 图中单位未标注，标高单位均为米。
4. 图中渗滤液输送管采用Φ50X4.6的HDPE管，盲沟中渗滤液输送管见大样图。
5. 图中各泵后均安装逆止阀，以防渗滤液倒灌。
6. 火环绕渗滤液收集盲沟设置除渗滤液收集盲沟外，渗滤液输送管道均为单根敷设层层。
7. 工程量表详见设计计算书。
8. 图中所示全标仅为标高全标，如遇实际情况，可适当更改。

图例

○ 渗滤液回灌井
· · · 渗滤液回灌盲沟
● 阀门井
· · · 环场渗滤液收集盲沟
⬡ 渗滤液收集竖井
—— 渗滤液输送管（含收集和回灌）
▲ 污染地下水抽取井
N 逆止阀

附图A-5 渗滤液收集回灌系统平面布置图

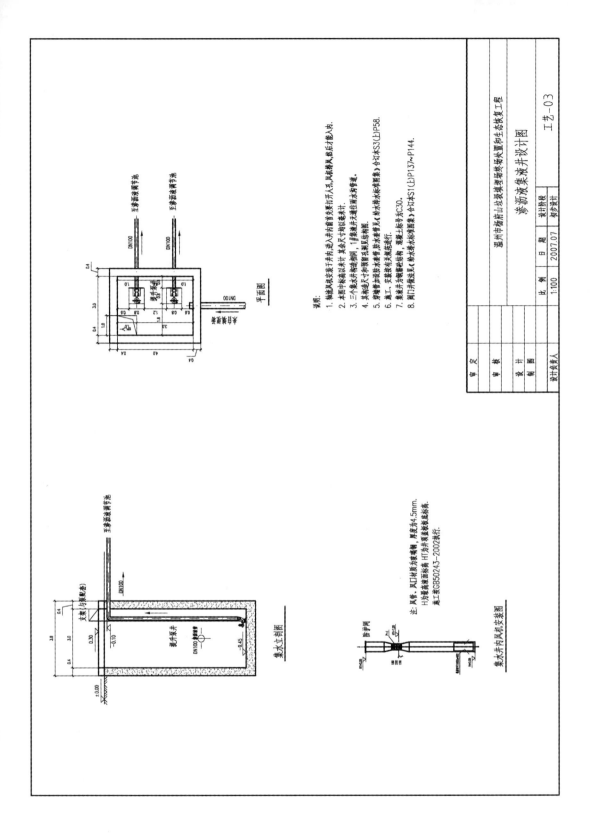

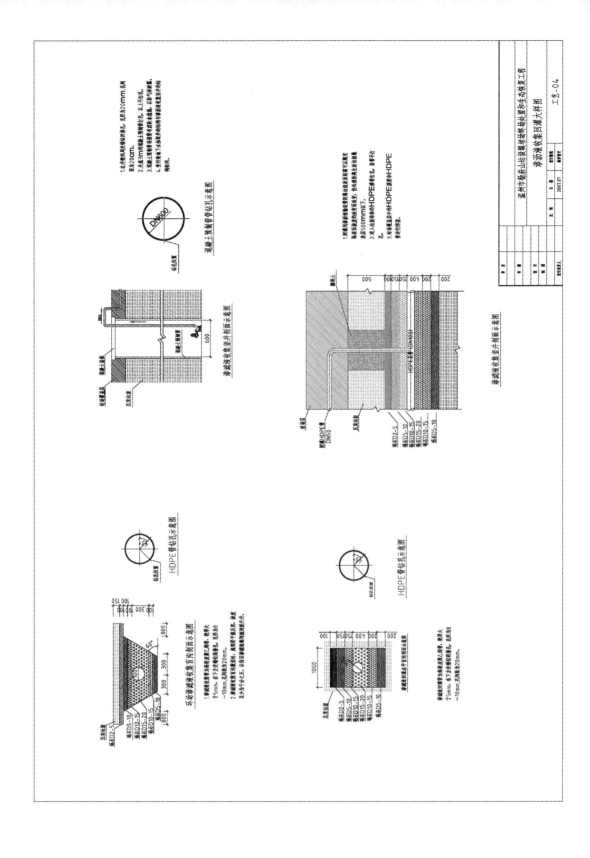

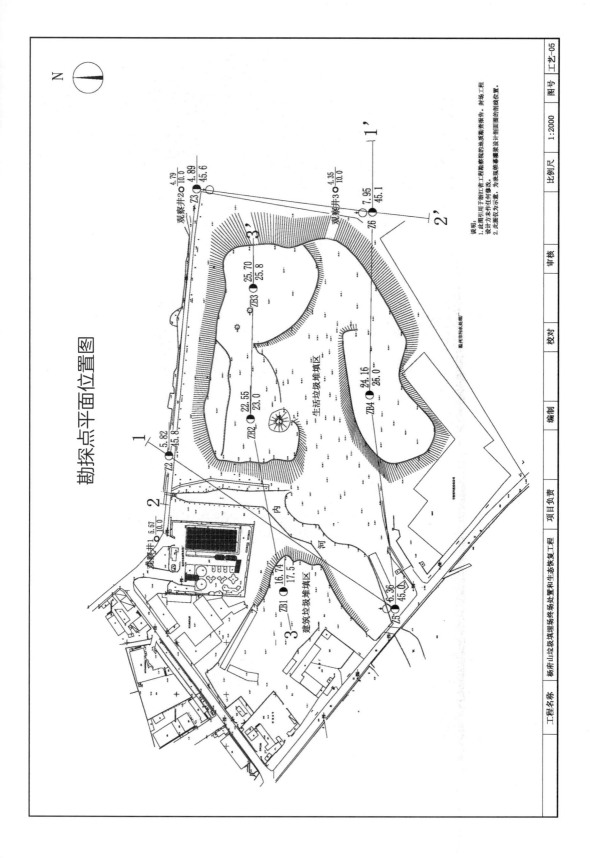

勘探点平面位置图

N

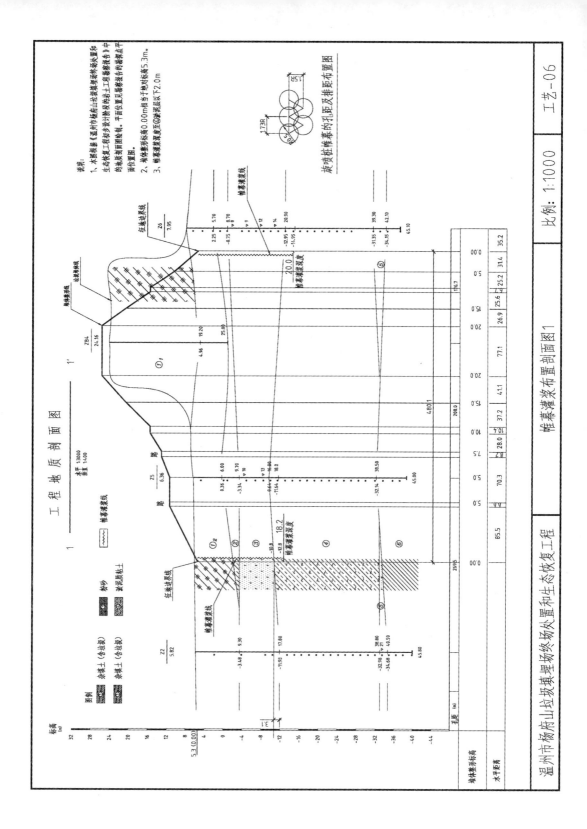

附图A-9　帷幕灌浆布置剖面图1

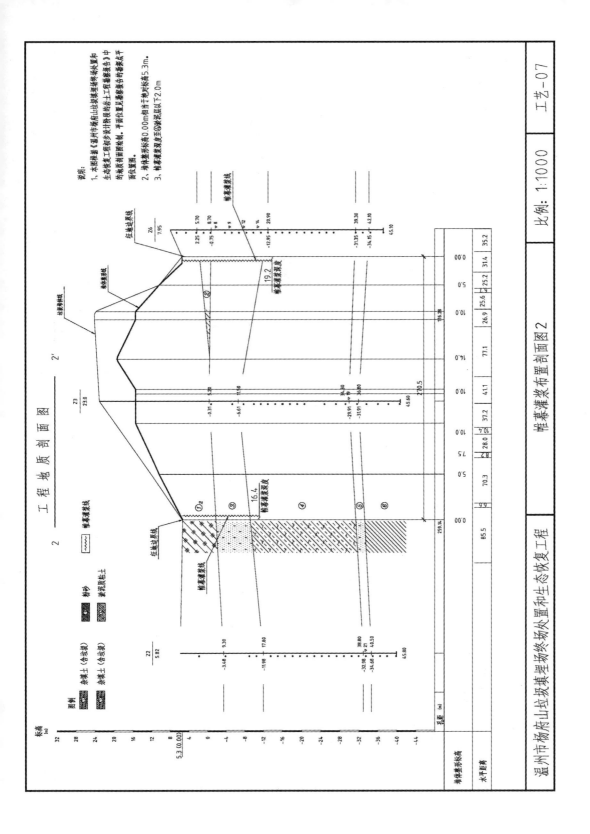

附图A-10　帷幕灌浆布置剖面图2

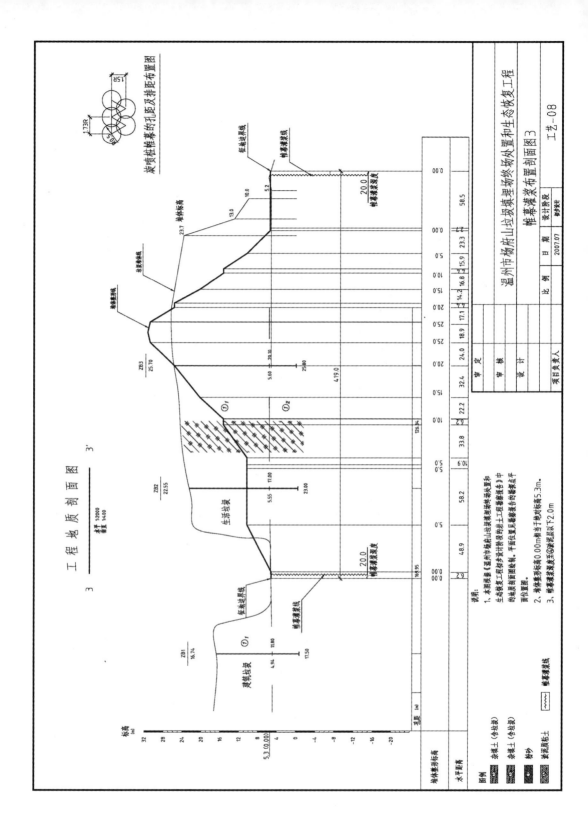

附图A-11　帷幕灌浆布置剖面图3

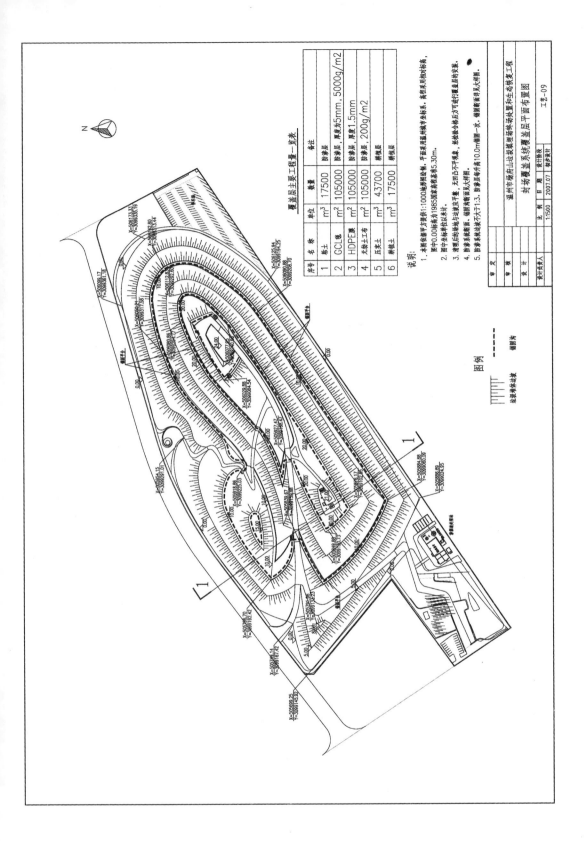

覆盖层主要工程量一览表

序号	名 称	单位	数量	备注
1	黏土	m³	17500	防渗层
2	GCL膜	m²	105000	防渗层，厚度为5mm，5000g/m2
3	HDPE膜	m²	105000	防渗层，厚度1.5mm
4	无纺土工布	m²	105000	防渗层，厚度200g/m2
5	压实土	m³	43700	排气层
6	种植土	m³	17500	排气层

说明：
1. 本图按甲方提供1:1000地形图绘制，平面采用温州坐标系，高程采用假定标高，图中0.00标高为1985国家高程基准5.30m。
2. 图中坐标单位以米计。
3. 清理后的场地与坡度找平整，无凹凸不平现象，至垃圾各格后方可进行覆盖层的安装。
4. 防渗主线锚固，锚固沟详见大样图。
5. 防渗土线坡度不大于1:3，防渗层每升高10.0m锚固一次，锚固沟详见大样图。

图例

—————— 线路车行出坡
- - - - - - 锚固沟

温州市藤府山垃圾填埋场封场环境更和生态恢复工程

封场覆盖系统覆盖层平面布置图

工艺-09

审 定			比 例	1:1500
审 核			日 期	2007.07
设 计			设计单位	
设计表人			绿水设计	

234
235

附图A-12　封场覆盖系统覆盖层平面布置图

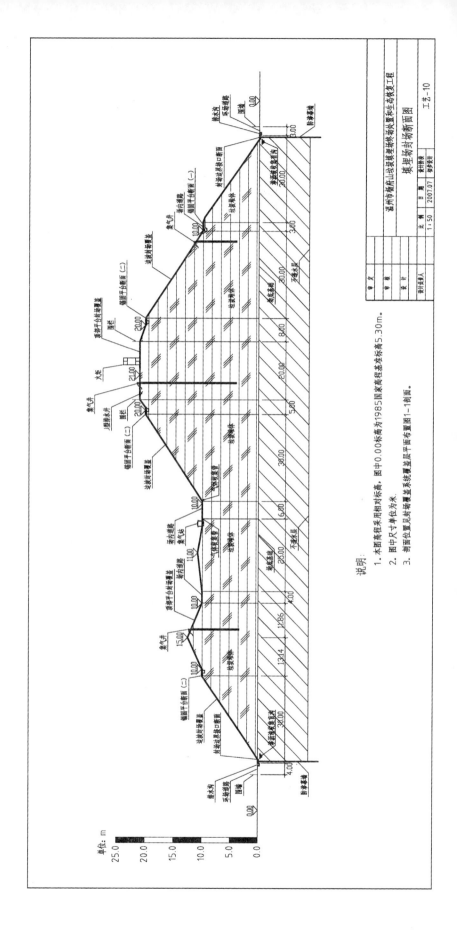

附图A-13 填埋场封场断面图

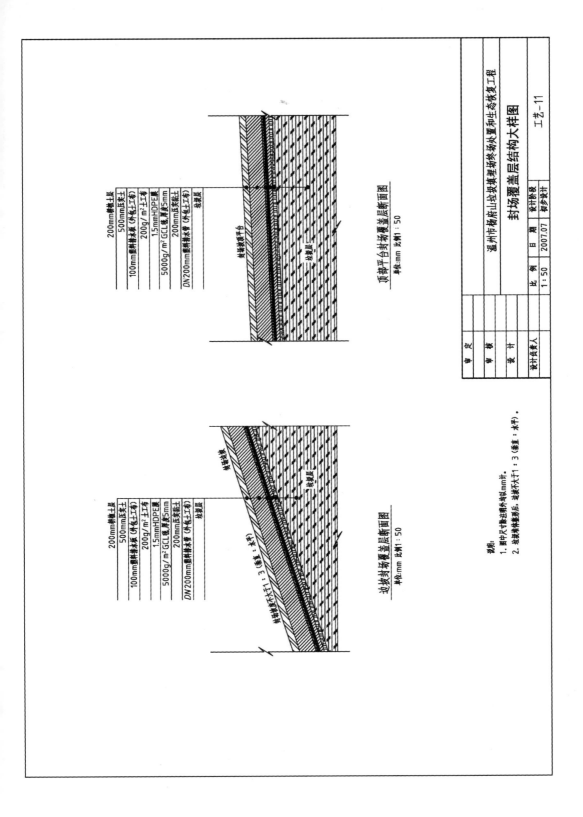

顶部平台封场覆盖层断面图
单位:mm 比例1:50

200mm种植土层
500mm压实土
100mm塑料排水系 (外包土工布)
200g/m² 土工布
1.5mmHDPE膜
5000g/m² GCL垫,厚度5mm
200mm压实黏土
DN200mm塑料排水管 (外包土工布)
垃圾层
封场平台

边坡封场覆盖层断面图
单位:mm 比例1:50

200mm种植土层
500mm压实土
100mm塑料排水系 (外包土工布)
200g/m² 土工布
1.5mmHDPE膜
5000g/m² GCL垫,厚度5mm
200mm压实黏土
DN200mm塑料排水管 (外包土工布)
垃圾层
封场边坡
封坡坡度不大于1:3 (垂直:水平)

说明:
1. 图中尺寸除注明外均以mm计。
2. 垃圾堆体整形后,边坡不大于1:3 (垂直:水平)。

温州市杨府山垃圾填埋场终场处置和生态恢复工程
封场覆盖层结构大样图
工艺-11

审 定			设计阶段	初步设计
审 核			日 期	2007.07
设 计			比 例	1:50
设计负责人				

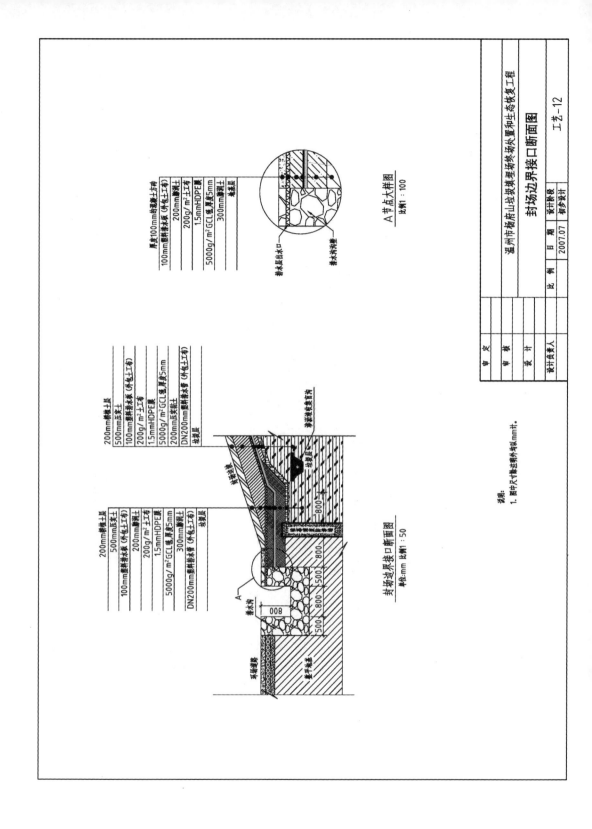

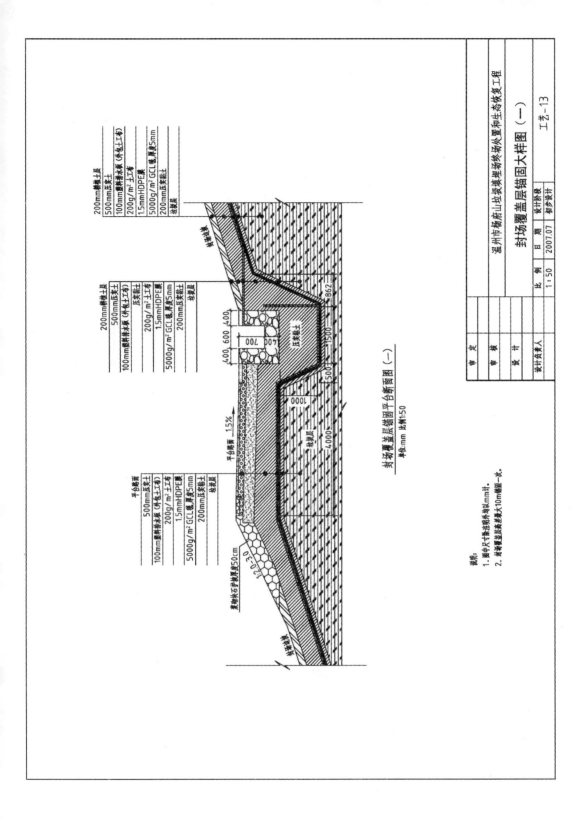

封场覆盖层锚固平台断面图（一）

封场覆盖层锚固平台断面图（一）
单位:mm 比例1:50

说明:
1. 图中尺寸除注明外均按以mm计。
2. 黄岩覆盖层差量最大10m塘设一次。

审 定		温州市杨府山垃圾填埋场终场处置和生态恢复工程		
审 核				
设 计		封场覆盖层锚固大样图（一）		
设计负责人		设计阶段	初步设计	工艺-13
		比 例	1:50	
		日 期	2007.07	

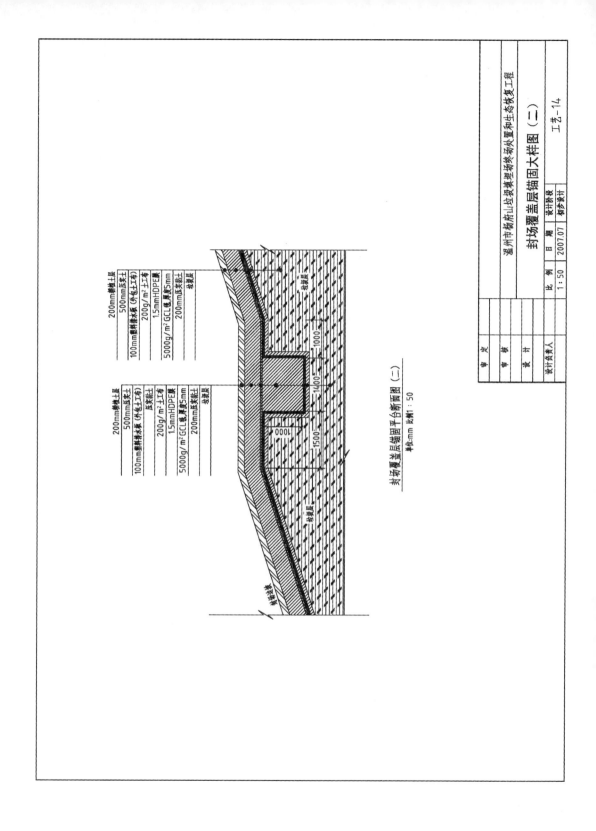

封场覆盖层锚固平台断面图（二）
单位:mm 比例1：50

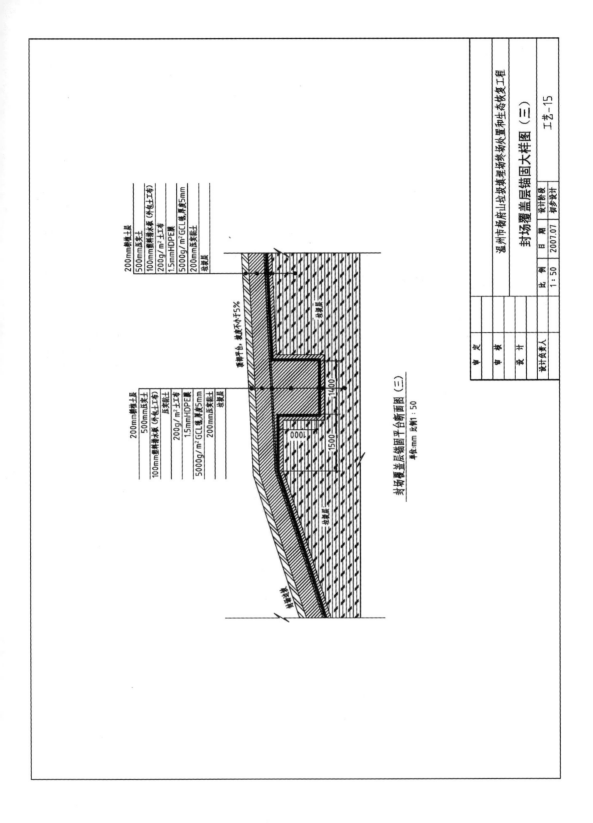

封场覆盖层锚固平台断面图（三）
单位:mm 比例1：50

封场覆盖层锚固大样图（三）

温州市杨府山垃圾填埋场场终填埋场处置和生态恢复工程

			比例	1:50	设计阶段	初步设计
审 定			日 期	2007.07		
审 核						
设 计						
设计负责人					工艺-15	

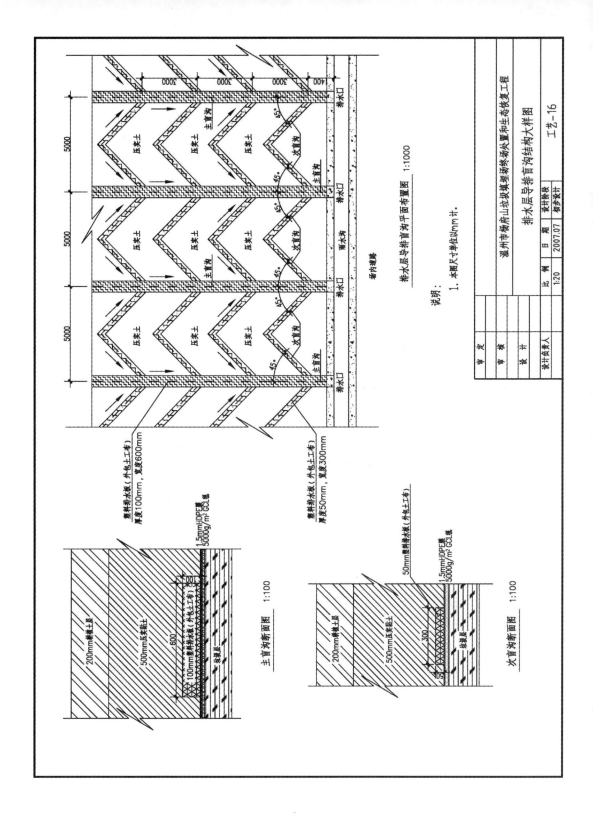

排水层导排盲沟平面布置图 1:1000

说明：

1. 本图尺寸单位以mm计。

主盲沟断面图 1:100

次盲沟断面图 1:100

			温州市杨府山垃圾填埋场封场处置和生态恢复工程			工艺-16
审定						
审核			排水层导排盲沟结构大样图			
设计			设计阶段 初步设计			
设计负责人			比例 1:20	日期 2007.07		

附图A-19 排水层导排盲沟结构大样图

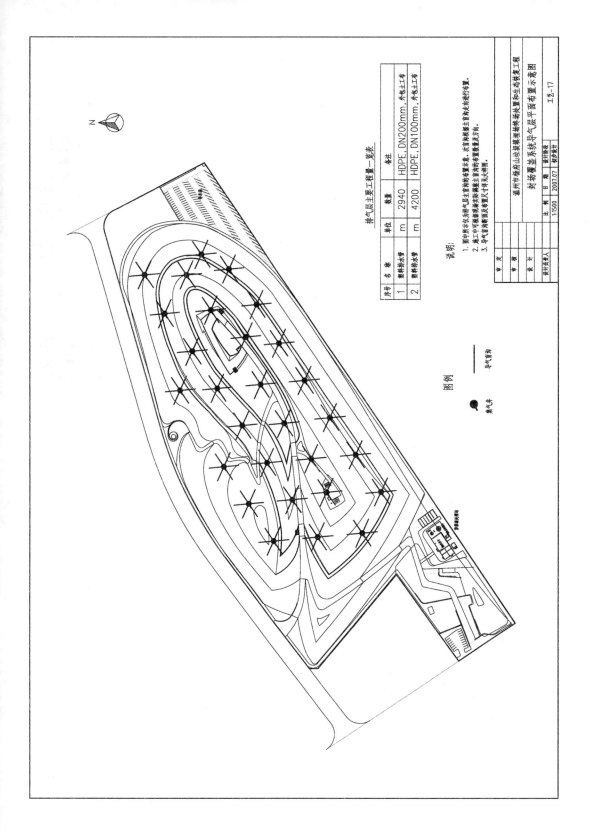

排气层主要工程量一览表

序号	名称	单位	数量	备注
1	塑料排水管	m	2940	HDPE, DN200mm, 外包土工布
2	塑料排水管	m	4200	HDPE, DN100mm, 外包土工布

说明:

1. 图中所示排气层主导沟的布置示意表, 次导沟根据主导沟布置进行布置.
2. 施工中可根据现场标高调整主导沟的布置数量及方向.
3. 导气管沟断面及布置尺寸详见大样图.

图例

—— 导气管沟

● 集气井

温州市瓯海山岭垃圾填埋场终场处置与生态恢复工程		
封场覆盖系统导气层平面布置示意图		
		工艺-17
比例 1:500	日期 2007.07	设计阶段 初步设计

设计负责人

审核

审定

设计

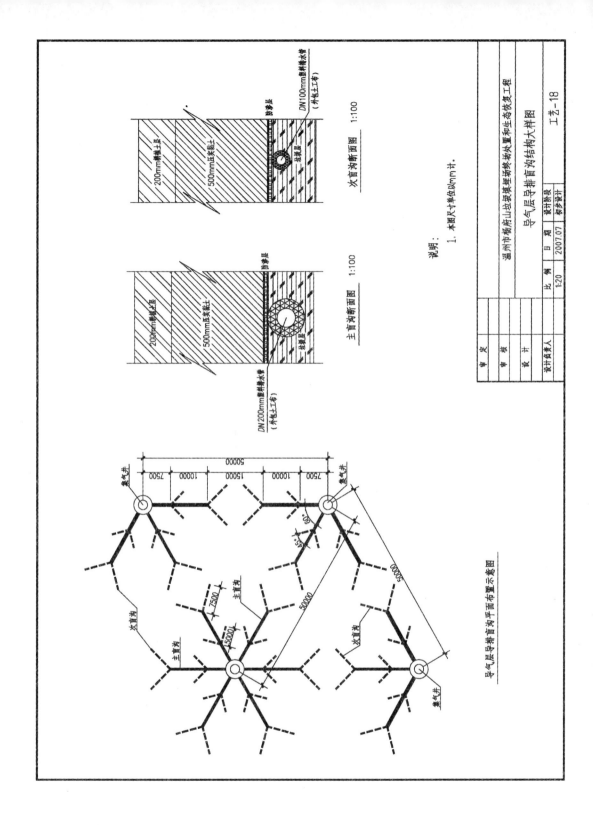

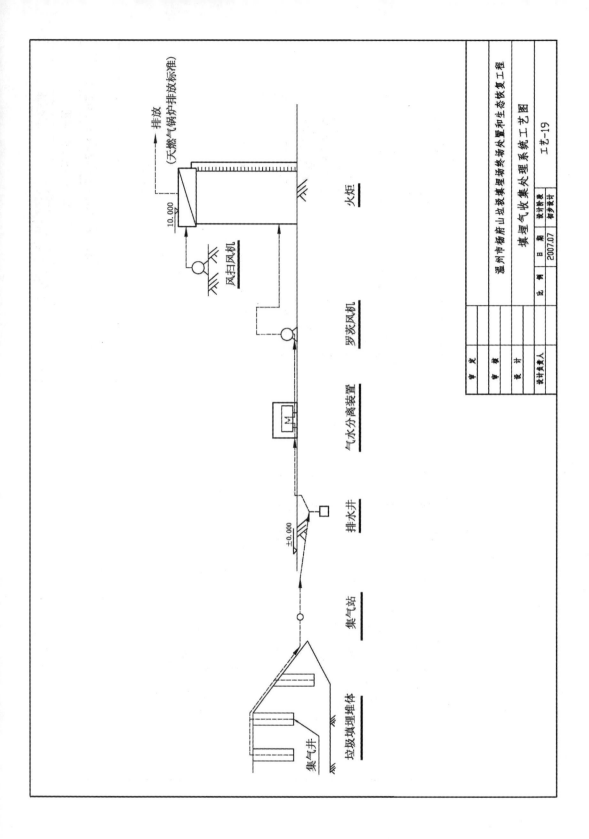

附图A-22　填埋气体收集处理系统工艺图

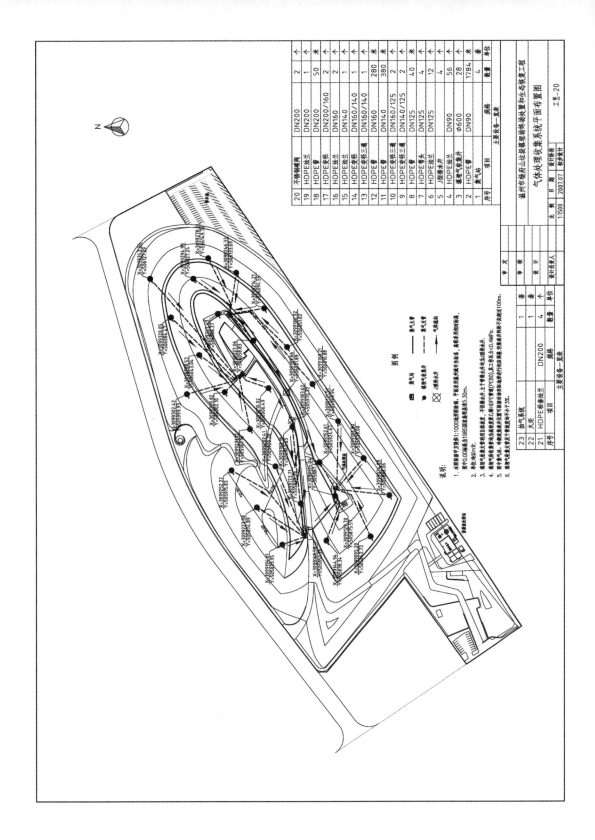

序号	项目	规格	数量	单位
23	排气系统		1	套
22	火炬		1	套
21	HDPE插管法兰	DN200	4	个
序号	项目	规格	数量	单位

序号	项目	规格	数量	单位
20	不锈钢阀	DN200	2	个
19	HDPE法兰	DN200	1	个
18	HDPE管	DN200	50	米
17	HDPE变径	DN200/160	2	个
16	HDPE法兰	DN160	2	个
15	HDPE法兰	DN140	1	个
14	HDPE变径	DN160/14.0	1	个
13	HDPE变径三通	DN160/14.0	1	个
12	HDPE管	DN160	280	米
11	HDPE管	DN140	380	米
10	HDPE变径三通	DN160/125	2	个
9	HDPE变径三通	DN140/125	2	个
8	HDPE管	DN125	40	米
7	HDPE弯头	DN125	4	个
6	HDPE法兰	DN125	12	个
5	U型排水井		4	座
4	HDPE法兰	DN90	56	个
3	集束气收集井	Φ600	28	座
2	HDPE管	DN90	1784	米
1	集气站		4	套
序号	项目	规格	数量	单位
	主要设备一览表			

温州市瓯海山田垃圾填埋场终场处置和生态恢复工程

气体处理收集系统平面布置图

比例	日期	设计负责人		
1:1500	2007.07			

工艺-20

图例
- 集气站
- 集束气收集井
- U型排水井

——— 集气主管
----- 集气支管
→ 气体流向

说明：
1. 本图按甲方提供1:1000地形图绘制，平面位置据此确定。图中标高采用高程系，即中0.00相当于1985黄海高程基准约5.30m。
2. 单位均为m/m²。
3. 集束气收集井井深随项目而定。不需要水井，不需要水处理排水井。
4. 集束气收集井为高密度聚乙烯HDPE管(PE80)，工作压力<0.4MPa。
5. 排气系统、火炬等接设备部件按选型要求配套供应，集气站布置间距不宜超过100m。
6. 集气站数量不得少于4处。

附图A-23 气体处理收集系统平面布置图

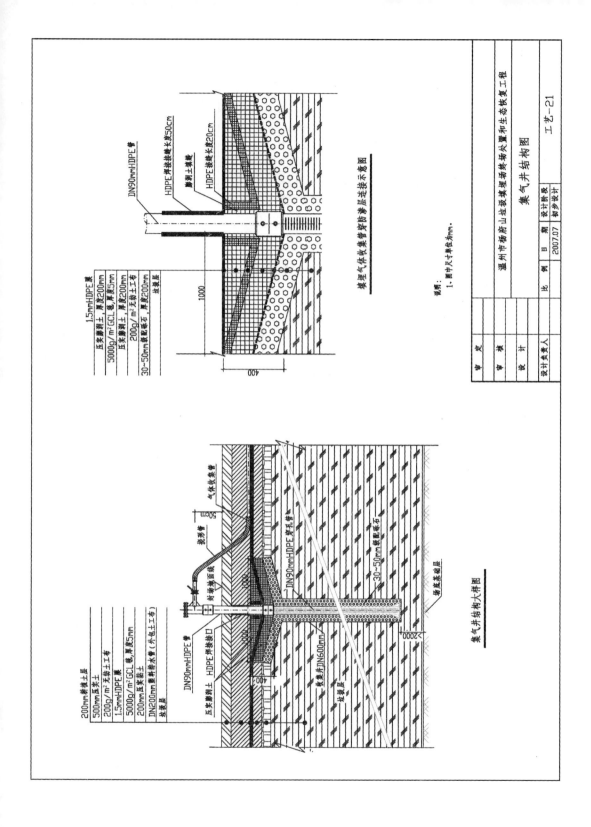

填埋气体收集管穿防渗层连接示意图

集气井结构大样图

集气井结构图

说明:
1. 图中尺寸单位为mm。

温州市杨府山垃圾填埋场终场处置和生态恢复工程

		集气井结构图		工艺-21
审 定		设计阶段		初步设计
审 核				
设 计				
设计负责人		比 例	日 期	2007.07

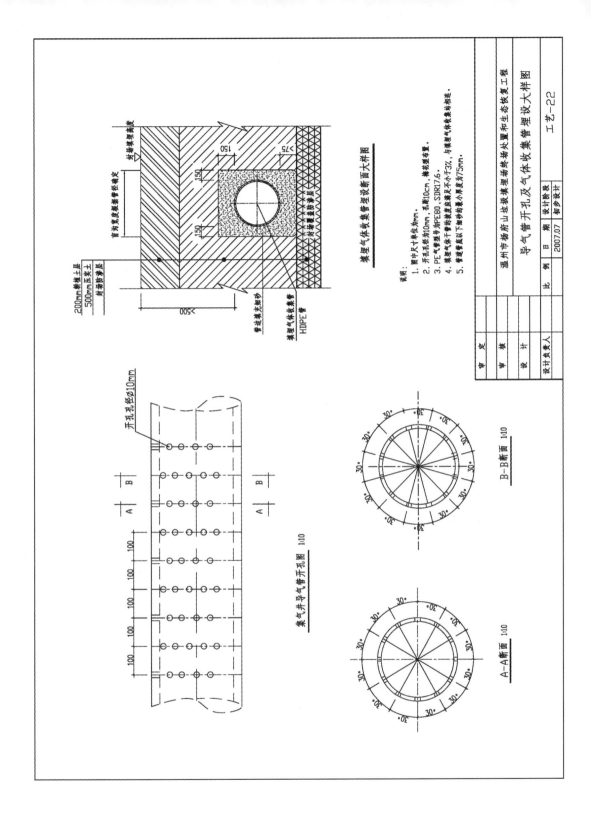

填埋气体收集管埋设断面大样图

说明：
1. 图中尺寸单位为mm。
2. 开孔孔径为10mm，孔距10cm，梅花型布置。
3. PE气体导管为HDPE80，SDR17.6。
4. 填埋气体干管的坡度应满足不小于3%，与填埋气体支管相连。
5. 管道底以下0mm的砂砾石垫层最小厚度为75mm。

集气井导气管开孔图 1:10

开孔孔径φ10mm

A—A断面 1:10

B—B断面 1:10

200mm种植土层
500mm压实土
封场防渗层

盲沟无反滤层碎石填充

封场覆盖主防渗层

填埋气体收集管
HDPE管

管道填埋无反砂

温州市杨府山垃圾填埋场终场处置和生态恢复工程

导气管开孔及气体收集管埋设大样图

工艺-22

比	例		设计阶段	日 期
			初步设计	2007.07

审 定		
审 核		
设 计		
设计负责人		

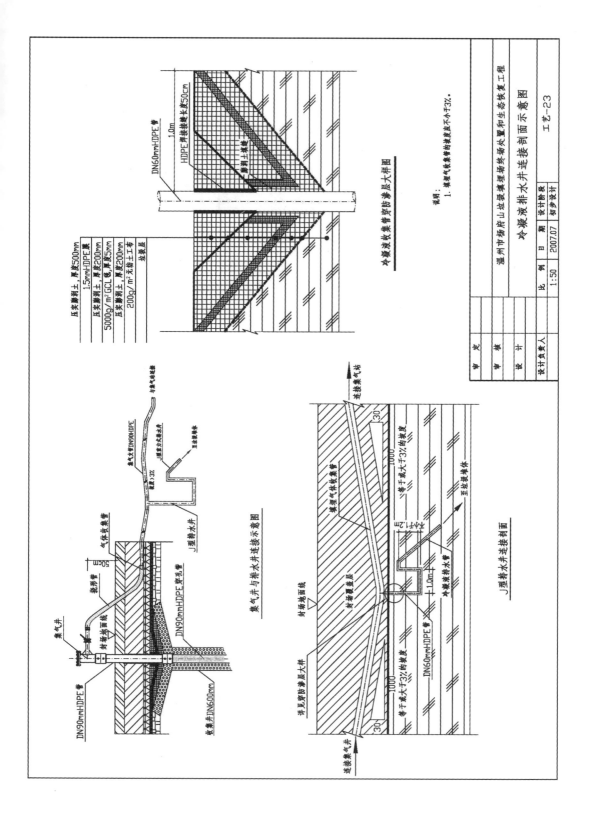

附图A-26　冷凝液排水井连接剖面示意图

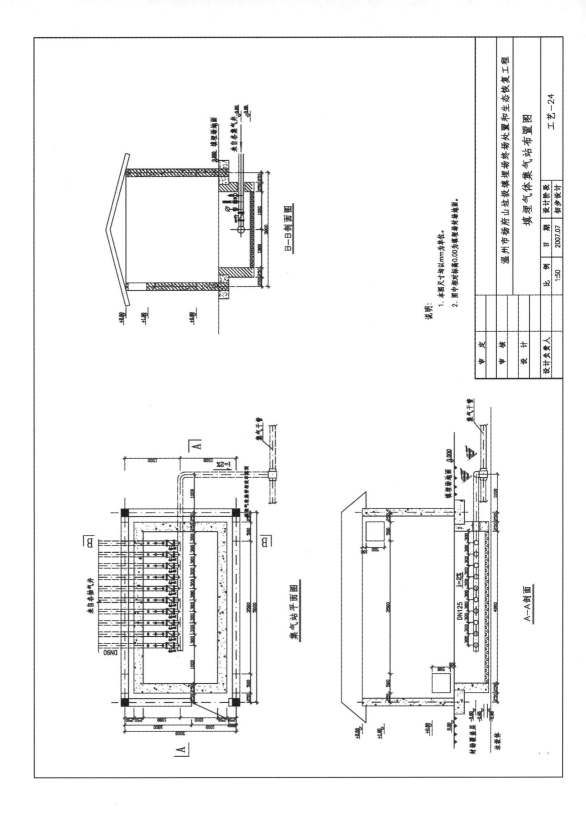

附图A-27　填埋气体集气站布置图

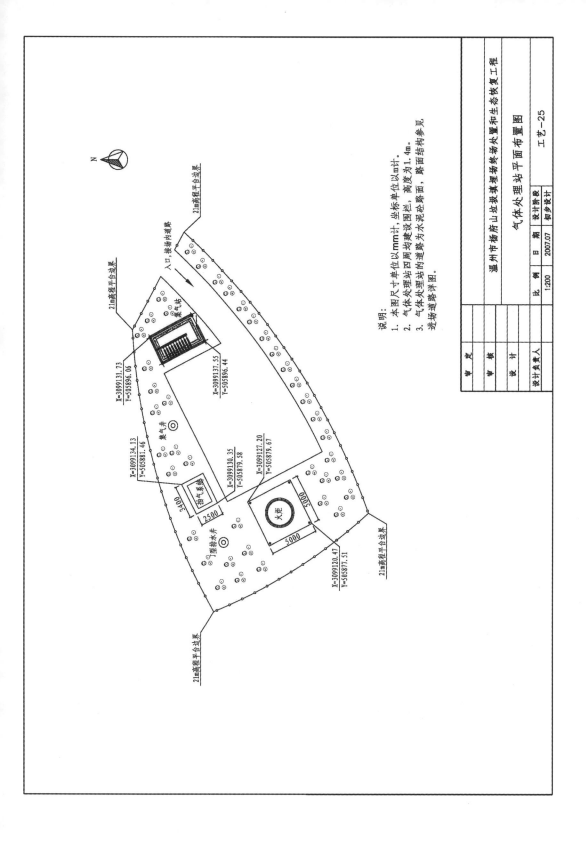

附图A-28 气体处理站平面布置图

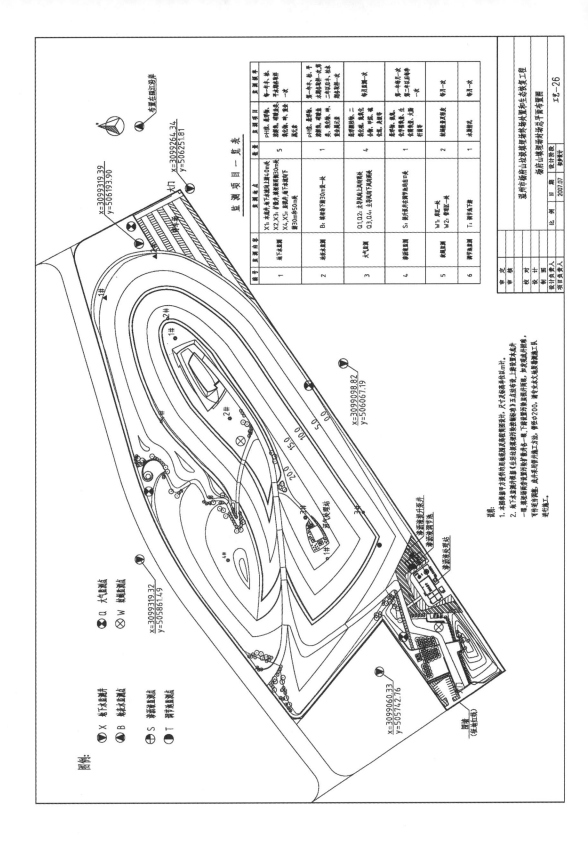

附图A-29　环境监测点平面布置图

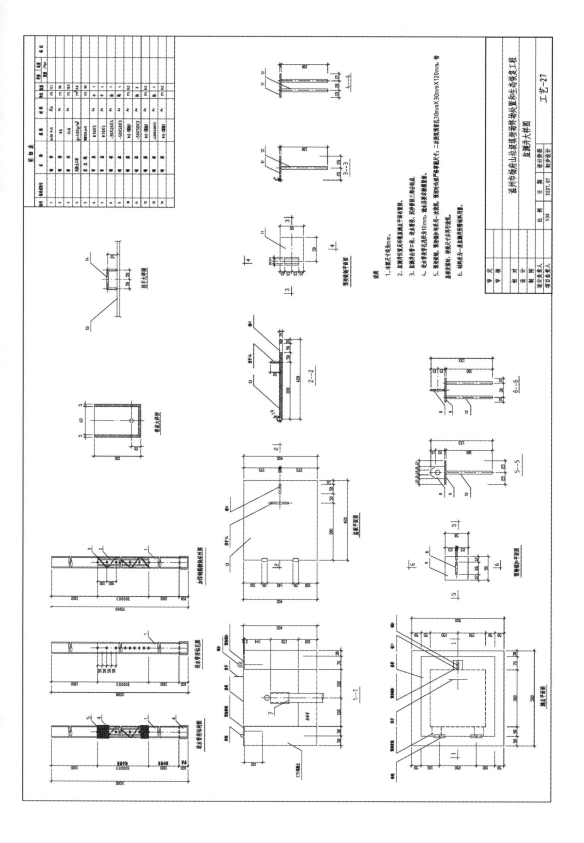

附图A-30 地下水监测井大样图

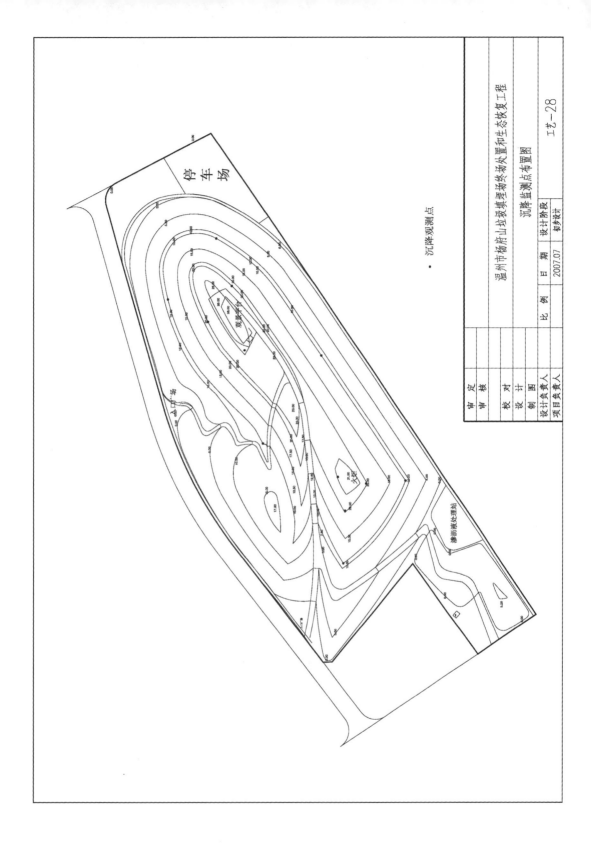

停车场

观景平台

入口广场

火炬

渗滤液处理站

• 沉降观测点

温州市杨府山垃圾填埋场终置处置和生态恢复工程		
沉降监测点布置图		工艺-28
比 例	日 期 2007.07	设计阶段 初步设计

审 定	
审 核	
校 对	
设 计	
制 图	
设计负责人	
项目负责人	

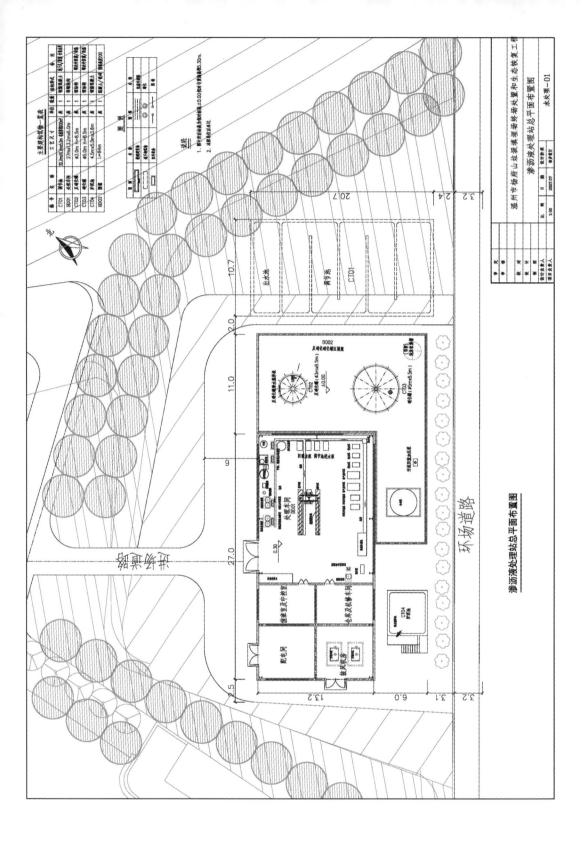

渗沥液处理站总平面布置图

附图A-32　渗滤液处理站总平面布置图

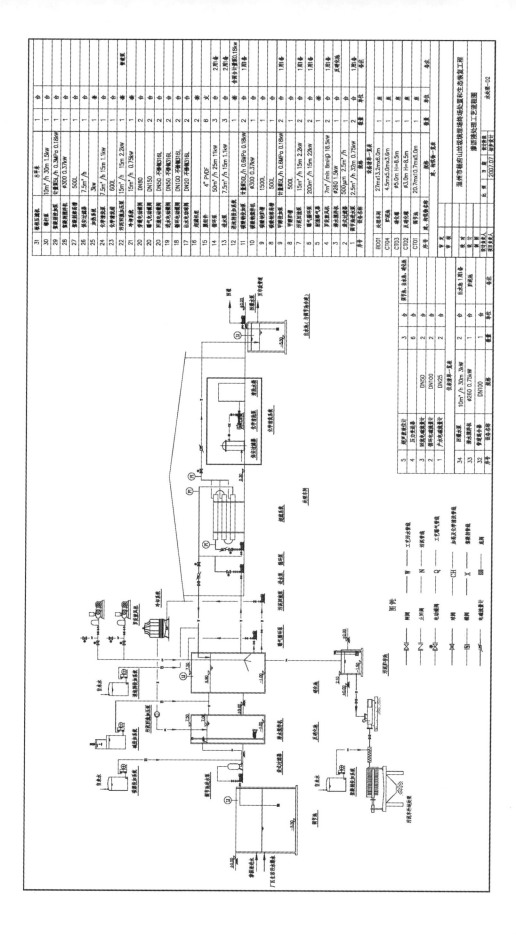

附图A-33　渗滤液处理工艺流程图

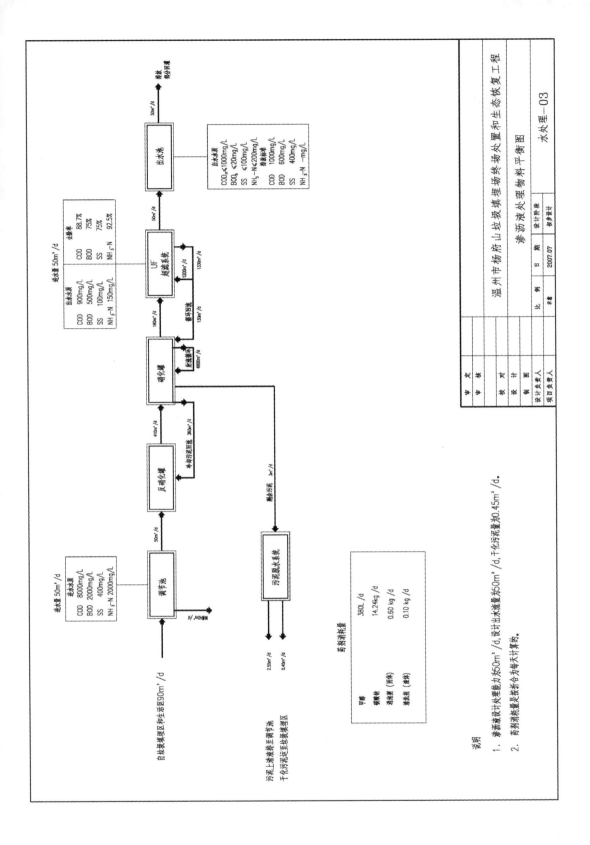

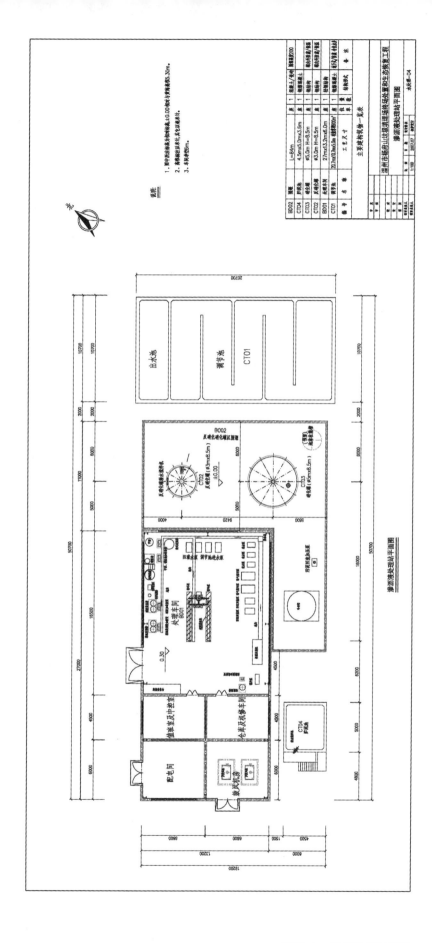

附图A-35　渗滤液处理站平面图

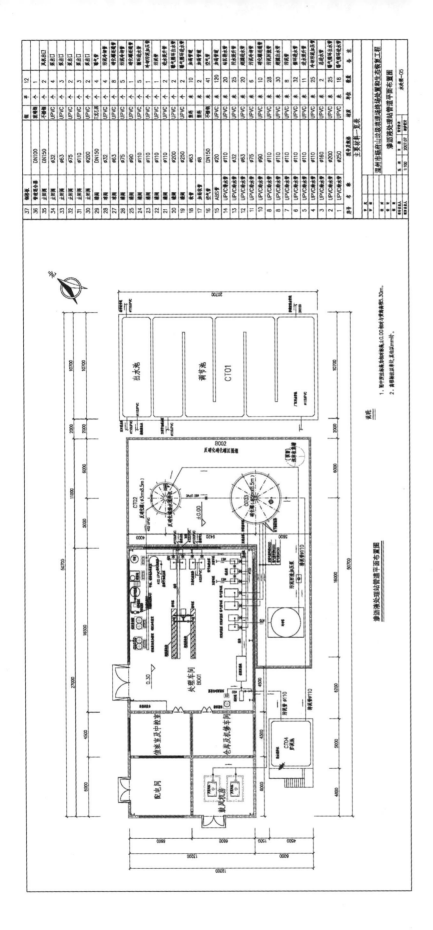

附图A-36　渗滤液处理站管道平面布置图

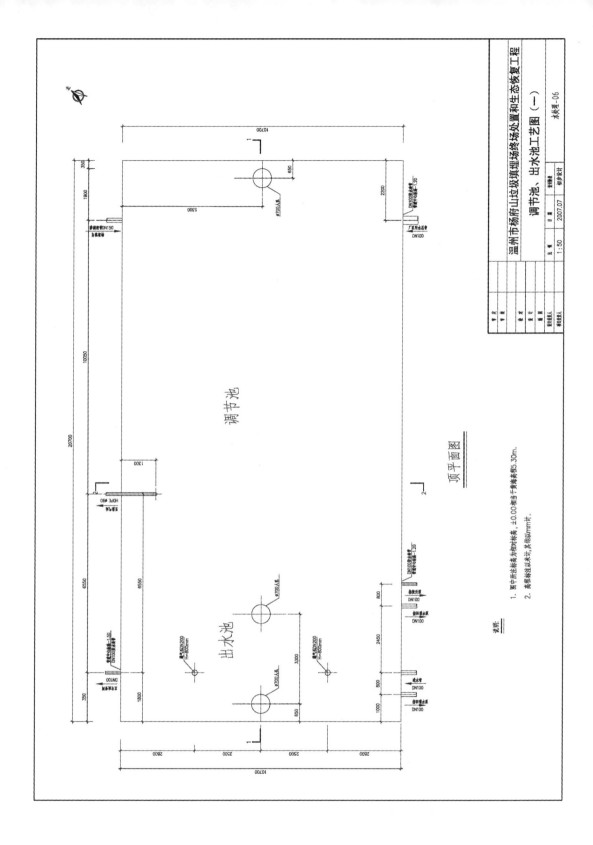

附图A-37 调节池、出水池工艺图（一）

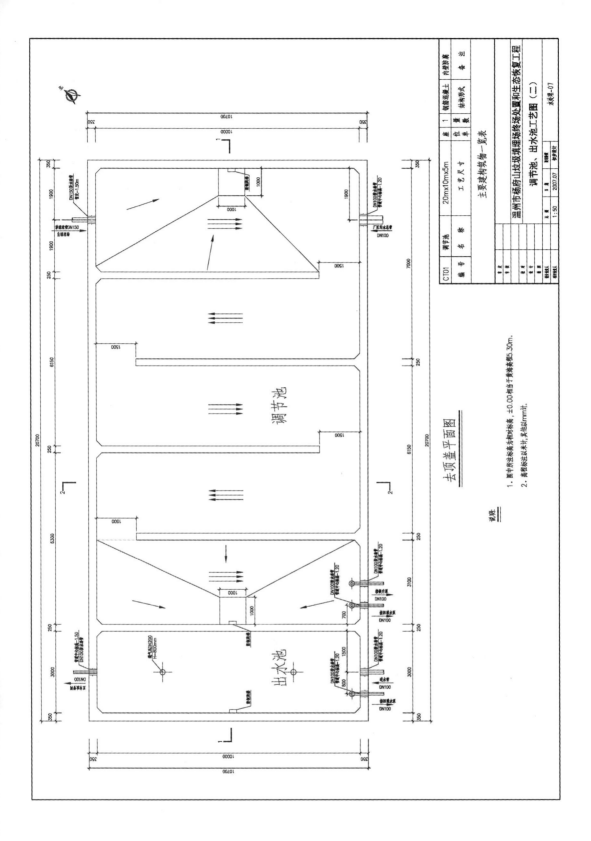

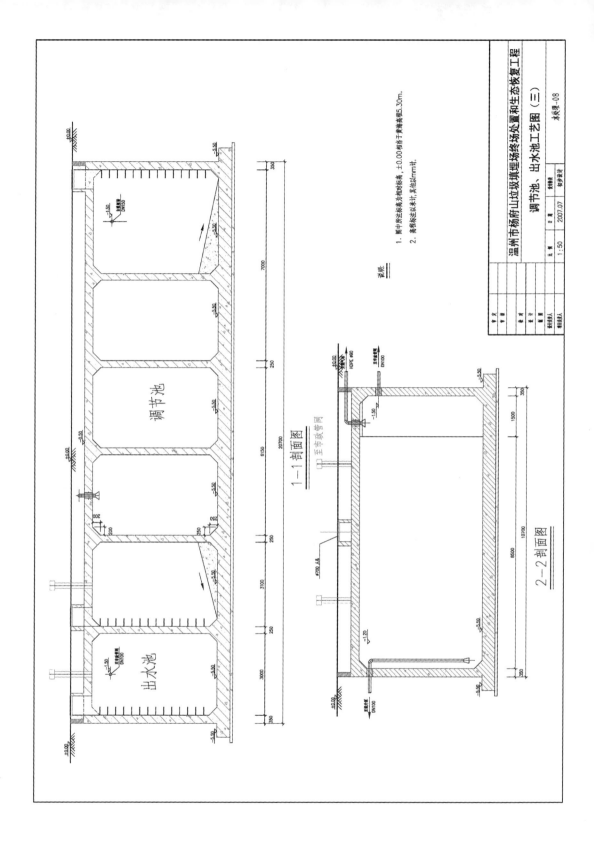

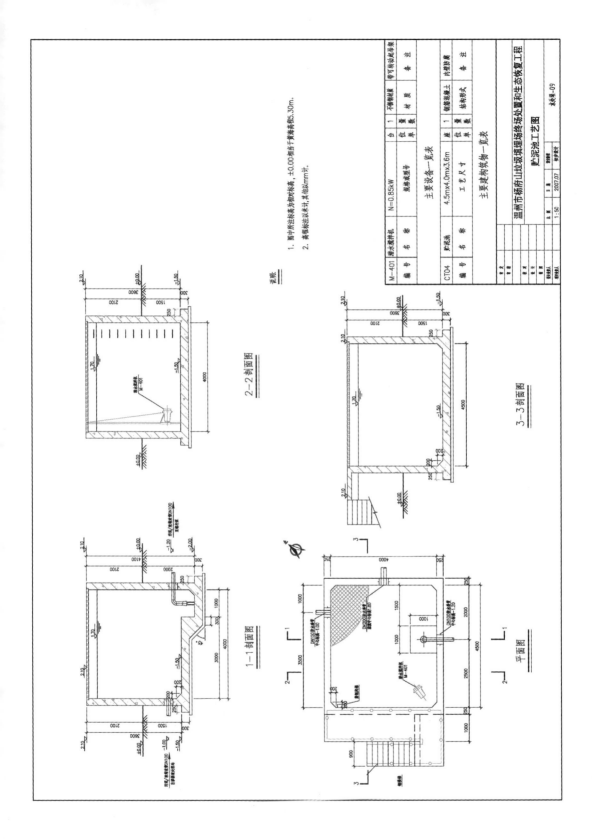

附图A-40 贮泥池工艺图

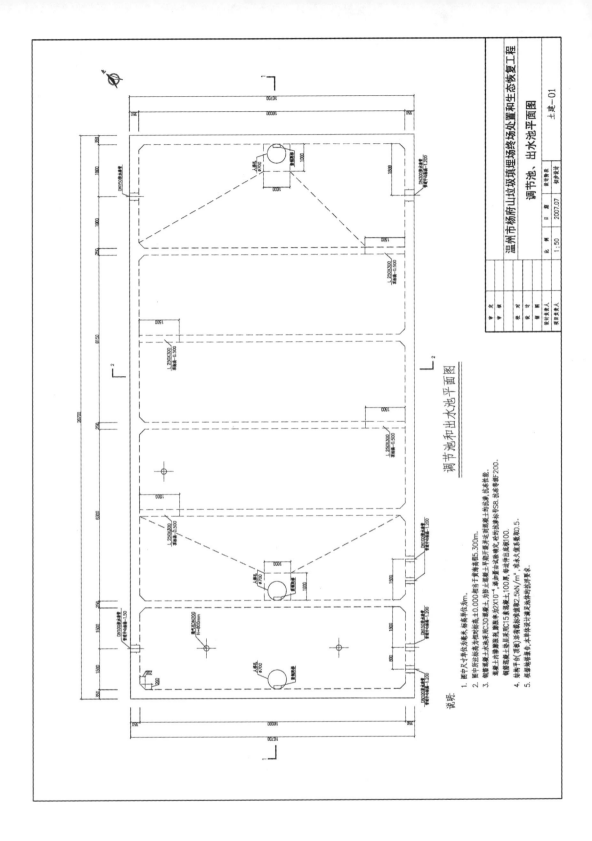

调节池和出水池平面图

温州市杨府山垃圾填埋场终场处置和生态恢复工程

调节池、出水池平面图

土建-01

比例 1:50 日期 2007.07

说明:

1. 图中尺寸单位为毫米，标高单位为米。

2. 图中所注标高为相对标高，±0.000相当于黄海高程5.300m。

3. 钢筋混凝土水池采用C30混凝土，为防止混凝土早期开裂并达到混凝土防渗漏，技术性能，混凝土抗渗等级为2×10⁻⁴，凝聚度为2X15表混凝土防漏混合凝土水等级为P8，抗冻标号为F200，钢筋混凝土垫层采用C15素混凝土，100厚，有垫池底面100。

4. 钢筋混凝土(保护)活荷载标准值2.5kN/m²，冬永大值表和0.5。

5. 现场地基土，本单体设计须及及池各放的适平要求。

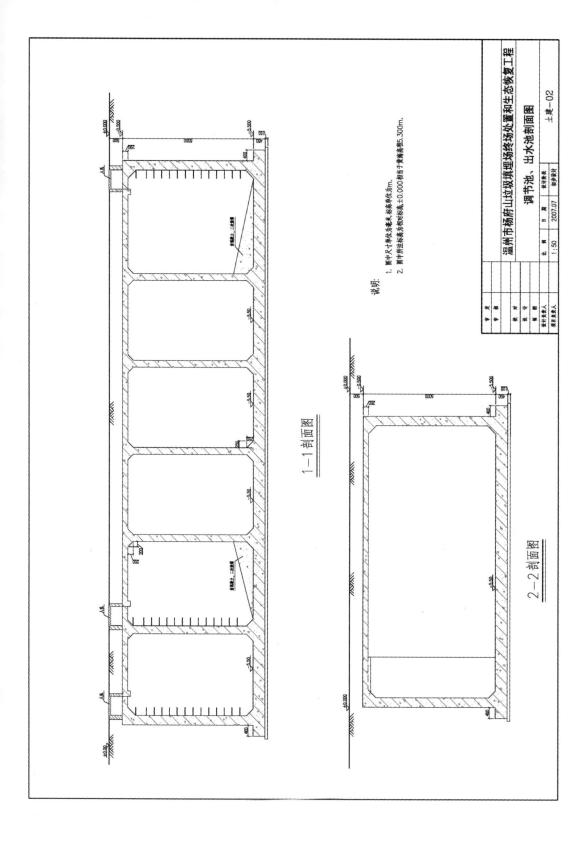

附图A-42 调节池、出水池剖面图

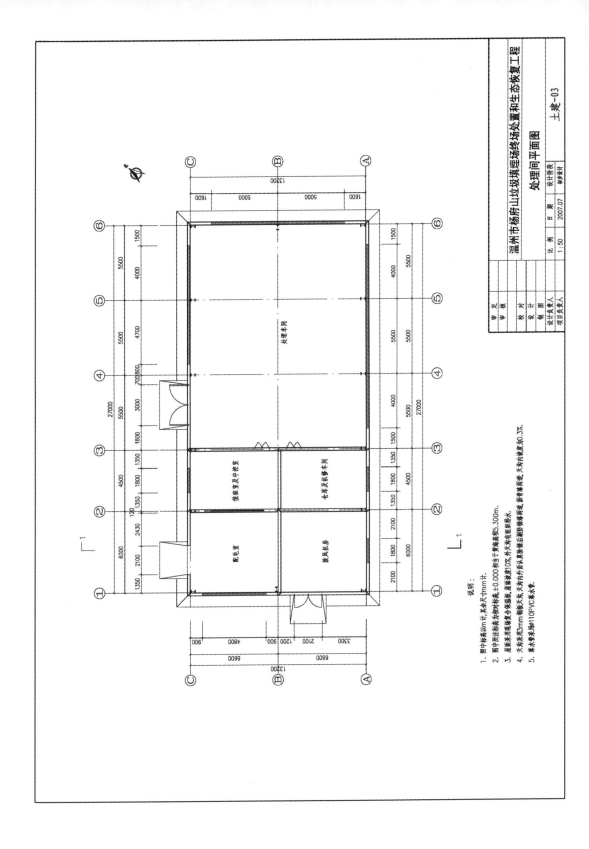

附图A-43 处理间平面图

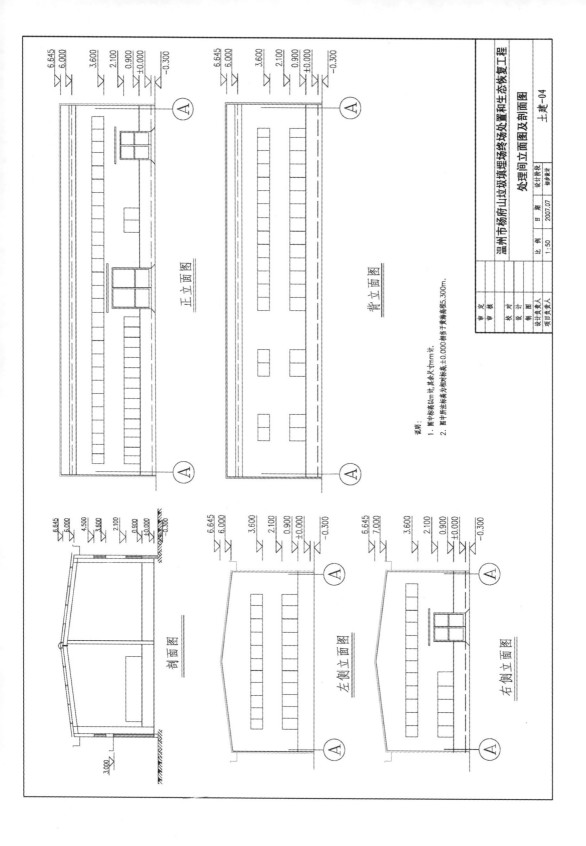

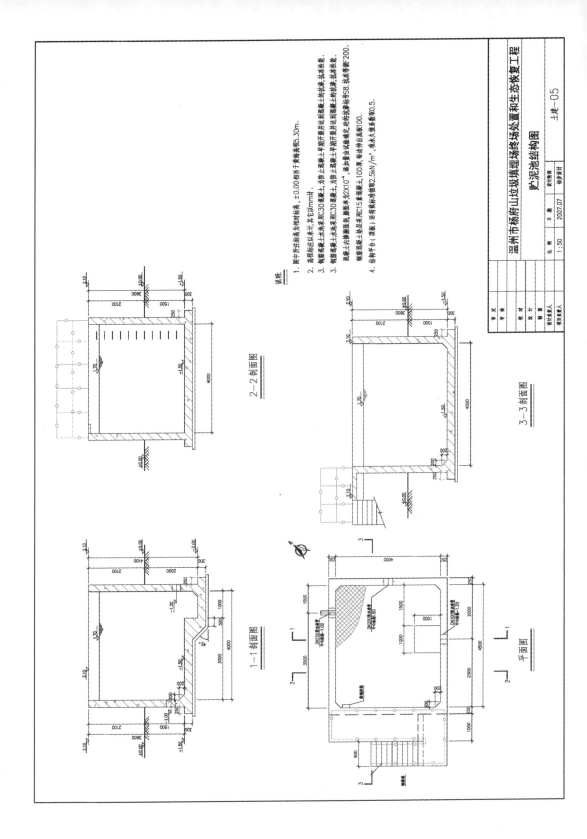

附图A-45 贮泥池结构图

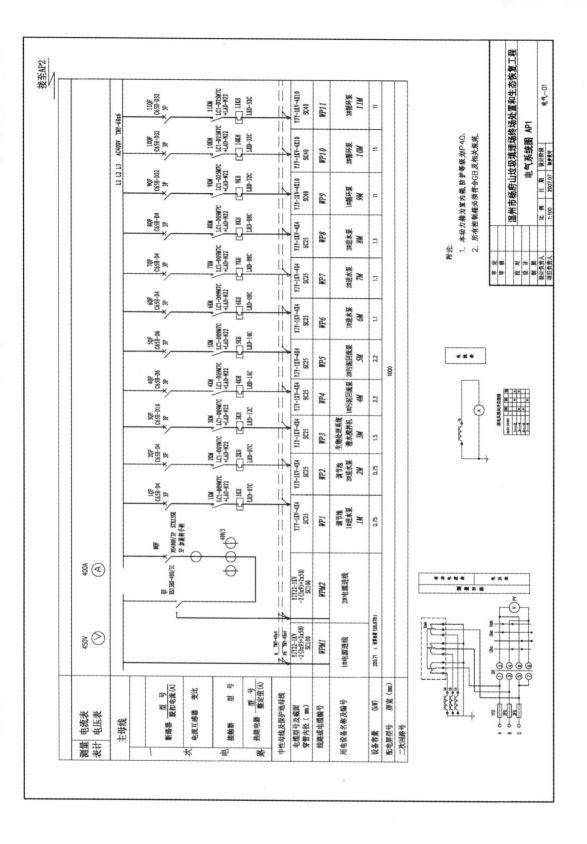

附图A-46　电气系统图AP1

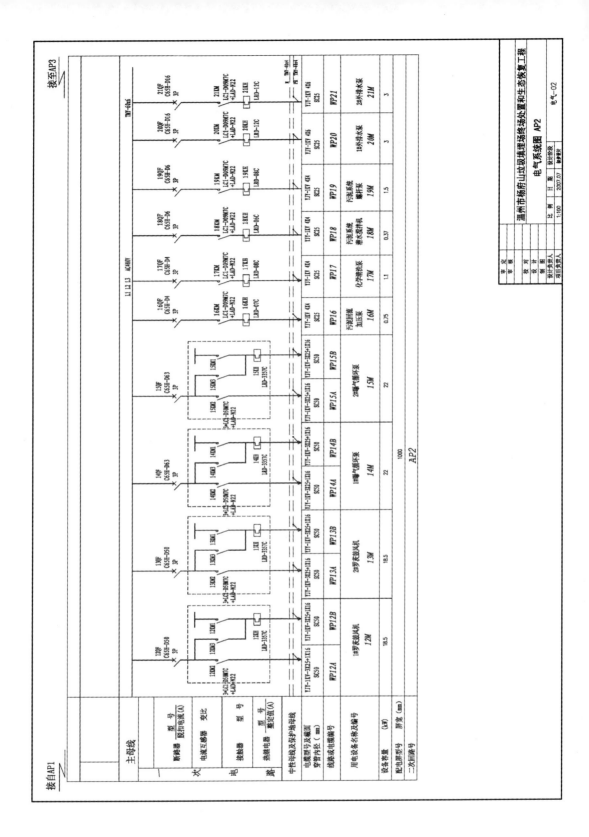

附图A-47　电气系统图AP2

接自AP2 →
接自AP4
接至AP4 →

主母线 AP2 1000

参数	WP22	WP23	WP24	WP25	WP26	WP27	WP28	WP29	WP30	WP31	WP32	WP33	WP34	WP35	WP36	WP37
断路器 型号/脱扣电流(A)	220F NS100 TM100D 3P	32DF C65H-C32 3P	24DF C65H-C10 3P	15DF C65H-C16 3P	16DF C65H-C10 3P	17DF C65H-C4 3P	28DF C65H-C4 3P	29DF C65H-C6 3P	39DF C65H-C6 3P	31DF C65H-C4 3P	32DF C65H-C4 3P	33DF C65H-C4 3P	34DF C65H-C6 3P	35DF C65H-C32 3P	360F C65H-C32 2P	37DF C65H-C32 3P
次 电流互感器 变比																
电 接触器 型号																37KM LC1-D09W7C +LAD-W22 37KH LAD-V7C
跳 热继电器 型号/整定值(A)																37M
中性母线及保护地母线																
电缆型号及截面/穿管内径(mm)	YJY-1KV 3X50+2X25 SC70	YJY-1KV 5X10 SC40	YJY-1KV 5X4 SC25	YJY-1KV 5X6 SC25	YJY-1KV 5X6 SC25	YJY-1KV 5X4 SC25	YJY-1KV 5X4 SC25	YJY-1KV 5X4 SC25	YJY-1KV 5X4 SC25	YJY-1KV 5X4 SC25	YJY-1KV 5X4 SC25	YJY-1KV 5X4 SC25	YJY-1KV 5X4 SC25	YJY-1KV 5X10 SC40	YJY-1KV 5X16 SC40	YJY-1KV 4X6 SC40
线路或电缆编号	WP22	WP23	WP24	WP25	WP26	WP27	WP28	WP29	WP30	WP31	WP32	WP33	WP34	WP35	WP36	WP37
用电设备名称及编号	公园照明 配电箱 AL1	厂房照明 配电箱 AL2	公园水泵 控制箱 AK1	板框压滤机 控制箱 AK2	加热系统 控制箱 AK3	冷却系统 控制箱 AK4	聚酸剂加药 控制箱 AK5	1#超滤系统 电动阀控制箱 AK6	2#超滤系统 电动阀控制箱 AK7	消泡剂加药 控制箱 AK8	碳酸钠加药 控制箱 AK9	甲醇投加泵 控制箱 AK10	鼓风机房 电动阀控制箱 AK11	设备间照明 配电箱 AL3	PLC柜 电器 PLC	渗滤液回灌轮毂 37M
设备容量 (kW)	40	15	1.1	5	3	0.75	0.55	1.5	1.5	0.18	0.73	0.18	1.5	10	5	0.75
配电屏型号 屏宽(mm)																
二次回路号																

L1 L2 L3 AC400V　TMT-60n6　TMT-60n6

审定
审核
校对
设计
制图
设计负责人
项目负责人
温州市杨府山垃圾填埋场终场处置场和生态恢复工程
电气系统图 AP3
电气-03
设计阶段　施工图设计
比例 1:100　日期 2007.07

接自AP1

L1 L2 L3

	WP38	WP39	WP40	WP41	WP42	WP43	WP44	WP45	WP46	WP47	WP48	WP49	WP50	WP51	WP52	WP53
断路器 型号 脱扣电流(A)	380F C65H-D20 3P	390F C65H-D20 3P	400F C65H-D20 3P	410F C65H-D20 3P	420F C65H-D4 3P	430F C65H-D4 3P	440F C65H-D32 3P	450F C65H-D32 3P	460F C65H-D32 3P	470F C65H-D32 3P	480F C65H-D32 3P	490F C65H-D32 3P	500F C65H-D32 3P	510F C65H-D32 3P	520F C65H-D32 3P	530F C65H-D32 3P
电流互感器 变比																
接触器 型号	38KM LC1-D18M7C +LAD-N22	39KM LC1-D18M7C +LAD-N22	40KM LC1-D18M7C +LAD-N22	41KM LC1-D18M7C +LAD-N22	42KM LC1-D09M7C +LAD-N22	43KM LC1-D09M7C +LAD-N22	44KM LC1-D25M7C +LAD-N22	45KM LC1-D25M7C +LAD-N22	46KM LC1-D25M7C +LAD-N22	47KM LC1-D25M7C +LAD-N22	48KM LC1-D25M7C +LAD-N22	49KM LC1-D25M7C +LAD-N22	50KM LC1-D25M7C +LAD-N22	51KM LC1-D25M7C +LAD-N22	52KM LC1-D25M7C +LAD-N22	53KM LC1-D25M7C +LAD-N22
热继电器 型号 整定值(A)	38KH LXD-21C	39KH LXD-21C	40KH LXD-21C	41KH LXD-21C	42KH LXD-07C	43KH LXD-07C	44KH LXD-32C	45KH LXD-32C	46KH LXD-32C	47KH LXD-32C	48KH LXD-32C	49KH LXD-32C	50KH LXD-32C	51KH LXD-32C	52KH LXD-32C	53KH LXD-32C
中性线及保护地母线																
电缆型号及截面(mm) 穿管内径(mm)	YJY-1KV-4X10 SC40	YJY-1KV-4X10 SC40	YJY-1KV-4X10 SC40	YJY-1KV-4X10 SC40	YJY-1KV-4X4 SC40	YJY-1KV-4X4 SC40	YJY-1KV-4X10 SC40	YJY-1KV-4X10 SC40	YJY-1KV-4X10 SC40	YJY-1KV-4X10 SC40	YJY-1KV-4X10 SC40	YJY-1KV-4X10 SC40	YJY-1KV-4X10 SC40	YJY-1KV-4X10 SC40	YJY-1KV-4X10 SC40	YJY-1KV-4X10 SC40
线路或电缆编号	WP38	WP39	WP40	WP41	WP42	WP43	WP44	WP45	WP46	WP47	WP48	WP49	WP50	WP51	WP52	WP53
用电设备名称及编号	1#地下水泵 38M	2#地下水泵 39M	3#地下水泵 40M	4#地下水泵 41M	1#渗滤液提升泵 42M	2#渗滤液提升泵 43M	1#提升泵 44M	2#提升泵 45M	3#提升泵 46M	4#提升泵 47M	5#提升泵 48M	6#提升泵 49M	7#提升泵 50M	8#提升泵 51M	1#回灌泵 52M	2#回灌泵 53M
设备容量(kW)	5.5	5.5	5.5	5.5	0.75	0.75	11	11	11	11	11	11	11	11	3	3
配电屏型号 屏宽(mm)																
二次回路号																

审定　审核　校对　设计　制图　设计负责人　项目负责人

温州市杨府山垃圾填埋场终场处置和生态恢复工程

电气系统图 AP4

电气-04

设计阶段 施工图　比例 1:100　日期 2007.07

附图A-49　电气系统图AP4

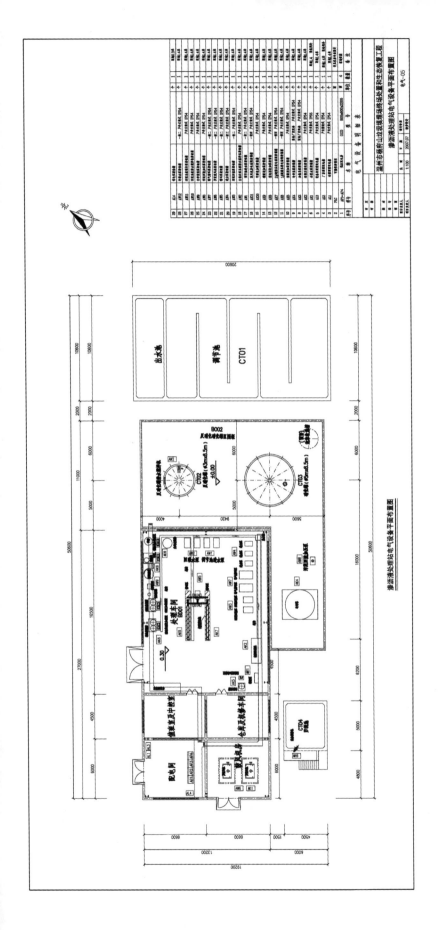

附图A-50 渗滤液处理站电气设备平面布置图

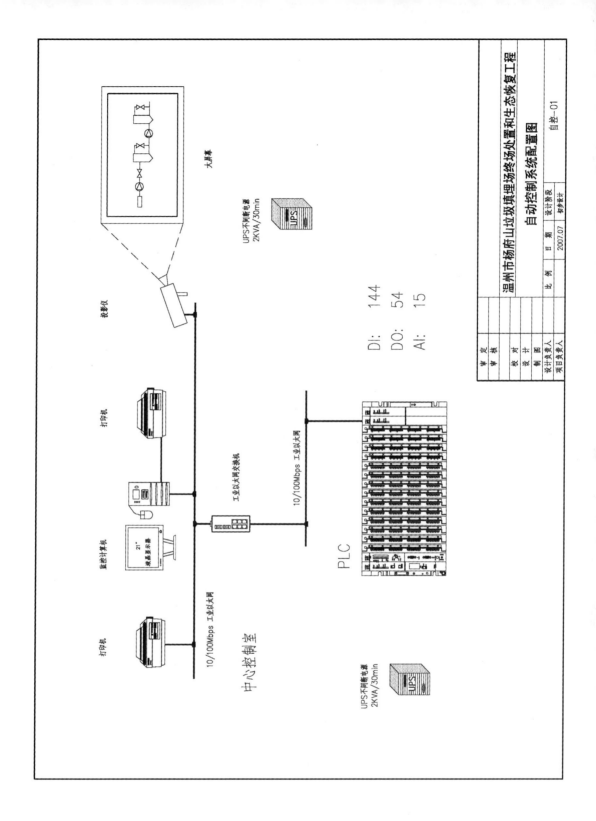

附图A-51　自动控制系统配置图

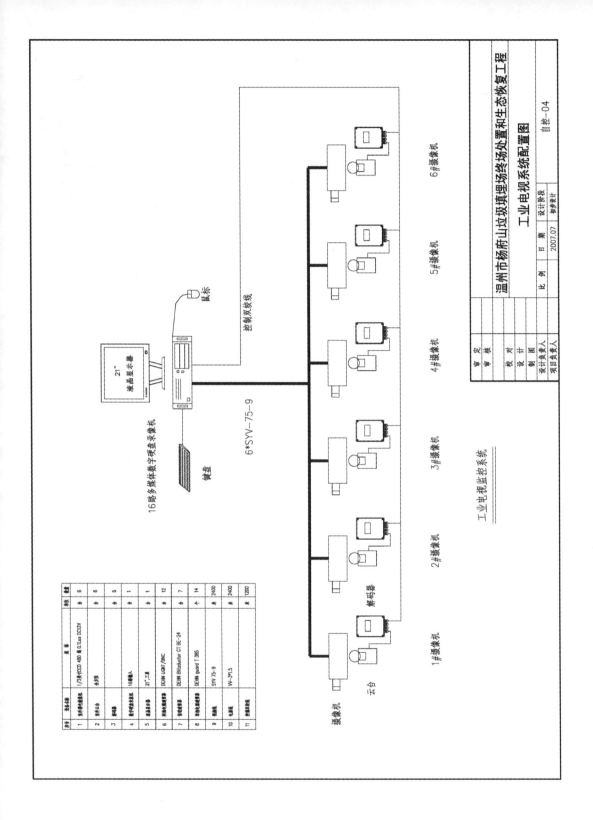

自动控制系统主要设备及仪表材料清单

自控系统主要设备

编号	名称	型号	单位	数量	备注
1	可编程控制器	德国Siemens S7-400系列	套	1	
2	监控计算机	研华工控机 P4 3.0G/512M/160G/DVD-RW/ 10~100M网卡/21"液晶显示器	台	1	
3	上位组态软件	WinCC 6.0 512运行版	套	1	
4	上位机操作软件	WinXP Professional	套	1	
5	PLC机柜	威图机柜 2200H*800W*600D	面	1	
6	电源柜	威图机柜 2200H*800W*600D	面	1	
7	直流电源	24VDC/10A	块	4	
8	UPS不间断电源	山特 在线式 2KVA 30min	台	2	
9	宽行式打印机	EPSON LQ-1600KIII	台	1	
10	激光打印机	EPSON EPL 6200	台	1	
11	工业以太网交换机	MOXA EDS-308	台	1	
12	中控室操作台、座椅		套	2	
13	投影仪	EIKI LC-X71	台	1	
14	投影屏幕	美视 120寸电动	台	1	
16	自控系统电缆	VV-3*1.5	米	260	
17		KVVP-4x1.0	米	540	
18		KVVP-6x1.0	米	540	
19		DYJVP-1x2x1.0	米	260	
20		DYJVP-2x2x1.0	米	120	
21		网线	米	50	

仪表清单

编号	名称	规格量程	安装位置	单位	数量	备注
1	电磁流量计	DN25	超滤出水	套	2	
2		DN50	超滤进水	套	2	
3		DN100	超滤回流	套	2	
4	超声波液位计	0~5m	清污池	套	1	
5		0~5m	清水池	套	1	
6		0~8m	碱化罐	套	1	
7	压力变送器	0~0.6MPa	超滤出水	套	2	
8		0~0.6MPa	超滤进水	套	2	
9		0~0.6MPa	超滤回流	套	2	

温州市杨府山垃圾填埋场终场处置和生态恢复工程

自控系统及仪表设备清单

审定		设计阶段	
审核			
校对		设计	赵步设计
设计			
制图			
设计负责人		比例	日期 2007.07
项目负责人			自控-02

自动控制系统PLC配置清单

渗沥液控制站PLC配置

编号	名称	型号	备注	单位	数量
	PLC	6ES7 414-2XK05-0AB0	CPU	块	1
		6ES7 407-0DA01-0AA0	PLC电源	块	1
		6ES7 421-1BL01-0AA0	32点DI	块	5
		6ES7 421-7BH00-0AA0	16点DI	块	1
		6ES7 422-1BL00-0AA0	32点DO	块	2
		6ES7 431-0HH00-0AB0	16点AI	块	1
		6ES7 431-1KF00-0AB0	8点AI	块	1
		6GK7 443-1EX11-0XE0	以太网通讯模块	块	1
		6ES7 441-2AA03-0AE0	通讯模块	块	1
		6ES7 963-3AA00-0AA0	接口模块	个	1
		6ES7 870-1AA01-0YA0	驱动程序	套	1
		6ES7 492-1BL00-0AA0	前连接器	个	10
		6ES7 400-1TA01-0AA0	机架	个	1
		6ES7 952-1AK00-0AA0	微存储卡	块	1

注：此配置采用德国Siemens S7-400系列PLC。

审定
审核
校对
设计
制图
设计负责人
项目负责人

温州市杨府山垃圾填埋场终处置和生态恢复工程

自控系统PLC配置清单

| 比例 | | 日期 | 2007.07 | 设计阶段 | 初步设计 |

自控-03

附录B 温州市杨府山垃圾填埋场景观改造设计图纸

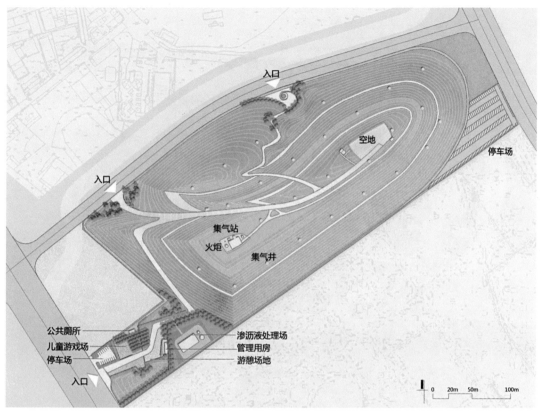

附图B-1 温州市杨府山垃圾填埋场景观改造设计一期平面图

附图B-2 温州市杨府山垃圾填埋场景观改造设计二期平面图

附图B-3　温州市杨府山垃圾填埋场景观改造设计鸟瞰效果图

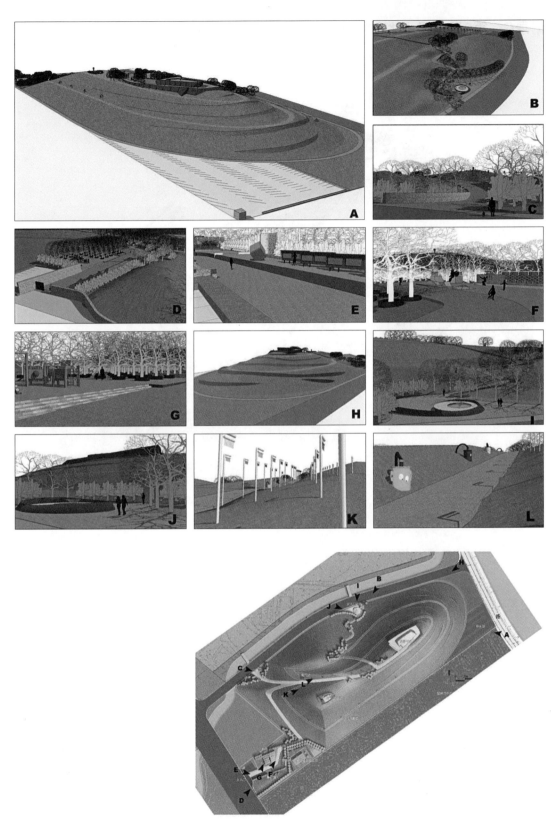

温州市杨府山垃圾填埋场终场处置
和生态恢复工程设计方案

景观效果图

附图B-4　温州市杨府山垃圾填埋场景观改造设计景观效果图

附录C 第9届中国（北京）国际园林博览会锦绣谷景观方案设计图纸

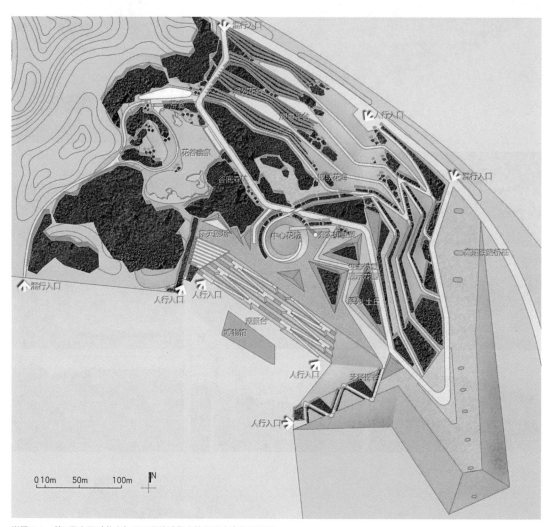

附图C-1　第9届中国（北京）国际园林博览会锦绣谷方案总平面图

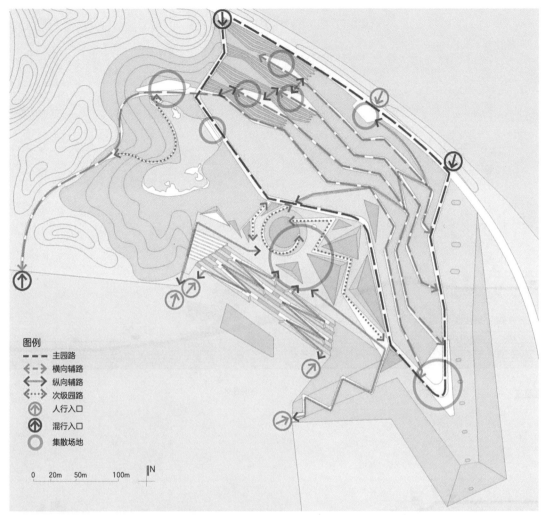

图例

- – – – 主园路
- <– –> 横向辅路
- <–> 纵向辅路
- <·······> 次级园路
- ⊕ 人行入口
- ⊕ 混行入口
- ◯ 集散场地

0 20m 50m 100m   N

附图C-2　第9届中国（北京）国际园林博览会锦绣谷方案结构分析图

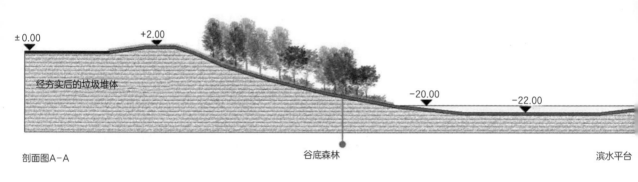

± 0.00

+2.00

经夯实后的垃圾堆体

−20.00

−22.00

剖面图A–A

谷底森林

滨水平台

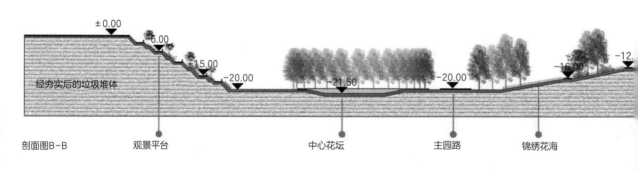

± 0.00

−6.00

−15.00

经夯实后的垃圾堆体

−20.00

−21.50

−20.00

−16.00

−12.

剖面图B–B

观景平台

中心花坛

主园路

锦绣花海

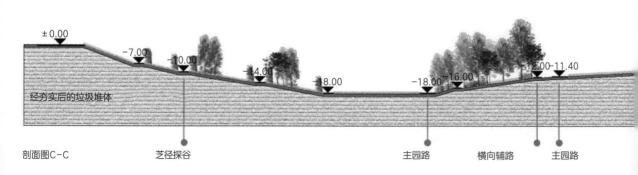

± 0.00

−7.00

−10.00

−14.00

经夯实后的垃圾堆体

−18.00

−18.00

−16.00

−12.00–11.40

剖面图C–C

芝径探谷

主园路

横向辅路

主园路

附图C-3　第9届中国（北京）国际园林博览会锦绣谷方案剖面图

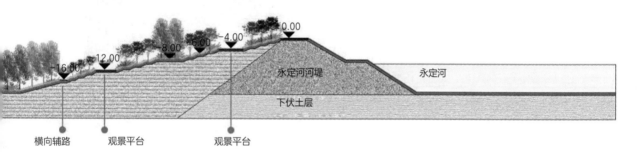

-16.00　　12.00　　-8.00　-6.00　-4.00　　0.00

永定河河堤　　　　　永定河

下伏土层

横向辅路　　　观景平台　　　　观景平台

-4.00　　±0.00

永定河河堤　　　　　永定河

下伏土层

0　　10　　20　　　　　50m

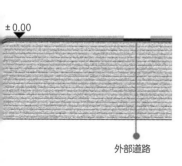

±0.00

外部道路

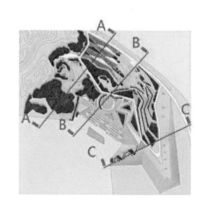

附图C-4　第9届中国（北京）国际园林博览会锦绣谷方案鸟瞰效果图

附录D 北京宋庄非正规垃圾填埋场景观改造设计图纸

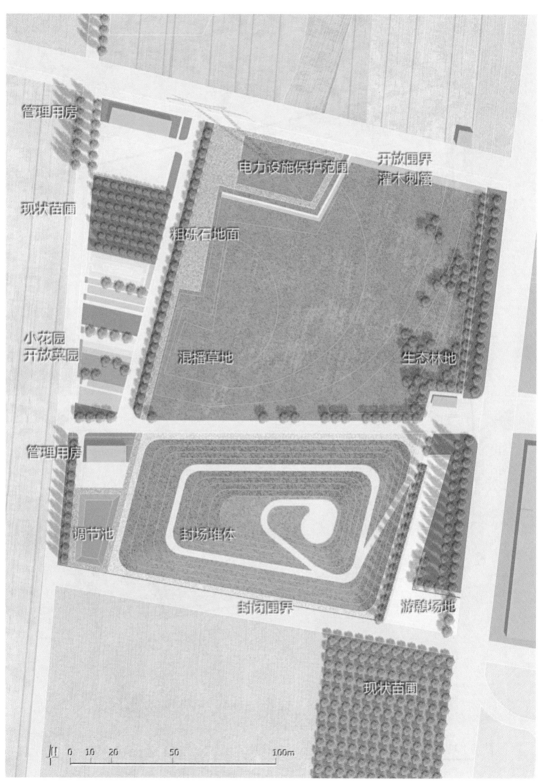

附图D-1 北京宋庄非正规垃圾填埋场景观改造设计方案总平面图

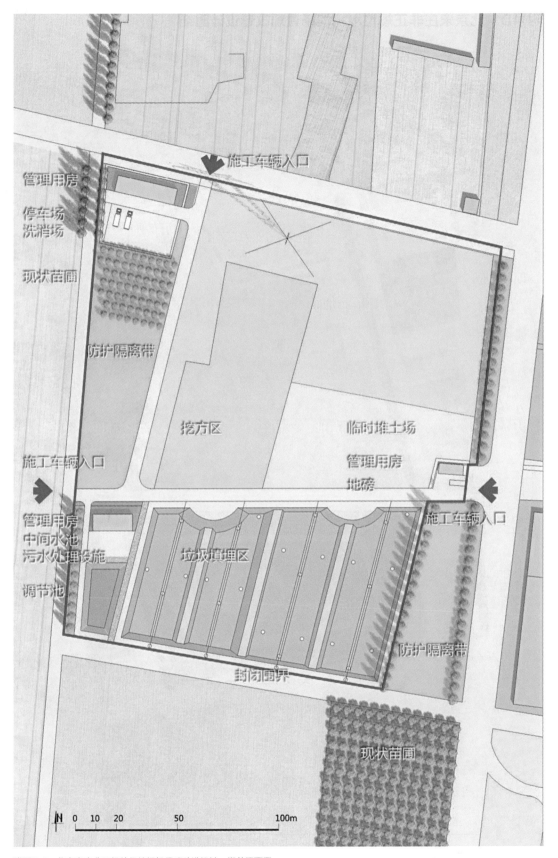

管理用房
停车场
洗消场

现状苗圃

防护隔离带

施工车辆入口

管理用房
中间水池
污水处理设施

调节池

施工车辆入口

挖方区

临时堆土场

管理用房
地磅

施工车辆入口

垃圾填埋区

防护隔离带

封闭围界

现状苗圃

N 0 10 20   50   100m

附图D-2 北京宋庄非正规垃圾填埋场景观改造设计一期总平面图

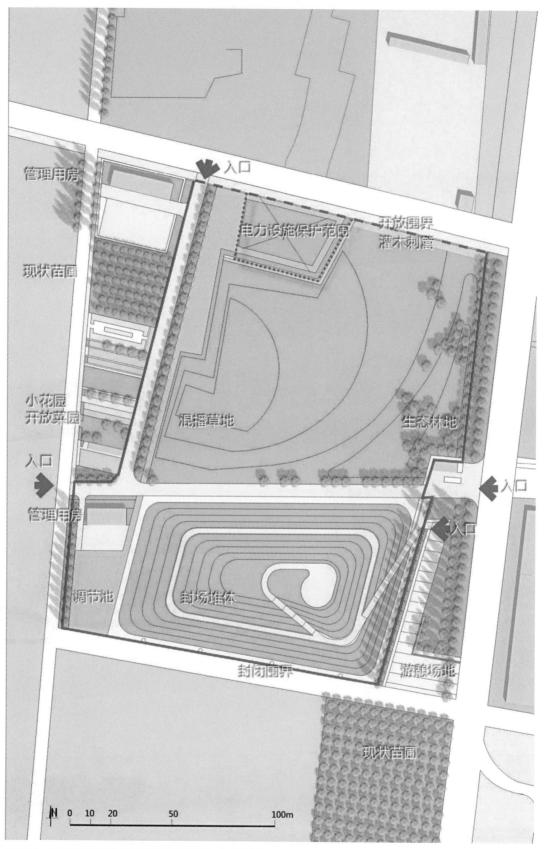

管理用房

入口

电力设施保护范围

开放围界
灌木刺篱

现状苗圃

小花园
开放菜园

混播草地

生态林地

入口

入口

管理用房

入口

调节池

封场堆体

封闭围界

游憩场地

现状苗圃

N 0 10 20 50 100m

附图D-3　北京宋庄非正规垃圾填埋场景观改造设计二期总平面图

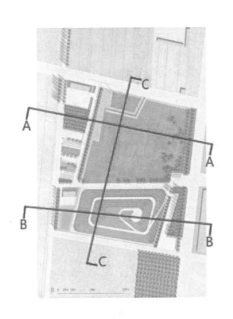

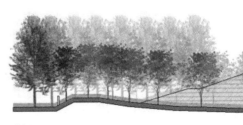

剖面A-A

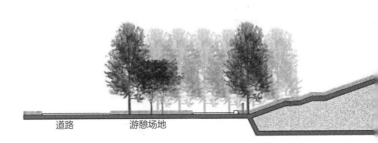

道路　　　　游憩场地

剖面B-B

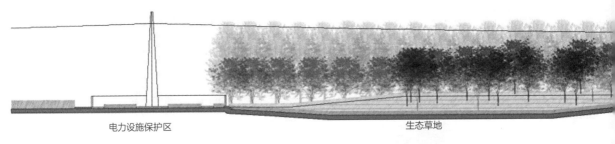

电力设施保护区　　　　　　　　　　　　　　　　生态草地

剖面C-C

附图D-4　北京宋庄非正规垃圾填埋场景观改造设计剖面图

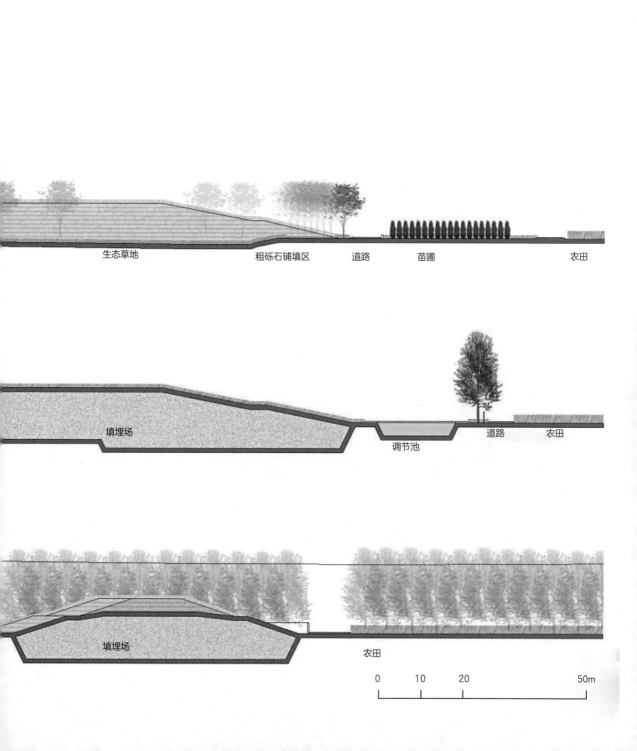

生态草地　　　　　　　　　粗砾石铺填区　道路　　苗圃　　　　　　　　　　农田

填埋场　　　　　　　　　　　　　　　　　　　调节池　　　道路　农田

填埋场　　　　　　　　　　　　　　　　　　　农田

0　　　10　　　20　　　　　　　　　50m

附图D-5　北京宋庄非正规垃圾填埋场景观改造设计透视效果图

致
谢

　　本书出版之际，我要再次感谢在学术道路上引领我前进和在职业道路上支持我发展的师长们。

　　感谢我的导师朱育帆教授和于尔根·魏丁格尔（Juergen Weidinger）教授。没有他们的教育和指导，就没有这本书的面世。这本书也是他们的心血和成果。

　　感谢杨锐教授。杨老师领导清华大学建筑学院景观学系，时时不忘为学科发展作贡献，他把学术共同体的理念植入了我的思想。杨老师孜孜不倦探索学科原理论，在他不畏艰辛深入哲学理论研究的感召下，我才有勇气将尘封七年的书稿付梓。

　　感谢我的博士后合作导师武廷海教授，感谢王学荣教授，在二位老师的带领下，我得以用更宽阔的学术视野反思设计研究理论的探索，并进一步发现它的价值和问题。

　　感谢我人生中另外两位老师，胡洁老师和安友丰老师。他们为我提供了宝贵的在设计一线工作的经验，让我有机会在实战中应用和验证设计研究理论。正是这一部分经验让我有信心把这本书呈现给各位读者。

图书在版编目（CIP）数据

设计思维下的设计研究：理论探索与案例实证 = Designerly Research with Design Thinking: Theory Exploration and Applied Research Case／郭湧著．
—北京：中国建筑工业出版社，2020.2
（清华大学风景园林设计研究理论丛书）
ISBN 978-7-112-24555-0

Ⅰ．①设… Ⅱ．①郭… Ⅲ．①园林设计－研究
Ⅳ．①TU986.2

中国版本图书馆CIP数据核字（2019）第284691号

责任编辑：兰丽婷　杨　琪
书籍设计：韩蒙恩
责任校对：张　颖

清华大学风景园林设计研究理论丛书

设计思维下的设计研究：理论探索与案例实证
Designerly Research with Design Thinking: Theory Exploration and Applied Research Case
郭湧　著
*
中国建筑工业出版社出版、发行（北京海淀三里河路9号）
各地新华书店、建筑书店经销
北京锋尚制版有限公司制版
北京中科印刷有限公司印刷
*
开本：787毫米×1092毫米　1/16　印张：19　字数：460千字
2020年12月第一版　2020年12月第一次印刷
定价：88.00元
ISBN 978 - 7 - 112 - 24555 - 0
　　　（35221）